# 豆制品

# 加工技术

赵良忠　尹乐斌　著

U0194394

化学工业出版社

·北京·

本书总结了作者近三十年来在豆制品加工领域的研发经验并吸收了国内外该领域研究的最新成果，按照专业性、应用性原则，理论和案例结合，系统介绍了大豆原料加工特性、豆腐生产、豆腐干和腐竹生产、发酵豆制品生产、豆类饮品生产、豆制品质量控制、豆清发酵液生产、豆纤维休闲食品生产、豆制品工厂设计及应用实例。

本书适合高等学校、研究机构从事豆制品研究的科研人员参考，特别适合从事豆制品生产、研发的企业技术人员阅读。

**图书在版编目（CIP）数据**

豆制品加工技术/赵良忠，尹乐斌著. —北京：化学
工业出版社，2016.12（2023.3重印）
ISBN 978-7-122-28938-4

Ⅰ.①豆⋯　Ⅱ.①赵⋯②尹⋯　Ⅲ.①豆制品加工
Ⅳ.①TS214.2

中国版本图书馆 CIP 数据核字（2016）第 324137 号

责任编辑：彭爱铭　　　　　　　　　　　　装帧设计：关　飞
责任校对：宋　夏

出版发行：化学工业出版社（北京市东城区青年湖南街 13 号　邮政编码 100011）
印　　订：天津盛通数码科技有限公司
710mm×1000mm　1/16　印张 14¼　字数 282 千字　2023 年 3 月北京第 1 版第 5 次印刷

购书咨询：010-64518888　　售后服务：010-64518899
网　　址：http://www.cip.com.cn

定　　价：59.00 元

# 前言

我和刘明杰先生合著的《休闲豆制品加工技术》出版后，得到了国内外同行的广泛认可，但也有不少业界的朋友给我提了很多很好的意见，并建议我再写一本更加全面的关于豆制品加工技术的专著，供国内豆制品企业的技术人员参考。我深感豆制品加工技术的博大精深，同一款产品不同地区加工方法不同，同一款产品不同企业使用的生产设备也不一样，而我不可能也没办法面面俱到，怕因我的遗漏而误导同行，所以迟迟不敢动笔。

2016年，化学工业出版社的编辑向我约稿，建议我针对国内豆制品行业现状和发展需要，写一本实用性较强的《豆制品加工技术》专著，时逢我校与北京康得利智能科技有限公司组建"北京康得利-邵阳学院豆制品联合实验室"，与中国食品工业协会豆制品专业委员会签订了战略合作协议并联合主办"豆制品工艺师培训"。借助这些平台，在林最奇先生和吴月芳女士的帮助下，国内外豆制品行业的技术专家和生产企业近100人先后来到我们实验室交流、学习，让我有机会接触到了许多从事豆制品研究、生产的同行，并与他们进行了深入交流，深切地感受到他们对豆制品生产技术的渴求。于是，我决定以我们实验室的研究成果为主线，完成《豆制品加工技术》书稿，抛砖引玉，为我国豆制品行业的发展尽一份力量。

本书写作的分工是第一章赵良忠、孙菁，第二章赵良忠、李明，第三章赵良忠、陈楚奇、周晓洁，第四章赵良忠、谢灵来，第五章赵良忠、陈浩、徐丽，第六章赵良忠、尹乐斌、周晓洁，第七章赵良忠、尹乐斌、张臣飞，第八章赵良忠、谢乐、秦旋旋，第九章赵良忠、周小虎、李明，统稿由尹乐斌、李明完成，审稿由赵良忠完成。康得利公司的徐丽女士审校了相关图表，邵阳学院豆制品方向的研究生在本书成稿的过程中提供了基础资料，在此对大家的辛勤劳动表示衷心感谢。

最后，要感谢国内外的同行们，你们谦虚地回答了我不时提出的问题，并允许我引用了你们公开发表的资料。

由于时间仓促，加之本人水平有限，书中不足之处在所难免，欢迎批评指正，并敬请谅解。

赵良忠
2018年12月

# 目　录

# 第三章　豆腐干和腐竹生产　/ 50

## 第四章　发酵豆制品生产　/ 87

## 第五章　豆类饮品生产　/ 97

## 第六章　豆制品质量控制　/ 112

# 第九章　豆制品工厂设计及应用实例　/ 180

# 第一章

# 绪 论

## 第一节　大豆制品概述和发展前景

### 一、大豆起源及其食用历史

文献表明，我国人民栽培大豆已有 5000 年的历史，我国古代称大豆为"菽"，《诗经》"中原有菽，庶民采之"。出土的殷墟甲骨文中就有"菽"字的原体，山西侯马出土的 2300 年前的文物中，就有 10 粒黄色滚圆的大豆。豆制品作为中华民族的传统食品，在我国已有 2000 多年的生产食用历史，深受广大消费者的喜爱。

豆制品包括豆腐、豆腐丝、腐乳、豆浆、豆花、豆豉、酱油、豆芽、豆肠、豆筋、豆鱼、羊肚丝、猫耳、素鸡等传统产品。随着科学技术的发展，大豆生产加工技术的不断提升，大豆多糖、大豆异黄酮、大豆卵磷脂、大豆蛋白等新型豆制品不断涌现，在很大程度上充实了我国豆制品的种类。

豆制品可以分为两大类，即发酵性豆制品和非发酵性豆制品。发酵性豆制品是以大豆为主要原料，经微生物发酵而成的豆制品，产品具有特殊的风味，如豆酱、酱油、腐乳、豆豉等。非发酵性豆制品是指以大豆或其他杂豆为原料制成的豆腐，或豆腐再经卤制、熏制、炸卤、干燥等加工工艺而制成的豆制品，如豆腐丝、豆腐皮、豆腐干、腐竹、素火腿等。

### 二、大豆制品营养价值概况

大豆蛋白质含量高达 37%～42%，从氨基酸组成来看，大豆蛋白质也是较为理想的，人体不能合成而必须从食物中摄取的 8 种必需氨基酸，大豆除蛋氨酸较少外，其余均较多，特别是赖氨酸含量较高，每克蛋白质中为63.4mg，比小麦粉高1.4倍，略低于蛋清（69.8mg）、牛肉（79.4mg）。衡量蛋白质的价值，可以采用若干数值来对比，一是氨基酸分数，以全蛋、人奶、牛肉、鱼为100，而大豆为74，高于大米（66.5）、小米（63）、全麦（53）、玉米（49.1）等作物。二是蛋白质的生物价，以完全蛋白质为100，则普通干大豆为57，熟大豆为64，虽然低于鸡蛋（94）、牛奶（85）、大米（76）、猪肉（74）和小麦（67），但经过加工，其生物价明显提高，如豆腐为65~69，脱脂豆粉为60~75，豆乳为79，分离蛋白可达81。三是蛋白质的消化率，蛋类为98%，肉类为92%~94%，米饭为82%，面包为79%，大豆虽仅为60%，但加工后的大豆粉增至75%，豆乳86.35%，豆腐高达92%~96%，分离蛋白可达97%。这些都说明大豆，特别是经过加工后的豆制品营养价值是十分丰富的。

大豆不仅蛋白质丰富，而且其油脂质量优良，不饱和脂肪酸占80%以上，人体所必需的亚油酸含量达50.8%。大豆中含有1.8%~3.2%的磷脂，可降低血液中的胆固醇含量、血液黏度，促进脂肪吸收，有助于防止脂肪肝和控制体重。大豆中的矿物质含量也很丰富，磷、钾、钙、铁、锰、锌、铜、硼等9种元素共占籽粒干重的2.7%，尤其是钙的含量较高，为0.23%。

## 三、大豆制品发展前景

2015年，我国用于食品工业的大豆量约1150万吨，比2014年增加4%左右。其中用于传统豆制品加工的大豆占50%左右，约为600万吨；用于其他食品加工的占20%左右；直接食用的占30%左右。2007~2012年，大豆食品产业的投豆量一直增长，2013~2014年，进入盘整和略有下降期，2015年则开始恢复性增长。50强企业中，中部和南方等地的豆制品规模企业相对集中；按照产品品类来看，以生产豆腐等生鲜为主要产品的综合类企业共23家，约占到50强企业的一半，同时这些企业表现出较平稳上升的发展态势；以生产休闲豆腐干为主的企业有16家；以生产豆浆（含液态豆浆和豆浆粉）为主的企业有7家；发酵豆制品等其他豆制品企业4家。豆腐等生鲜类大豆食品在我国百姓餐桌上很常见，总体消费量保持稳定增长。规模企业生鲜豆制品的产量增长速度较快，反映了生鲜豆制品开始向规模企业集中。生鲜豆制品的生产企业在各城市均有分布，但发展状况南方优于北方。品牌企业若想扩张，需采取异地建厂模式来完成市场布局，并以中心工厂为依托，合理确定消费半径，做好物流配送，缩短产品与消费者之间的距离。日本注重对豆腐等生鲜豆制品的研发，新产品花样繁多，不仅根据消费人群的不同，开发符合其喜好的包装，而且根据不同消费需求开发丰富的品类，值得中国借鉴。

随着生活水平的不断提高和人们对豆制品认识加深，豆制品越来越受到消费者的喜爱，特别是休闲化的豆制品异军突起。休闲豆腐干成为我国大豆食品产业发展最快的一类产品。在我国豆制品品牌企业前50强当中，以休闲豆腐干为主的企业占到了近三分之一，有些企业的休闲豆腐干类产品年销售额达到 1 亿元以上。休闲豆腐干产品的出现，使得四川、湖南、重庆等地的大豆食品业迅速崛起，规模企业猛增，市场占有率提高较快。

在当今时代，人们的饮食习惯由温饱型向健康型改变，食品从业者应该充分运用现代科学技术手段，研究大豆及其组成，开发出更多、更好的大豆制品，让豆制品这个古老而又现代的行业，焕发出时代的光芒。

# 第二节　大豆营养学特性

## 一、基本化学成分

### 1. 蛋白质

大豆蛋白质的含量因品质、栽培时间和栽培地域不同而变化，一般而言，大豆蛋白质的含量为 35%～45%。

根据蛋白质的溶解特性，大豆蛋白质可分为非水溶性蛋白质和水溶性蛋白质，水溶性蛋白质为 80%～90%。水溶性蛋白质可分为白蛋白和球蛋白，二者的比例因品种及栽培条件不同而略有差异，一般而言，球蛋白占主要比例，约为 90%。

根据生理功能分类法，大豆蛋白质可分为储藏蛋白和生物活性蛋白两类。储藏蛋白是主体，约占总蛋白质的 70%（如 7S 大豆球蛋白、11S 大豆球蛋白等），它与大豆的加工性能关系密切；生物活性蛋白包括胰蛋白酶抑制剂、$\beta$-淀粉酶、红细胞凝集素、脂肪氧化酶等，虽然它们在总蛋白质中所占比例不多，但对大豆制品的质量却非常重要。

大豆蛋白质主要由 18 种氨基酸组成，其中还包含人体所需的 8 种必需氨基酸，只是赖氨酸相对稍高，而蛋氨酸、半胱氨酸含量略低，同时大豆是最好的谷物类食品的互补性食品，因为谷物食品中蛋氨酸高，赖氨酸低，而大豆赖氨酸高，蛋氨酸低，对于以谷物类食品为主食的人群，常食用大豆及其制品，使氨基酸的配比也更加科学合理，氨基酸的代谢更加平衡。

### 2. 脂类

大豆脂类总含量为 21.3% 左右，主要包括脂肪、磷脂类、固醇、糖脂和脂蛋白。其中脂肪（豆油）是主要成分，占脂类总量的 88% 左右。磷脂和糖脂分别占脂类总含量 10% 和 2% 左右。

大豆脂类主要储藏在大豆细胞内的脂肪球中，脂肪球分布在大豆细胞中蛋白体的空隙间，其直径为 0.2～0.5μm。

大豆油脂主要特点是不饱和脂肪酸含量高，61% 为多不饱和脂肪酸，24% 为单不饱和脂肪酸。

不饱和脂肪酸具有防止胆固醇在血液中沉积及溶解沉积在血液中胆固醇的功能，因此，食用豆制品对人体有好处。但是不饱和脂肪酸稳定性较差，容易氧化，不利于豆制品加工与储藏。另外，大豆脂肪还是决定豆制品的营养和风味的重要物质之一。

### 3. 碳水化合物

大豆中的碳水化合物含量约为 25%，可分为可溶性与不可溶性两大类。大豆中含 10% 的可溶性碳水化合物，主要指大豆低聚糖（其中蔗糖占 4.2%~5.7%，水苏糖占 2.7%~4.7%、棉子糖占 1.1%~1.3%），此外还含有少量的阿拉伯糖、葡萄糖等。存留于豆腐内的可溶性糖类，因为会产生渗透压，可有效提升豆腐的持水性能。大豆中含有 24% 的不可溶性碳水化合物，主要指纤维素、果胶等多聚糖类，其组成也相当复杂。大豆中的不溶性碳水化合物——食物纤维，不能被人体所消化吸收，对豆腐的口感有十分重大的影响。磨豆时磨的间隙过小，磨浆的次数太多，由于剪切力的作用，会产生直径较小的纤维素，这些纤维素在过滤压力或过滤离心力过大时会穿过滤网，进入豆浆中，导致豆腐口感变粗，同时影响豆腐的弹性。加热浆渣，然后过滤，可让纤维素在加热条件下通过亲水基团的氢键与水形成水合物，使分子体积增大，从而减少纤维素通过滤网的数量，有效改善豆腐的口感，这也是国内外越来越多生产厂家采用熟浆法生产豆腐的原因之一。

大豆中大部分碳水化合物都难以被人体所消化，它们在豆腐加工过程中大部分会进入到豆清液中，水苏糖和棉子糖是胀气因子，在大豆废水综合利用时要引起高度的重视，但它们是可发酵性糖类，乳酸发酵会消耗部分水苏糖和棉子糖，但它们进入体内，一经发酵就引起肠胃胀气，这是因为人体消化道中缺乏 $\alpha$-半乳糖苷酶和 $\beta$-果糖苷酶，所以在胃肠中不进行消化，当它们达到大肠后，经大肠细菌发酵作用产生二氧化碳、甲烷而造成人体有胀气感。所以，大豆用于食品时，往往要设法除去这些不易消化的碳水化合物，而这些碳水化合物通常也被称为"胃肠胀气因子"。

### 4. 无机盐

大豆中无机盐总量为 5%~6%，其种类及含量较多，其中的钙含量是大米的40 倍，铁含量是大米的 10 倍，钾含量也很高。钙含量不但较高，而且其生物利用率与牛奶中的钙相近。

### 5. 维生素

大豆中含有维生素，特别是 B 族维生素，但大豆中的维生素含量较少，而且种类也不全，以水溶性维生素为主，脂溶性维生素少。大豆中含有的脂溶性维生素主要有维生素 A、维生素 E，而水溶性维生素有维生素 $B_1$、维生素 $B_2$、烟酸、维生素 $B_6$、泛酸、抗坏血酸等。

## 二、活性成分

### 1. 大豆多肽

大豆多肽即"肽基大豆蛋白水解物"的简称，是大豆蛋白质经蛋白酶作用后，再经特殊处理而得到的蛋白质水解产物，是由多种肽混合物所组成的。

据大量资料报道，大豆多肽具有良好的营养特性，易消化吸收，尤其是某些低分子的肽类，不仅能迅速提供机体能量，同时还具有降低胆固醇、降血压和促进脂肪代谢、抗疲劳、增强人体免疫力、调节人体生理机能等功效。

虽然大豆多肽的生产工艺较复杂、成本较高，但其具有独特的加工性能，如无蛋白变性、无豆腥味、易溶于水、流动性持水性好、酸性条件下不产生沉淀、加热不凝固、低抗原性等，这些均为以大豆多肽作原料开发功能性保健食品奠定了坚实基础。

### 2. 大豆低聚糖

低聚糖又称寡糖。低聚糖与单糖相似，易溶于水，部分糖有甜味，一般由 3～9 个单糖经糖苷键缩聚而成。大豆低聚糖是大豆中可溶性寡糖的总称，主要成分是水苏糖、棉子糖和蔗糖，占大豆总碳水化合物的 7%～10%。在大豆被加工后，大豆低聚糖含量会有不同程度的减少。

低聚糖是双歧杆菌生长的必需营养物质，双歧杆菌利用低聚糖产生乙酸、乳酸等代谢产物，这些产物可抑制大肠杆菌等有害菌生长繁殖，从而抑制氨、吲哚、胺类等物质的生成，促进肠道的蠕动，防止便秘。

### 3. 大豆磷脂

大豆磷脂是指以大豆为原料所提取的磷脂类物质，是卵磷脂、脑磷脂、磷脂酰肌醇等成分组成的复杂混合物，大豆磷脂的含量占全豆的 1.6%～2.0%。

磷脂普遍存在于人体细胞中，是人体细胞膜的组成成分。脑和神经系统、循环系统、血液、肝脏等主要组织、器官的磷脂含量高。因此，磷脂是保证人体正常代谢和健康必不可少的物质。

### 4. 大豆异黄酮

大豆异黄酮是大豆生长过程中形成的次级代谢产物，大豆籽粒中含异黄酮 0.05%～0.7%，主要分布在大豆子叶和胚轴中，种皮中极少。大豆异黄酮包括大豆苷、大豆苷元、染料木苷、染料木素、黄豆黄素等。

长期以来，大豆异黄酮被视为大豆中的不良成分。但近年的研究表明：大豆异黄酮对癌症、动脉硬化症、骨质疏松症以及更年期综合征具有预防甚至治愈作用。

### 5. 大豆皂苷

大豆皂苷是由皂苷元与糖（或糖酸）缩合形成的一类化合物，是大豆生长中的次生代谢产物，主要存在于大豆胚轴中，较子叶大豆皂苷含量多出 5～10 倍。大豆皂苷的含量还与大豆的品种、生长期以及环境因素的影响有关。早期研究发现，大豆皂苷元有 5 个种类，分别是大豆皂苷元 A、大豆皂苷元 B、大豆皂苷元 C、大豆皂苷元 D、大豆皂苷元 E。近年来，随着科学技术的发展，对多种豆类中的大豆皂苷进行分析，发现天然存在的大豆皂苷元只有 3 种，即大豆皂苷元 A、大豆皂苷元 B、大豆皂苷元 E，其余的大豆皂苷元是在上述 3 种皂苷元水解下的产物。不同的皂苷元与糖基可形成很多种类的皂苷，大豆皂苷多达十余种，一般分为 A 族大豆皂苷、B 族大豆皂苷、E 族大豆皂苷和 DDMP 族大豆皂苷，其中，A 族大豆皂苷和 B 族大豆皂苷含量高，是主要成分。

大豆皂苷具有溶血作用，过去认为是抗营养因子。此外，大豆皂苷所具有的不良气味导致豆制品中具有苦涩味。因此，在豆制品加工中要求尽可能除去大豆皂苷。但近年来的研究表明，大豆皂苷具有多种有益于人体健康的生物活性，比如调节血脂和血糖、抗病毒作用、抗氧化作用、免疫调节作用等。

## 三、抗营养因子

大豆中存在多种抗营养因子，如胰蛋白酶抑制剂、红细胞凝集素、植酸、致甲状腺肿胀因子、抗维生素因子等，它们的存在会影响到豆制品的质量和营养价值。在这些抗营养因子中，胰蛋白酶抑制剂对豆制品的营养价值影响最大，其本身也是一种蛋白质，能够抑制胰蛋白酶的活性；它有很强的耐热性，若需要较快地降低其活性，则要经过 100℃以上的温度处理。一般认为，要使大豆中蛋白质的生理价值比较高，至少要钝化 80% 以上的胰蛋白酶抑制剂。大豆中大多数抗营养因子的耐热性均低于胰蛋白酶抑制剂的耐热性，故在选择加工条件时，以破坏胰蛋白酶抑制剂为参照即可。目前，按照大豆抗营养因子对热敏感性的程度将其分为以下两类：热不稳定性抗营养因子和热稳定性抗营养因子。主要的去除方法包括物理处理法、化学处理法和生物处理法。

### 1. 热不稳定性抗营养因子

**（1）蛋白酶抑制剂** 大豆中普遍存在的是胰蛋白酶抑制剂和糜蛋白酶抑制剂，前者起主要作用。

影响胰蛋白酶抑制剂活性的重要因素包括加热温度、加热时间、水分含量、pH 值等。存在于大豆中的抑制剂会抑制胰脏分泌的胰蛋白酶活性，从而影响人体对蛋白质的吸收。大豆胰蛋白酶抑制剂的热稳定性是大豆加工中最为关注的问题之一。因为胰蛋白酶抑制剂的热稳定性比较高。在 80℃时，脂肪氧化酶已基本丧失活性，而胰蛋白酶抑制剂的残存活性仍在 80% 以上，而且增加热处理时间并不能显著降低它的活性。如果要进一步降低胰蛋白酶抑制剂的活性，就必须提高温度。若采用 100℃以上的温度处理时，胰蛋白酶抑制剂的活性则降低很快。100℃处理 20min 抑制剂活力丧失达到 90% 以上；120℃处理 3min 也可以达到同样的效果。

应该说这样的热失活条件对于大豆食品的加工不算苛求，完全是可以达到的。对于大多数蛋白质食品来说，胰蛋白酶抑制剂是不难克服的，因为它们在蒸汽加热时容易丧失活性，从而使大豆蛋白食品的营养学价值提高到令人满意的程度。

**（2）脂肪氧化酶** 脂肪氧化酶催化具有顺-1,4-戊二烯结构的多元不饱和脂肪酸，生成具有共轭双键的过氧化物。研究发现，生成的过氧化物使维生素 $B_{12}$ 的消耗量增加，出现维生素缺乏症。另外，脂肪氧化酶与脂肪反应生成的乙醛使大豆带上豆腥味，影响了大豆的适口性。

为了防止豆腥味的产生，就必须钝化脂肪氧化酶。加热是钝化脂肪氧化酶的基本方法，但由于加热会同时引起蛋白质的变性，因此在实际操作中应处理好加热与钝化的关系。脂肪氧化酶的耐热性差，当加热温度高于 84℃ 时，酶就失活。若加热温度低于 80℃，脂肪氧化酶的活力就受到不同程度的损害，加热温度越低，酶的残存活力就越高。例如在制作豆乳时，采用 80℃ 以上热磨的方法，也是防止豆乳带豆腥味的一个有效措施。

**（3）脲酶** 脲酶也称尿素酶，属于酰胺酶类。在一定温度和 pH 值条件下，生大豆的脲酶遇水迅速将含氮化合物分解成氨，引起氨中毒。脲酶活性通常用来判断大豆受热程度和评估胰蛋白酶抑制剂活性。

存在于大豆中的脲酶有很高的活性，它可以催化尿素产生二氧化碳和氨。氨会加速肠黏膜细胞的老化，从而影响肠道对营养物质的吸收。脲酶对热较为敏感，受热容易失活。在豆奶生产过程中，脲酶基本上已失活。

此外，脲酶在大豆所含酶中活性最强，与胰蛋白酶抑制剂等其他抗营养因子在热处理中的失活速率基本相同，而且易检测，因此，在实际生产中常以脲酶为检测大豆抗营养因子的一种指示酶。如果脲酶已失活，则其他抗营养因子均已失活。

大豆加工过程中，温度、时间、压力、水分、大豆颗粒大小等因素都会影响脲酶的活性。脲酶活性越小，毒性就越小，但是过度处理，会降低产品的营养价值。

**（4）红细胞凝集素** 红细胞凝集素是一种能使动物血液中红细胞凝集的物质。用玻璃试管进行实验，发现大豆中至少含有 4 种蛋白质能够使小白兔和小白鼠的红色血液细胞（红细胞）凝集。这些蛋白质即被称为红细胞凝集素。红细胞凝集素能被胃肠道酶消化，对热也不稳定，通过加热处理容易失活。因此，经加热生产的豆制品，红细胞凝集素不会对人体造成不良影响。

### 2.热稳定性抗营养因子

**（1）致甲状腺肿胀素** 大豆中致甲状腺肿胀素的主要成分是硫代葡萄糖苷分解产物（异硫氰酸酯、噁唑烷硫酮）。1934 年国外首次报道大豆膳食可使动物甲状腺肿大。1959 年和 1960 年又报道婴儿食用豆乳发生甲状腺肿大，成人食用大豆膳食可使碘代谢异常。因此，在生产大豆食品如豆奶时，可添加适量碘化钾，以改善大豆蛋白营养品质。

**（2）植酸**　植酸又称肌醇六磷酸，广泛存在于植物性饲料中，大豆中含有1.36％左右的植酸。植酸的磷酸根部分可与蛋白质分子形成难溶性的复合物，不仅降低蛋白质的生物效价与消化率，而且影响蛋白质的功能特性，还可抑制猪胰脂肪酶的活性，影响矿物元素的吸收利用，降低磷的利用率。

植酸的存在可降低大豆蛋白质中的溶解度，并降低大豆蛋白质的发泡性。豆制品加工时，磨浆前的浸泡，可以提高植酸酶活性，部分分解植酸。

**（3）胃肠胀气因子**　大豆中胃肠胀气因子主要成分为低聚糖（包括棉子糖和水苏糖）。由于人或动物缺乏 $\alpha$-半乳糖苷酶，所以不能水解棉子糖和水苏糖。它们进入大肠后，被肠道微生物发酵产气，引起消化不良、腹胀、肠鸣等症状。

# 第三节　大豆工艺学特性

## 一、吸水性

大豆吸水性包括吸水速率、吸水量。一般来说，充分吸水后的大豆质量是吸水前干质量的 2.0～2.2 倍，但是大豆品种不同，吸水量略有差异。

大豆吸水性与品种、粒度有一定的关系。我们通常把吸水性差的大豆称之为石豆。石豆主要是种植过程中大豆籽粒被冻伤，或者采收后干燥操作时温度过高引起的。影响大豆浸泡时间的主要因素是大豆的品质、水质条件和大豆的储存时间等。在实际生产过程中，受四季温度变化的影响，浸泡时间也应作相应的调整。

泡豆的温度不宜过高，如果水温达 30～40℃，大豆的呼吸作用加强，消耗本身的营养成分，相应降低了豆制品的营养成分。理想的水温一般为 15～20℃，在此温度下大豆的呼吸作用弱，酶活性低。

水的酸碱度对大豆吸水速度有明显的影响。大豆浸泡水中加入 0.1％～0.5％食用碱，可加快大豆的浸泡时间。

吸水不充分的大豆的加工性能会受到很大的影响。一方面，即使蒸煮很长时间也难以变软；另一方面，粉碎变得困难。

## 二、蒸煮性

大豆吸水后在高温高压下就会变软。碳水化合物含量高的大豆，煮熟后显得较软，含量低的大豆煮熟后的硬度较高。这可能是由于碳水化合物的吸水力较其他成分高，因而碳水化合物含量高的大豆在蒸煮过程中水分更易侵入内部，使大豆变软。

## 三、热变性

大豆中存在的胰蛋白酶抑制剂、红细胞凝集素、脂肪氧化酶、脲酶等生物活性蛋白质，在热作用下会丧失活性，发生变性。大豆蛋白质加热后，其溶解度会有所降低。降低的程度与加热时间、温度、水和蒸气含量有关。在有水蒸气的条件下加热，蛋白质的溶解度就会显著降低。

蛋白质的变性程度不用其水溶性含氮物含量的高低来表示。但是，仅用大豆蛋白水溶性含氮物的多少来确定大豆蛋白质的变性程度高低有时是不可靠的。例如，将一定浓度以下的大豆蛋白质溶液进行短时间加热煮沸，其水溶性蛋白质含量因变性逐渐降低。但继续加热煮沸，则溶液中水溶性蛋白质含量又会增加。其原因可能是蛋白质分子由原来的卷曲紧密结构舒展开来，其分子结构内部的疏水基因暴露在外部，从而使分子外部的亲水基因相对数量减少，致使溶解度下降。当继续加热煮沸时，蛋白质分子发生解离，而成为相对分子质量较小的次级单位，从而使溶解度再度增加。

大豆蛋白质受热变性时，除溶解度发生改变外，其溶液的黏度也发生变化。如豆腐的生产就是预先用大量的水长时间浸泡大豆，使蛋白质溶解于水后，再加热使溶出的大豆蛋白质变性，变性后会发生黏度变化。研究发现，大豆蛋白质的黏度变化主要是7S组分起作用，11S组分几乎无影响。

研究证明，大豆蛋白7S和11S组分的热变性温度相差较大。如果加热时间充分，7S组分在70℃左右就会变性，而11S组分变性的温度则高于90℃。

## 四、凝胶性

凝胶性是蛋白质形成胶体网状立体结构的性能。大豆蛋白质分散于水中形成胶体。这种胶体在一定条件下可转变为凝胶。凝胶是大豆蛋白质分散在水中的分散体系，具有较高的黏度、可塑性和弹性，它或多或少具有固体的性质。蛋白质形成凝胶后，既是水的载体，也是糖、风味剂以及其他配合物的载体，因而对食品制造极为有利。

无论多大浓度的溶液，加热都是凝胶形成的必要条件。在蛋白质溶液当中，蛋白分子通常呈一种卷曲的紧密结构，其表面被水化膜所包围，因而具有相对的稳定性。由于加热，使蛋白质分子呈舒展状态，原来包埋在卷曲结构内部的疏水基团相对减少。同时，由于蛋白质分子吸收热能，运动加剧，使分子间接触，交联机会增多。随着加热过程的继续，蛋白分子间通过疏水键和二硫键的结合，形成中间留有空隙的立体网状结构。有研究表明：当蛋白质的浓度高于8％时，才有可能在加热之后出现较大范围的交联，形成真正的凝胶状态。当蛋白质浓度低于8％时，加热之后，虽能形成交联，但交联的范围较小，只能形成所谓"前凝胶"。而这种"前凝胶"，只有通过pH值或离子强度的调整，才能进一步形成凝胶。

凝胶作用受多种因素影响，如蛋白质的浓度、蛋白质成分、加热温度和时间、pH 值、离子浓度和巯基化合物存在有关。其中蛋白质浓度及其成分是决定凝胶能否形成的关键因素。就大豆蛋白质而言，浓度为 8%～16% 时，加热后冷却即可形成凝胶。当大豆蛋白质浓度相同，而成分不同时，其凝胶特性也有差异。在大豆蛋白质中，只有 7S 和 11S 大豆蛋白才有凝胶性，而且凝胶硬度的大小主要由 11S 大豆蛋白决定。

## 五、乳化性

乳化性是指 2 种以上的互不相溶的液体，例如油和水，经机械搅拌，形成乳浊液的性能。大豆蛋白质用于食品加工时，聚集于油-水界面，使其表面张力降低，促进乳化液形成一种保护层，从而可以防止油滴的集结和乳化状态破坏，提高乳化稳定性。

大豆蛋白质组成不同以及变性与否，其乳化性相差较大。大豆分离蛋白的乳化性要明显地好于大豆浓缩蛋白，特别是好于溶解度较低的浓缩蛋白。分离蛋白的乳化性作用主要取决于其溶解性、pH 值与离子强度等外界环境因素。当盐类质量分数为 0、pH 值为 3.0 时，大豆分离蛋白乳化能力最强；而盐类质量分数为 1.0%、pH 值为 5.0 时，其乳化能力最差。

## 六、起泡性

大豆蛋白质分子结构中既有疏水基团，又有亲水基团，因而具有较强的表面活性。它既能降低油-水界面的张力，呈现一定程度的乳化性，又能降低水-空气的界面张力，呈现一定程度的起泡性。大豆蛋白质分散于水中，形成具有一定黏度的溶胶体。当这种溶胶体受急速的机械搅拌时，会有大量的气体混入，形成大量的水-空气界面。溶胶中的大豆蛋白质分子被吸附到这些界面上来，使界面张力降低，形成大量的泡沫，即被一层液态表面活化的可溶性蛋白薄膜包裹着的空气-水滴群体。同时，由于大豆蛋白质的部分肽链在界面上伸展开来，并通过分子内和分子间肽链的相互作用，形成了二维保护网络，使界面膜被强化，从而促进了泡沫的形成与稳定。

除蛋白质分子结构的内在因素外，某些外在因素也影响其起泡性。溶液中蛋白质的浓度较低，黏度较小，则容易搅打，起泡性好，但泡沫稳定性差；反之，蛋白质浓度较高，溶液浓度较大，则不易起泡，但泡沫稳定性好。实践中发现，单从起泡性能看，蛋白质浓度为 9% 时，起泡性最好；而以起泡性和稳定性综合考虑，以蛋白质浓度 22% 为宜。

pH 值也影响大豆蛋白质的起泡性。不同方法水解的蛋白质，其最佳起泡 pH 值也不同，但总体来说，有利于蛋白质溶解的 pH 值，大多也都是有利于起泡的 pH 值，但以偏碱性 pH 值最为有利。

温度主要是通过对蛋白质在溶液中分布状态的影响来影响起泡性的。温度过高，蛋白质变性，因而不利于起泡；但温度过低，溶液浓度较大，而且吸附速度缓慢，所以也不利于泡沫的形成与稳定。一般来说，大豆蛋白质溶液最佳起泡温度为 30℃左右。

此外，脂肪的存在对起泡性极为不利，甚至有消泡作用，而蔗糖等能提高溶液黏度的物质，有提高泡沫稳定性的作用。

# 第四节　大豆制品分类

由中国食品工业协会豆制品专业委员会组织起草的《大豆食品分类》（SB/T 10687—2012）行业标准已于 2012 年 3 月 15 日正式发布，并于 2012 年 6 月 1 日起正式实施。

《大豆食品分类》作为行业基础性标准，规定了大豆食品的分类、定义及适用范围。根据标准，大豆食品分为熟制大豆、豆粉、豆浆、豆腐、豆腐脑、豆腐干、腌渍豆腐、腐皮、腐竹、膨化豆制品、发酵豆制品、大豆蛋白、毛豆制品和其他豆制品共 14 大类，并在此基础上进一步细分了小类（表 1-1）。

**表 1-1　大豆食品分类**

| 类别 | 小类名称 | | 示例 |
|---|---|---|---|
| 熟制大豆 | 煮大豆 | | 焖黄豆、甜蜜豆 |
| | 烘焙大豆 | | 炒大豆、烤大豆 |
| 豆粉 | 烘焙大豆粉 | | |
| | 大豆粉 | 全脂豆粉 | |
| | | 脱脂豆粉 | |
| | | 低脂豆粉 | |
| | 膨化大豆粉 | | |
| 豆浆 | 豆浆 | | |
| | 调制豆浆 | | 调味豆浆、营养强化豆浆 |
| | 豆浆饮料 | | 果汁豆浆饮料、五谷豆浆饮料 |
| | 豆浆粉 | | |
| 豆腐 | 充填豆腐 | | 内酯豆腐、韧豆腐 |
| | 嫩豆腐 | | 南豆腐 |
| | 老豆腐 | | 北豆腐 |
| | 油炸豆腐 | 炸豆腐 | 油方 |
| | | 豆腐泡 | 油三角、油茧子 |
| | 冻豆腐 | | |
| | 其他豆腐 | | 果蔬豆腐、无渣豆腐 |

| 类别 | 小类名称 | | 示例 |
|---|---|---|---|
| 豆腐脑 | | | 豆腐花 |
| 豆腐干 | 白豆腐干 | 豆腐皮 | 百叶、千张 |
| | | 豆腐丝 | 百叶丝 |
| | 油炸豆腐干 | | 油丝 |
| | 卤制豆腐干 | | |
| | 炸卤豆腐干 | | |
| | 熏制豆腐干 | | |
| | 蒸煮豆腐干 | | 素鸡 |
| 腌渍豆腐 | 臭豆腐 | | |
| | 其他腌渍豆腐 | | |
| 腐皮 | | | 油皮、豆腐衣 |
| 腐竹 | | | 枝竹、扁竹 |
| 膨化豆制品 | | | |
| 发酵豆制品 | 腐乳 | 红腐乳 | |
| | | 白腐乳 | |
| | | 青腐乳 | |
| | | 酱腐乳 | |
| | | 花色腐乳 | |
| | 豆豉 | | |
| | 纳豆 | | |
| | 大豆酱 | | |
| | 发酵豆浆 | | 酸豆乳 |
| | 其他发酵豆制品 | | |
| 大豆蛋白 | 大豆浓缩蛋白 | | |
| | 大豆分离蛋白 | | |
| | 大豆组织蛋白 | | |
| | 其他大豆蛋白 | | |
| 毛豆制品 | | | 煮毛豆、冷冻毛豆 |
| 其他豆制品 | | | 黄豆芽、豆沙、豆渣、大豆棒、大豆布丁、大豆炼乳、大豆冷冻甜点 |

SB/T 10687—2012《大豆食品分类》标准的出台与实施，适应了我国大豆食品行业发展与市场管理的需要，从而结束整个行业分类标准的混乱局面，这给大豆食品的生产管理、产品开发、市场管理等带来新的机会。本标准以终端产品形态为原则进行分类，既反映出大豆食品产品分类的特点，又符合了大豆食品不断推陈出新的市场和消费趋势。

# 第二章

# 豆腐生产

豆腐在我国的制作历史十分悠久，据传，西汉淮南王刘安最早发明了豆腐。

## 第一节　豆清豆腐

豆清豆腐，顾名思义，是以豆清发酵液为凝固剂生产豆腐的方法。该法起源于湖南省邵阳地区，20 世纪 80 年代开始向外传播，现重庆、内蒙古、河南等地也逐渐使用。以豆清发酵液为凝固剂，按照熟浆工艺生产的豆腐结构致密、持水性和弹性好，具有豆清发酵液特殊的风味。豆清发酵液点浆工艺真正实现了豆清液的有效利用，大大减少了废水的排放，做到清洁生产、绿色生产，实现了生态循环，并且最终产品 pH 值相对低，一定程度上抑制了菌落总数。

## 一、生产工艺流程

### 1. 工艺流程

大豆→预处理→浸泡→去杂→制浆→浆渣分离→点浆→破脑→压榨制坯→切块→成品

### 2. 制浆和点浆工艺

制浆为二次浆渣共熟制浆工艺（图 2-1），点浆为豆清发酵液点浆工艺（图 2-2）。

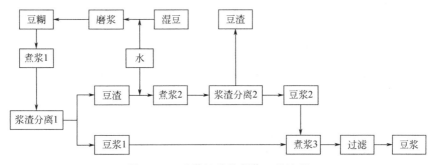

图 2-1　二次浆渣共熟制浆工艺流程

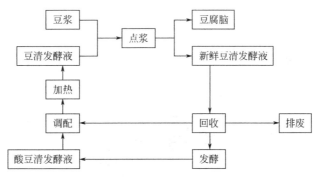

图 2-2　豆清发酵液点浆工艺

# 二、主要生产设备

## 1. 浸泡设备

**（1）浸泡工艺流程**　浸泡工艺流程立面示意图见图 2-3。

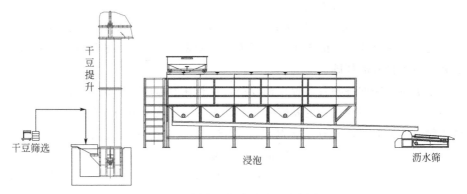

图 2-3　浸泡工艺流程立面示意图

**（2）浸泡设备的特点**　斗式提升机是垂直提升，优点是提升能力大、能耗低、维护简便。干豆分配小车的容积与泡豆桶的生产能力相等，可减少小车来回推拉次数，提高效率。

泡豆桶是采用大斜锥体侧面卸豆形式，这种泡豆桶在放豆时流动性好，节约用水。底部配备有曝气式装置，可在浸泡时翻动清洗黄豆，并使浸泡时各处温度均匀。可实现自动进水、排水，并设置报警系统，可在断电、缺水、故障等情况下自动报警。

去杂淌槽采用 V 形结构，提高大豆的流动性，节约冲豆用水。槽内设有密集横向间隔且加装强效磁铁的去杂坑。当水连同大豆经过时，由于旋水分离作用，局部涡旋将相对密度和离心力较大的石子、砂石、铁块沉入坑内，而合格大豆顺利通过；这样既可保护磨浆机砂轮片，又可防止异物进入产品，保障食品安全。双层沥水筛能有效分离石豆和碎豆，提高大豆原料利用率。

## 2. 制浆设备

**（1）制浆工艺流程**　二次浆渣共熟制浆工艺流程立面示意图见图 2-4。

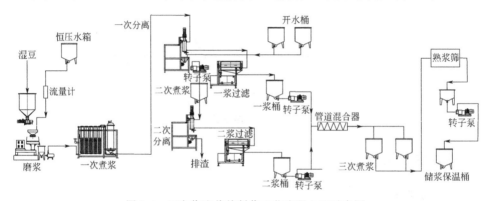

图 2-4　二次浆渣共熟制浆工艺流程立面示意图

**（2）二次煮浆设备特点**

① 磨浆机　磨浆机装有湿豆定量分配器，可保证水、豆按一定比例添加，减少了人为因素对豆汁浓度的影响，豆浆浓度控制偏差小于 $\pm0.3°$Brix，为后道工序的点浆奠定了良好的基础。

整个磨浆工序的各种容器容积都较小，物料在容器内存量很少，维持系统的动态平衡，减少豆浆在空气中的暴露时间，即减少了豆浆中脂肪氧化酶的反应程度和被微生物感染的概率，有利于提高产品品质。容积泵的应用大大减少了泡沫的产生，无须在此工序添加消泡剂，降低了生产成本。

此外，加装飞轮装置，起到动平衡检测作用；低速磨制，豆糊温升小，减少了大豆蛋白提前变性程度，提高了出品率。

② 熟浆挤压分离系统　本设计所生产的产品为高档豆制品，所用二次浆渣共熟制浆工艺在生产设备上的独特性之一是两次煮浆后均经过熟浆挤压分离系统处理。熟浆挤压分离系统的核心装置为立式挤压机。豆糊经泵入圆锥体挤压室，螺旋

挤压绞龙将含渣豆浆逐渐推向挤压室底部的同时不断提高水平方向的压力，迫使豆糊中的豆浆挤出筛网，经管道流入高目数滚筛得到生产用豆浆。挤压机的动作是自动连续的，随着物料不断泵入挤压室，前缘压力的不断增大，当达到一定程度时，将会突破卸料口抗压阈值，此时纤维素等不溶物从卸料口进入豆渣桶中，实现浆渣分离。

在我国，采用熟浆工艺生产豆制品的工厂大部分仍使用离心机进行浆渣分离。为了防止熟浆中一些多糖类物质（如吸水膨胀的纤维素）堵塞筛孔，通常选用较高的离心速度。在强大离心力作用下，当纤维素分子的横截面积小于筛孔面积时，纤维素会从筛孔甩出进入到豆浆中，给产品带来了粗糙的口感。

另外，离心分离工艺不可避免会产生泡沫，而挤压工艺不会出现明显泡沫。

采用熟浆挤压分离工艺，不但保留了熟浆工艺优良的产品品质和口感，也弥补了熟浆工艺得率不高的缺点；同时，减少了豆渣含水量和蛋白质残留量，为豆渣综合利用打下有利基础。

③ 微压密闭煮浆系统　微压密闭煮浆系统是利用密闭罐加热豆浆。豆浆泵入密闭罐时，排气孔打开，在常压下加热豆浆。煮浆温度由温度传感器测定，煮至设定温度后，指示电气元件做出打开放浆阀门和关闭排气阀门动作，使罐内形成密封高压，把豆浆全部压送出去，然后停止冲入蒸汽，完成一次煮浆。

通过多次煮浆，增加了纤维素的胀润度，使纤维素分子体积增大，大大减少进入豆浆中的粗纤维含量，使豆腐口感细腻；同时促进了多糖的溶出，增加豆腐中亲水物质的含量，有利于豆腐保持高水分。此外，这些亲水物质在受到凝固剂作用时，可作为蛋白质分子的空间障碍，有效防止大豆蛋白分子间的聚集，从而保证豆腐的嫩度，减少了豆腐中"孔洞"的出现。

④ 往复式熟浆筛　往复式熟浆筛利用偏心结构带动平筛在轨道上运动，平筛下面自带储浆池，细豆渣靠惯性自动排列到设备端口处的漏斗口，一般用高目数筛网可将粗纤维进一步过滤。

### 3. 点浆设备

**（1）点浆工艺流程**　豆清发酵液点浆工艺流程立面示意图见图2-5。

**（2）点浆设备特点**

① 连续旋转桶式点浆机　此点浆机专门配套豆清发酵液点浆工艺，由32个容积120L浆桶循环点浆，以实现自动连续生产，配置放浆、点浆、辅助点浆、豆清蛋白液回收、破脑、倒脑等操作机位和机械手装置。系统采用可编程逻辑控制器（PLC）控制，便于对豆浆量、豆清发酵液注入量、凝固时间、搅拌速度、破脑程度进行设定。

② 发酵罐　此发酵罐是半自然发酵装置。带有聚氨酯发泡材料的保温层、加热管、万向清洗球、pH值在线监测器、测温计等装置，可控制发酵条件，如pH值、温度等，且具有原位清洗（CIP）功能。

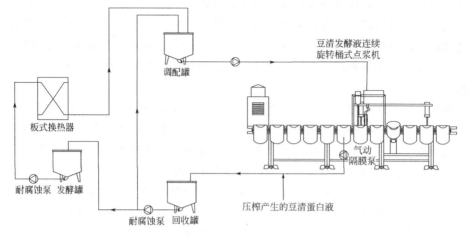

图 2-5　豆清发酵液点浆工艺流程立面示意图

## 4.压榨制坯系统设备

**(1) 压榨制坯工艺流程**　压榨制坯工艺流程立面示意图见图 2-6。

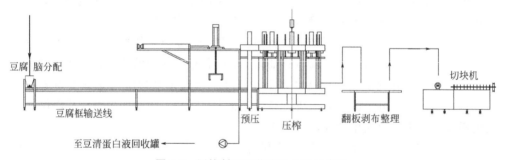

图 2-6　压榨制坯工艺流程立面示意图

**(2) 压榨制坯系统设备俯视图**　见图 2-7。

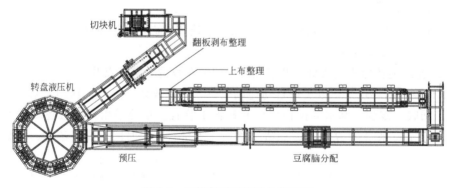

图 2-7　压榨制坯系统设备俯视图

**（3）压榨制坯系统设备特点** 连续旋转桶式点浆机在压框输送线的固定机位将豆腐脑倒入已摆好包布的压框中，运转至转盘液压机，机械手叠加若干板豆腐脑进行自重预压，豆腐而后进入液压机，按照设定的压力和时间开始逐步对豆腐脑施加液压压力，同时液压机旋转，到达出框机位，泄压，豆腐成型。压榨系统所产生的豆清蛋白液全部收集后由气动隔膜泵送入豆清蛋白液发酵系统。

豆腐成型后，机械手将豆腐框依次送上压框输送线，在固定机位进行翻板、剥布等操作，豆腐则进入切块机，压框由输送线运至与点浆机倒脑机位对应的位置，至此，完成一个工作循环。豆腐送入切块机，完成切块后，由输送带送入干燥工序。

转盘液压机为近年来逐渐推广应用的豆腐压榨设备。利用液压原理，通过液压泵站提供液压油给液压机，压力油缸产生压力传递至豆腐，实现压榨成型的目的。由10个压榨机位组成，工作时，第1个上榨，第10个出榨，压榨机位公转的同时进行压榨，附加压框循环输送线实现自动化生产。多框豆腐叠加依靠自重进行预压榨可减少能耗，同时，由于豆清蛋白液从上往下流出，既起到了保温作用，也避免了豆腐出包时的粘包和表皮破损的发生。

自动切块机通过光电感应装置精准下刀，电动机带动刀片在横向和纵向依次切块，得到规格尺寸均一的豆腐。该设备的运用，极大地避免了人工切块的误差，保证了产品稳定性。

## 三、操作方法

### 1.大豆原料的预处理

大豆历经收获、储藏及运输会混入杂质，如草屑、泥土、砂石和金属等，存在物理性食品安全风险；大豆组织坚硬，经过浸泡吸水软化才可磨浆，所以大豆必须经过预处理才可进行加工。

大豆清理有人工清理和机械清理两种方法。

① 人工清理 适合于作坊和小规模豆腐加工厂，人工除杂后经清洗进入浸泡工序。

② 机械清理 分干法和湿法两种方式。干法清理一般靠振动筛和密度除石机实现，缺点是难以除去裂豆和虫蛀豆；湿法清理是利用干豆与杂物因相对密度不同、所受浮力不同而导致沉降速度存在差异的原理进行分离。

从目前应用的情况来看，一般采用湿法去杂，浸泡的大豆经过一段流水去杂淌槽可去除杂物和石豆。但无论采取哪种方法都应加装磁铁以除去细小的金属杂质，以保护磨浆机和保障食品安全。

### 2.浸泡工艺

在豆腐加工过程中，干豆的浸泡效果对大豆蛋白的抽提率和豆腐品质有重要影响。磨豆前对大豆要加水浸泡，使其子叶吸水软化，硬度下降，组织细胞和蛋白质膜破碎，从而使蛋白质、脂质等营养成分更易从细胞中抽提出来。大豆吸水的程度决定了磨豆时蛋白质、碳水化合物等其他营养成分的溶出率，进而影响到最终豆腐凝胶结构。同时，浸泡使大豆纤维吸水膨胀，韧性增强，磨浆破碎后仍保持较大碎片，减少细小纤维颗粒形成量，保证浆渣分离时更易分离除去。

大豆品种、浸泡用水水质、浸泡用水水温、浸泡时间、豆水比等因素影响浸泡的工艺参数。张平安等认为，浸泡时间 12h，浸泡温度 22℃，豆水比 1:12，此时的豆腐凝胶强度最大，含水率较高，口感细腻，颜色白皙，且富有弹性。张亚宁认为生产豆乳时最佳浸泡处理条件为水温 25℃，浸泡 8h，pH 值 8.5。赵秋艳等研究发现适当提高水温可以缩短泡豆时间，当温度为 20～40℃时，蛋白质提取率随温度的升高而增大，在 40℃时大豆蛋白的提取率最大。李里特等研究表明用 20℃的水浸泡大豆后，在加工过程中发现其浆液中固形物和蛋白质损失较少，豆腐的凝胶结构和保水性较好。

最佳浸泡时间判断标准：将大豆去皮分成两瓣，以豆瓣内部表面基本呈平面，略微有塌陷，手指稍用力掐之易断，且断面已浸透无硬芯为浸泡终点。

**(1) 浸泡的水质**　依据 GB 14881—2013《食品企业通用卫生规范》中规定食品企业生产用水水质必须符合 GB 5749—2006《生活饮用水卫生标准》要求，若能在符合标准水质的基础上，进行软化或反渗透处理得到的软化水或反渗透水泡豆则更佳。

**(2) 浸泡用水温度和时间**　经过长期调查，从表 2-1～表 2-3 可得知，浸泡温度不同，浸泡时间也不同。水温高，浸泡时间短；水温低，浸泡时间长。其中冬季水温为 2～10℃时，浸泡时间为 13～15h；春秋季水温为 12～28℃时，浸泡时间为 8.0～12.5h；夏季水温为 30～38℃时，仅需 6.0～7.5h，并且期间应更换泡豆水一次。

表 2-1　冬季（水温 2～10℃）浸泡时间

| 温度/℃ | 2 | 4 | 6 | 8 | 10 |
|---|---|---|---|---|---|
| 时间/h | 15.0 | 14.0 | 14.0 | 13.5 | 13.0 |

表 2-2　春秋季（水温 12～28℃）浸泡时间

| 温度/℃ | 12 | 14 | 16 | 18 | 20 | 22 | 24 | 26 | 28 |
|---|---|---|---|---|---|---|---|---|---|
| 时间/h | 12.5 | 12.0 | 11.0 | 11.0 | 10.5 | 10.0 | 9.0 | 8.5 | 8.0 |

表 2-3　夏季（水温 30～38℃）浸泡时间

| 温度/℃ | 30 | 32 | 34 | 36 | 38 |
|---|---|---|---|---|---|
| 时间/h | 7.5 | 7.0 | 7.0 | 6.5 | 6.0 |

大豆浸泡后，子叶由于吸水而膨胀软化，其硬度显著降低，细胞和组织结构更易破碎，大豆蛋白等更容易从细胞中抽提出来。与此同时，泡豆使纤维素吸水、韧性增加，保证磨豆后纤维以较大的碎片存在，不会因为体积小而在浆渣分离时大量进入豆浆中，影响产品口感。浸泡时间过短，水分无法渗透至大豆中心。但浸泡时间过长，则会使一些可溶固形物流失，增加泡豆损失；长时间浸泡也导致 pH 值下降，不利于大豆蛋白溶出，甚至会因微生物繁殖而导致酸败，造成跑浆，无法形成豆腐凝胶。

夏季因为气温高，在浸泡水中宜添加 0.4％食用级碳酸氢钠（以干豆质量计），防止泡豆水变酸，并且可提高大豆蛋白抽提率。

**（3）豆水比** 根据笔者对三家豆制品生产企业的调查，干豆重量与浸泡用水量比值见表 2-4。

表 2-4　干豆重量与浸泡用水量比值

| 编号 | 1 | 2 | 3 | 4 | 5 | 6 | 7 | 8 | 9 | 平均值 |
|---|---|---|---|---|---|---|---|---|---|---|
| 干豆/kg | 50 | 50 | 50 | 50 | 50 | 50 | 50 | 50 | 50 | 50 |
| 水/kg | 194 | 205 | 199 | 190 | 195 | 202 | 192 | 203 | 191 | 197.7 |
| 豆水比 | 0.258 | 0.244 | 0.251 | 0.263 | 0.256 | 0.248 | 0.260 | 0.246 | 0.262 | 0.253 |

虽然大豆品种差异导致的吸水程度不同，但三家企业的豆水比在 0.244～0.262 之间，取平均值得最适豆水比为 0.253，约为 1：4。泡豆水量较少会导致大豆露出水面，浸泡不均匀；在工厂用水和排污水费高昂的情况下，泡豆水量太多则造成浪费，提高生产成本。

### 3. 磨浆

磨浆是将浸泡适度的大豆，放入磨浆机料斗并加适量的水，使大豆组织破裂，蛋白质等营养物质溶出，得到乳白色浆液的操作。磨浆的水质应符合 GB 5749—2006 相关要求。从理论上讲，减少磨片间距，大豆破碎程度增高，与水分接触面积增大，有利于蛋白质溶出；但在实际生产中，大豆磨碎程度要适度，磨得过细，纤维碎片增多，在浆渣分离时，小体积的纤维碎片会随着蛋白质一起进入豆浆中，影响蛋白质凝胶网络结构，导致产品口感和质地变差。同时，纤维过细易造成离心机或挤压机的筛孔堵塞，使豆渣内蛋白质残留含量增加，影响滤浆效果，降低出品率。

### 4. 煮浆

煮浆即通过加热，使大豆蛋白充分变性，一方面为点浆创造必要条件，另一方面消除胰蛋白酶抑制剂等抗营养因子，破坏脂肪氧化酶活性，消除豆腥味，杀灭细菌，延长产品保质期。

在二次浆渣共熟工艺中，2 次煮浆的温度、时间、加热方式决定了煮浆的效果（表 2-5、表 2-6）。

表 2-5　第一次煮浆温度和时间

| 编号 | 1 | 2 | 3 | 4 | 5 | 6 | 7 | 8 | 9 |
|---|---|---|---|---|---|---|---|---|---|
| 温度/℃ | 90.0 | 93.5 | 92.0 | 93.5 | 91.0 | 93.0 | 93.0 | 92.0 | 92.5 |
| 时间/min | 5 | 4 | 4 | 5 | 6 | 5 | 4 | 4 | 5 |

表 2-6　第二次煮浆温度和时间

| 编号 | 1 | 2 | 3 | 4 | 5 | 6 | 7 | 8 | 9 |
|---|---|---|---|---|---|---|---|---|---|
| 温度/℃ | 91.4 | 93.0 | 92.0 | 94.0 | 93.0 | 93.5 | 93.5 | 93.5 | 92.0 |
| 时间/min | 4 | 3 | 4 | 5 | 4 | 6 | 5 | 4 | 5 |

调查表明，工厂现行的两次煮浆的温度和时间为 90.0～94℃ 和 3～6min 时，所得浆液无豆腥味和烧焦味，在适宜条件下点浆时无"白浆"残留，且未有或极少有微生物检出。取平均值得最适煮浆温度和时间分别为第一次 92.2℃、4.7min，第二次 92.5℃、4.4min，即两次煮浆最适的温度均在 92℃ 以上，维持 4～5min。若只加热到 70～80℃ 或只加热 1～2min，尽管部分细菌已被杀死，但抗营养因子及豆腥味生成物如脂肪氧化酶等还未得到抑制；这样的温度下，尤其是分子量大的蛋白质的高级结构还未打开，凝胶化性较差，当点浆时因持水性差会造成豆腐凝胶结构散乱，没有韧性，甚至无法形成豆腐。当煮浆至 90℃ 以上时，除原料中极少量土壤源芽孢菌还残存外，其他影响食品安全的微生物及豆腥味物质均已消除；保证了与大豆蛋白加工性能密切相关的 7S 和 11S 大豆球蛋白充分变性，蛋白质的凝胶特性明显增加，在凝固剂的作用下即可形成结合力很强、有弹性的蛋白质胶凝体，制得的豆腐组织细腻，结构坚实，有韧性，即已达到煮浆的基本目的。

### 5. 浆渣分离

将生浆或熟浆进行浆渣分离的主要目的就是把豆渣分离去除，以得到大豆蛋白质为主要分散质的溶胶液——豆浆。人工分离一般借助压力放大装置和滤袋，滤袋目数一般以 100～120 目为宜；机械过滤一般选择卧式离心机（生浆）或挤压机（熟浆），加水量、进料速度、转速、筛网目数决定着分离效果。

在二次浆渣共熟工艺中，经 3 次浆渣分离后，得到的豆浆浓度稳定，适合以豆清发酵液为凝固剂进行点浆。

经过对浆渣分离的筛网目数测量表明，邵阳地区大部分优质豆腐生产中所用筛网为 120 目。目数太高会造成分离过滤的阻力过大，反而影响分离效果；目数太低则会分离不彻底，造成大量豆渣残留豆浆中。

### 6. 点浆

点浆是指向煮熟的豆浆中按一定方式添加一定比例凝固剂，使大豆蛋白溶胶液变成凝胶，即豆浆变豆腐脑的过程，是豆腐生产过程中最为关键的工序。将发酵好的豆清发酵液，按照一定的比例添加至豆浆中，以天然发酵的豆清发酵液作为凝固剂生产的豆腐，具有安全、营养、美味等特点。

**（1）豆浆浓度** 最佳点浆用豆浆浓度的判断标准：在豆清发酵液点浆时不出现整团大块的豆腐脑，水豆腐含水量适中有弹性，此豆浆浓度即适合豆清发酵液点浆。笔者调查的三家豆制品生产企业所用豆浆浓度见表2-7。

表2-7　豆浆浓度

| 编号 | 1 | 2 | 3 | 4 | 5 | 6 | 7 | 8 | 9 |
|---|---|---|---|---|---|---|---|---|---|
| 浓度/°Brix | 5.2 | 5.4 | 5.5 | 5.4 | 5.6 | 5.7 | 5.8 | 5.5 | 5.6 |

调查发现，三家企业豆浆浓度在5.2~5.8°Brix之间，加入凝固剂后形成的脑花大小适中，豆腐韧性足。从表2-7计算平均值，豆浆浓度在5.5°Brix左右为最适点浆的浓度。低于5.5°Brix时，蛋白质分子结合力不够，持水性差，豆腐没有弹性，出品率低。单从蛋白质加工性能看，豆浆浓度在5.5°Brix以上，浓度越大，蛋白质聚集越容易，生成的豆腐脑块大，持水性上升，富有弹性。但实际生产中发现，当豆清发酵液与浓度过高的豆浆混合时，会迅速形成大块整团的豆腐脑，持水性明显下降，造成点浆结束时仍有部分豆浆无法凝固的现象，也无法得到清亮透明的上清液（新鲜豆清蛋白液），影响后续生产。

**（2）点浆温度和时间** 豆清发酵液全部加入豆浆中之后，温度计感应端插入豆腐脑内部测量温度，以开始加入豆清发酵液至开始破脑的时间为点浆时间（表2-8）。

表2-8　点浆温度和时间

| 编号 | 1 | 2 | 3 | 4 | 5 | 6 | 7 | 8 | 9 |
|---|---|---|---|---|---|---|---|---|---|
| 温度/℃ | 76.5 | 78.0 | 77.5 | 78.5 | 78.0 | 78.0 | 77.0 | 78.5 | 77.5 |
| 时间/min | 39.0 | 40.0 | 39.5 | 40.0 | 40.0 | 40.0 | 40.5 | 38.5 | 40.0 |

最佳点浆温度判断标准：随着凝固剂加入，豆浆凝固均匀，形成的豆花大小适中，所得水豆腐持水性好，既有弹性又不失韧性。

最佳点浆时间判断标准：在静置保温过程中，待豆腐脑已稳定，再轻洒少许酸豆清发酵液，未有明显豆花沉淀，则判断为点浆终点。

由表2-8可知，邵阳休闲豆干企业采用的点浆温度和时间分别为76.5~78.5℃和38.5~40.5min，豆腐凝胶形成较好，豆清蛋白液已澄清，且无白浆残留。点浆温度和时间密切相关，点浆时维持在78℃左右，加入豆清发酵液后静置保温40min，点浆效果最好。温度过高，会使蛋白质分子内能跃升，一遇到酸性的豆清发酵液，蛋白质就会迅速聚集，导致豆腐持水性变差、凝胶弹性变小、硬度变大。如果凝固速度过快，豆清发酵液点浆又是分多次加入凝固剂，稍有偏差，凝固剂分布不均，就会出现白浆现象。当温度低于78℃甚至低于70℃时，凝固速度很慢，凝胶结构会吸附大量水分，导致豆腐含水量上升，韧性不足。

**(3) 豆清发酵液 pH 值和添加比例**　在豆清发酵液混入豆浆之前，取少许豆清发酵液测量 pH 值；通过计量豆浆量和豆清发酵液添加量计算豆清发酵液添加比例（凝固剂/豆浆）（表 2-9）。

表 2-9　豆清发酵液 pH 值和添加比例

| 编号 | 1 | 2 | 3 | 4 | 5 | 6 | 7 | 8 | 9 |
|---|---|---|---|---|---|---|---|---|---|
| pH 值 | 3.97 | 4.04 | 4.13 | 4.09 | 4.10 | 4.13 | 4.10 | 4.08 | 4.14 |
| 添加比例/% | 40.7 | 41.8 | 42.5 | 42.0 | 42.0 | 42.4 | 42.2 | 41.5 | 41.5 |

最佳豆清发酵液 pH 值和添加比例判断标准：豆清发酵液加入后凝固彻底，未出现白浆现象，制得豆腐口感良好，无酸味，且温度未显著降低。

测量表明，在适合的豆浆浓度、点浆温度和时间条件下，当豆清发酵液 pH 值和添加比例分别为 3.97～4.14 和 40.7%～42.5% 时，豆腐凝胶结构紧密，且无白浆和过多新鲜豆清蛋白液出现。豆清发酵液 pH 值与豆清发酵液添加比例也有密切的相关性。加入 pH4.10 左右及物料比 42% 的豆清发酵液时，豆腐脑块均匀，凝固效果好，制得豆腐口感细腻，韧性好，并富有弹性。豆清发酵液 pH 值较高时，难以使混合液 pH 值调整至大豆蛋白等电点 $pI=4.5$ 附近，蛋白质分子表面离子化侧链所带净电荷无法完全中和，排斥力仍然存在，导致蛋白质分子难以碰撞、聚集而沉淀，豆浆凝固困难。而 pH 偏高则不可避免要加入较多（60% 以上）豆清发酵液用以调整混合液 pH 值，但是随着大量低温豆清发酵液的加入，点浆温度必然下降，影响着点浆效果。若豆清发酵液过酸，pH 值过低时，大豆蛋白质溶解度反而升高，同样不利于点浆。

**(4) 凝固时间**　豆浆的凝乳效果和凝固时间有很大关系。当凝固时间小于 10min 时，不能成型。凝固时间一般控制在 15～20min。凝固时间过长会影响生产效率。

**(5) 凝固温度**　把豆浆用蒸汽加热到 80℃ 左右开始点浆，温度直接影响蛋白质胶凝的效果。适宜的温度也可以使酶和一些微生物失活，达到一定的杀菌效果。

**(6) 蹲脑**　蹲脑又称为养浆，是大豆蛋白质凝固过程的后续阶段。点浆开始后，豆浆中绝大部分蛋白质分子凝固成凝胶，但其网状结构尚未完全成型，并且仍有少许蛋白质分子处于凝固阶段，故须静置 20～30min。养浆过程不能受外力干扰，否则，已经成型的凝胶网络结构会被破坏。

**(7) 压榨制坯**　这是我国豆腐脱水最常采用的技术，豆腐的压榨具有脱水和成型双重作用。压榨在豆腐箱和豆腐包布内完成，使用包布的目的是使水分通过，而分散的蛋白凝胶则在包布内形成豆腐。豆腐包布网眼的粗细（目数）与豆腐制品的成型密切相关。传统的压榨一般借助石头等重物置于豆腐压框上方进行压榨，明显的缺点是效率低且排水不足；单人操作的小型压榨装置则在豆腐压框上固定一横梁作为支点，用千斤顶或液压杠等设备缓慢加压，使豆腐成型。

目前国内压榨的半自动化设备大多使用汽缸或液压装置，并用机械手提升豆腐框，以叠加豆腐框依靠自重压榨的方式提高效率。

全自动化设备目前仅有转盘式液压机，多个压榨组同时压榨并旋转，起到了输送的作用；同时压框循环使用，自动上框、回框，实现自动化。

压榨的时间30min～12h不等，依产品特点和产地而异，湖南豆腐的压榨时间通常在30min左右，四川、重庆、安徽等地压榨时间较长。

## 四、豆清豆腐的工艺技术研究结果

### 1. 一浆和二浆配比对豆腐品质的影响

由图2-8可知，随着一浆和二浆配比的增大，豆腐感官评分和持水率先增大后趋于稳定。由于一浆和二浆配比较小时，点浆时豆浆浓度较低，形成的大豆蛋白絮状物较小，不利于形成致密的凝胶网络空间结构，制备的豆腐过于松软，不易成型，所以豆腐感官评分和持水率都比较低。当一浆和二浆配比增大时，豆浆浓度逐渐提高，越来越利于形成稳定的大豆蛋白凝胶，豆腐感官评分和持水率也提高，直到一浆和二浆配比达到3∶1时，豆腐感官评分和持水率最好。一浆和二浆配比继续增大时，豆浆浓度不再大幅度升高，所以豆腐感官评分和持水率趋于稳定。

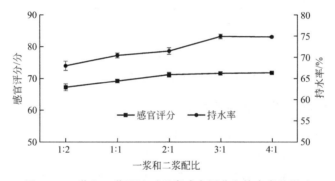

图2-8　一浆和二浆配比对豆腐感官评分和持水率的影响

由图2-9可知，随着一浆和二浆配比的增大，豆腐的硬度和弹性不断增大，然后趋于稳定。由一浆和二浆配比对豆腐感官评分和持水率的影响分析可知，一浆和二浆配比较小时，制备的豆腐过于松软，所以豆腐弹性和硬度都比较小。一浆和二浆配比增大时，豆腐硬度和弹性也不断增大，直到一浆和二浆达到3∶1时，豆腐硬度和弹性最好。一浆和二浆配比继续增大时，豆腐硬度和弹性趋于稳定。

由图2-10可知，随着一浆和二浆配比的增大，豆腐蛋白质含量和得率先增大后趋于稳定。由一浆和二浆配比对豆腐感官评分和持水率的影响分析可知，一浆和二浆配比只有1∶2和1∶1时，混合豆浆浓度较低，蛋白质含量少，成型和保水效果差，制得的豆腐蛋白质含量和得率也低。继续提高一浆和二浆配比，豆腐蛋白质含量和持水率提高，直到趋于稳定。综合考虑，选择一浆和二浆配比3∶1作为较优水平。

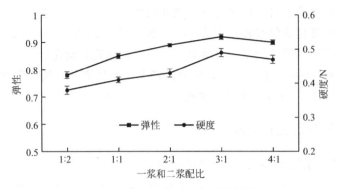

图 2-9　一浆和二浆对豆腐质构的影响

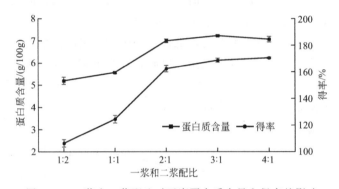

图 2-10　一浆和二浆配比对豆腐蛋白质含量和得率的影响

### 2.一渣和水配比对豆腐品质的影响

由图 2-11 可知，随着一渣和水配比的增大，感官评分呈现先缓慢升高后迅速下降的趋势。当一渣和水配比为 1:1 时，豆腐感官评分较低，一是因为这个配比的水不能和一渣充分混合，加热时不能使得一渣中残留的蛋白质等成分充分溶解到水中，得到的二浆感官品质稍差，豆浆浓度也稍低，所以与一浆混合后点浆制得的豆腐感官评分较低。当一渣和水配比为 1：2 时，豆腐感官评分达到最高，继续增

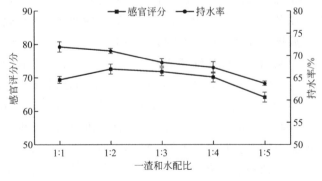

图 2-11　一渣和水配比对豆腐感官评分和持水率的影响

大一渣和水配比，混合加热得到的二浆浓度越来越低，和一浆混合后，得到的混合豆浆浓度也越来越低，点浆得到的豆腐持水率不断下降，感官评分也降低。

由图 2-12 可知，随着水添加量的不断增大，豆腐的硬度和弹性不断减少，主要是因为过多的水使得二浆的浓度不断降低，与一浆混合的点浆豆浆浓度也降低，不利于质构的提高，硬度和弹性都较小。

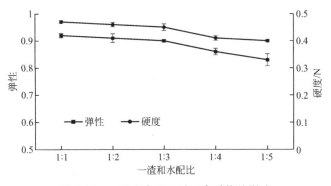

图 2-12　一渣和水配比对豆腐质构的影响

由图 2-13 可知，一渣和水配比从 1：2 开始，混合豆浆浓度下降，制得豆腐的蛋白质含量和得率也不断下降。综合考虑，选择一渣和水配比 1：2 作为较优水平。

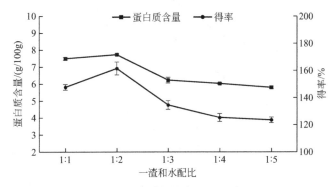

图 2-13　一渣和水配比对豆腐蛋白质含量和得率的影响

### 3. 混合豆浆加热温度对豆腐品质的影响

由图 2-14～图 2-16 可知，当加热温度只有 80℃时，豆腐感官评分、持水性、硬度、弹性、蛋白质含量和得率都较低，随着加热温度的提高，这些指标数值也不断提高，加热温度为 95℃时豆腐各项指标均达到最大值，继续提高加热温度，豆腐指标开始下降。主要原因是，豆浆的加热温度不够高时，大豆蛋白变性不充分，蛋白质分子上的化学基团和疏水区域无法充分暴露出来，蛋白质之间的相互作用不足以促使蛋白质分子形成稳定的空间网络结构，所以制得的豆腐持水性较差，蛋白质含量低，豆腐得率低，豆腐弹性和硬度都比较小，感官评分也低。当加热温度为 95℃时，蛋白质变性充分，形成的豆腐网络结构最稳定，持水性最高，蛋白质含量高，得率高，豆腐弹性和硬度也最大，感官评分也最高。当加热温度为100℃时，温度过高，蛋白质会过度变性，形成失去凝胶能力的亚溶胶，降低蛋白质空间网络结构的稳定性，持水性变差，蛋白质含量降低，得率降低，豆腐硬度和弹性下降，豆腐感官评分下降。综合考虑，选择混合豆浆加热温度为95℃作为较优水平。

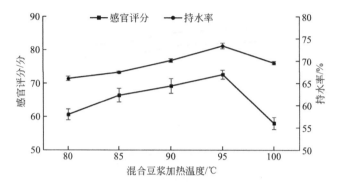

图 2-14　混合豆浆加热温度对豆腐感官评分和持水率的影响

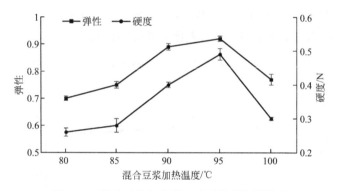

图 2-15　混合豆浆加热温度对豆腐质构的影响

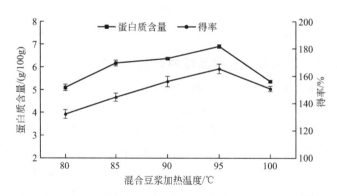

图 2-16　混合豆浆加热温度对豆腐蛋白质含量和得率的影响

#### 4.不同混合豆浆加热时间对豆腐品质的影响

由图 2-17~图 2-19 显示，当混合豆浆的加热时间只有 1min 时，豆腐的感官评分、持水性、硬度、弹性、蛋白质含量都较低，随着加热时间的增加，这些指标数值也不断增大，加热时间为 5min 时，豆腐品质最佳，豆腐各项指标均达到最大值，继续增加加热时间，豆腐各项指标开始下降。主要原因是，加热时间太短时，不能使大豆蛋白充分充分变性，蛋白质分子上的化学反应基团和疏水区域无法充分暴露出来，蛋白质分子之间无法结合充分，形成的蛋白质凝胶结构不够紧密和稳定，所以制得的豆腐持水性较差，豆腐弹性和硬度都比较小，蛋白质含量也较低，感官评分也低。适当的加热时间可以使蛋白质变性充分，形成的豆腐网络空间结构最稳定，持水性最高，蛋白质含量最高，豆腐弹性较大，硬度适当，感官评分也最高。过长的加热时间，使得蛋白质会过度变性，形成失去凝胶能力的亚溶胶，降低蛋白质空间网络结构的稳定性，持水性变差，豆腐硬度和弹性下降，豆腐感官评分下降。但是，加热时间对豆腐得率的影响较小。综合考虑，选择混合豆浆加热时间 5min 作为较优水平。

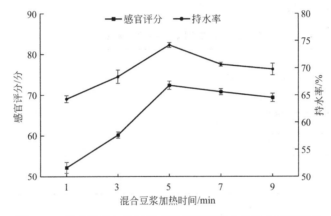

图 2-17　混合豆浆加热时间对豆腐感官评分和持水率的影响

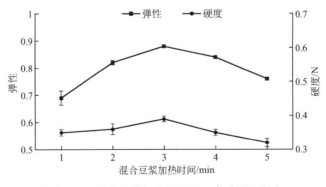

图 2-18　混合豆浆加热时间对豆腐质构的影响

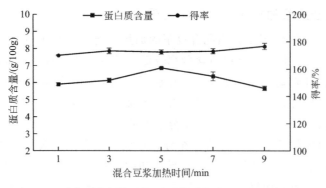

图 2-19　混合豆浆加热时间对豆腐蛋白质含量和得率的影响

### 5. 正交试验优化二次浆渣共熟工艺

由单因素试验，确定一浆和二浆配比 $A$，一渣和水配比 $B$，混合豆浆加热温度 $C$，混合豆浆加热时间 $D$ 为变量，进行 $L_9(3^4)$ 正交试验，试验因素水平见表 2-10，通过豆腐感官评分和蛋白质含量确定二次浆渣共熟制浆的最佳工艺条件，正交试验结果见表 2-11，方差分析表见表 2-12。

表 2-10　正交因素水平设计表 $L_9(3^4)$

| 水平 | $A$<br>一浆和二浆配比 | $B$<br>一渣和水配比 | $C$<br>混合豆浆加热温度/℃ | $D$<br>混合豆浆加热时间/min |
|---|---|---|---|---|
| 1 | 4∶2 | 1∶1 | 90 | 3 |
| 2 | 6∶2 | 1∶2 | 95 | 5 |
| 3 | 8∶2 | 1∶3 | 100 | 7 |

表 2-11　正交试验结果

| 试验号 | $A$ | $B$ | $C$ | $D$ | 感官评分/分 | 蛋白质含量/(g/kg) |
|---|---|---|---|---|---|---|
| 1 | 1 | 1 | 1 | 1 | 69.40 | 6.10 |
| 2 | 1 | 2 | 2 | 2 | 74.20 | 7.40 |
| 3 | 1 | 3 | 3 | 3 | 69.20 | 6.20 |
| 4 | 2 | 1 | 2 | 3 | 74.10 | 7.50 |
| 5 | 2 | 2 | 2 | 1 | 73.20 | 7.20 |
| 6 | 2 | 3 | 1 | 2 | 66.60 | 5.90 |
| 7 | 3 | 1 | 3 | 2 | 71.20 | 7.00 |
| 8 | 3 | 2 | 1 | 3 | 68.70 | 6.90 |
| 9 | 3 | 3 | 2 | 1 | 72.70 | 7.10 |

| 试验号 | | $A$ | $B$ | $C$ | $D$ | 感官评分/分 | 蛋白质含量/(g/kg) |
|---|---|---|---|---|---|---|---|
| 感官评分 | $k_1$ | 70.93 | 71.57 | 68.23 | 71.77 | | |
| | $k_2$ | 71.30 | 72.03 | 73.67 | 70.67 | | |
| | $k_3$ | 70.87 | 69.50 | 71.20 | 70.67 | | |
| | $R_1$ | 0.43 | 2.53 | 5.43 | 1.10 | | |
| 蛋白质含量 | $k_1$ | 6.57 | 6.87 | 6.30 | 6.80 | | |
| | $k_2$ | 6.87 | 7.17 | 7.33 | 6.77 | | |
| | $k_3$ | 7.00 | 6.40 | 6.80 | 6.87 | | |
| | $R_2$ | 0.43 | 0.77 | 1.03 | 0.10 | | |
| 因素主次顺序 | | 感官评分:$C>B>D>A$。蛋白质含量:$C>B>A>D$ | | | | | |
| 优水平 | | 感官评分:$A_2$ 蛋白质含量:$A_3$ | 感官评分:$B_2$ 蛋白质含量:$B_2$ | 感官评分:$C_2$ 蛋白质含量:$C_2$ | 感官评分:$D_1$ 蛋白质含量:$D_3$ | | |
| 优组合 | | 感官评分:$A_2B_2C_2D_1$ 蛋白质含量:$A_3B_2C_2D_3$ | | | | | |

由表 2-11 中极差 $R_1$ 大小可知，各因素对豆腐感官质量的影响程度大小依次为 $C>B>D>A$，即混合豆浆加热温度＞一渣和水配比＞混合豆浆加热时间＞一浆和二浆配比。由感官评分不同水平的平均值 $k$ 可知，工艺工艺最优组合为 $A_2B_2C_2D_1$，即：一浆和二浆配比 6∶2，一渣和水配比 1∶2，混合豆浆加热温度 95℃，混合豆浆加热时间 3min。

由表 2-11 中极差 $R_2$ 大小可知，各因素对豆腐蛋白质含量的影响程度大小依次为 $C>B>A>D$，即混合豆浆加热温度＞一渣和水配比＞一浆和二浆配比＞混合豆浆加热时间。由蛋白质含量不同水平的平均值 $k$ 可知，工艺最优组合为 $A_3B_2C_2D_3$，即：一浆和二浆配比 8∶2，一渣和水配比 1∶2，混合豆浆加热温度 95℃，混合豆浆加热时间 7min。这和以感官评分为豆腐评价指标得到的工艺最优组合不完全一致。

由上述分析可知，两个指标单独分析得到的优化条件存在不一致的情况，需要综合考虑，确定出最佳工艺组合条件。一是在两组豆腐蛋白质含量相差不明显的情况下，从市场营销角度分析，感官评分高的产品更受消费者青睐，二是从节约资源和能源的角度分析，与 8∶2 的一浆和二浆配比相比，6∶2 的一浆和二浆配比更能够充分利用二浆的量，减少二浆的浪费，同样 3min 的混合豆浆加热时间比 7min 的混合豆浆加热时间更加节省用电和用汽，另外 3min 的混合加热时间在工厂生产中更能提高生产效率。

综合以上分析，选定二次浆渣共熟制浆的最佳工艺组合为 $A_2B_2C_2D_1$，即：一浆和二浆配比 6∶2，一渣和水配比 1∶2，混合豆浆加热温度 95℃，混合豆浆加热时间 3min。

表 2-12　方差分析表

| 项目 | 方差来源 | 偏差平方和 | 自由度 | 方差 | F 值 | 临界值 $F_a$ | 显著性 |
|------|----------|-----------|--------|------|------|-------------|--------|
| 感官评分 | A | 0.33 | 2 | 0.17 | 1.00 | | |
| | B | 10.91 | 2 | 5.46 | 32.12 | | * |
| | C | 44.41 | 2 | 22.21 | 130.65 | | * * |
| | D | 2.42 | 2 | 1.21 | 7.12 | $F_{0.01(2,2)}=99.00$ | |
| | 误差 | 58.07 | 2 | | | $F_{0.05(2,2)}=19.00$ | |
| 蛋白质含量 | A | 0.30 | 2 | 0.15 | 15.00 | $F_{0.1(2,2)}=9.00$ | |
| | B | 0.90 | 2 | 0.45 | 45.00 | | * |
| | C | 1.60 | 2 | 0.80 | 80.00 | | * |
| | D | 0.02 | 2 | 0.01 | 1.00 | | |
| | 误差 | 2.82 | 2 | | | | |

注：＊表示显著，＊＊表示极显著。

由方差分析表 2-12 可知，因素 $C$ 对豆腐感官质量的影响高度显著，因素 $B$ 对豆腐感官质量的影响显著，而因素 $A$ 和因素 $D$ 对豆腐感官质量的影响不显著；因素 $B$ 和因素 $C$ 对豆腐蛋白质含量的影响显著，而因素 $A$ 和因素 $D$ 对豆腐蛋白质含量的影响均不显著。

综上，选定二次浆渣共熟制浆的最佳工艺为 $A_2B_2C_2D_1$，即：一浆和二浆配比 6：2，一渣和水配比 1：2，混合豆浆加热温度 95℃，混合豆浆加热时间 3min。在此工艺条件下，按照试验方法进行 3 次验证试验，结果如表 2-13 所示。

表 2-13　豆腐理化指标和质构指标表

| 优组合 | 理化指标 | | | | 质构指标 | |
|--------|----------|--|--|--|----------|--|
| $A_2B_2C_2D_1$ | 感官评分/分 | 蛋白质含量/(g/100g) | 持水率/% | 得率/% | 弹性 | 硬度/N |
| | 73.33±0.47 | 7.43±0.05 | 75.20±0.28 | 171.10±0.69 | 0.95±0.01 | 0.52±0.01 |

由表 2-13 可知，3 次验证试验制得豆腐感官评分为 73.33±0.47 分，蛋白质含量为 (7.43±0.05)g/100g，豆腐的品质良好，二次浆渣共熟制浆工艺优化效果好。

# 第二节　内酯豆腐

## 一、内酯豆腐概述

内酯豆腐就是采用葡萄糖酸-$\delta$-内酯（简称葡萄糖酸内酯或内酯）为凝固剂，在包装袋（盒）内加温，凝固成型，不需要压制和脱水的新型豆腐制品，相对北豆腐、南豆腐来说显得更嫩，所以也称为嫩豆腐，基本上采用盒装或袋装方式，也称为填充豆腐。由于不需要压制，因而无黄浆水流失，具有质地细腻肥嫩、营养丰富、出品率高的特点。用它做出的豆腐还比一般豆腐耐储存。在室内 25℃ 存放两天，12℃ 时存放 5 天不变质，即使在夏季放在凉水中也能保持 2~3 天不腐败变质。

盒装内酯豆腐与传统方法生产的豆腐相比有以下优点：出品率高，一斤（1 斤 = 500g）黄豆可制作 4.5~5 斤豆腐；内酯豆腐洁白细腻、质地均匀、鲜嫩爽滑；全密封包装，方便卫生；制作豆腐时不泄出豆腐水，因此，避免了废水污染环境，减少了营养损失；能连续化、自动化生产，劳动强度低。

## 二、内酯豆腐制作工艺一

### 1. 工艺流程

大豆→加水浸泡→磨浆→除沫过滤→煮熟→冷却→加葡萄糖酸内酯→凝固→加温→降温凝固→成品

### 2. 主要原料

选用无霉变的黄豆，筛去杂物，去掉虫粒，磨碎后待用。

### 3. 设备用具

石磨、木桶或瓦缸、大锅、蒸笼等。

### 4. 制作方法

将黄豆装入木桶或瓦缸内，然后倒入凉水。浸泡中换水 3 次，换水时要搅拌黄豆，进一步清除杂质，使 pH 值降低，防止蛋白质酸变。去皮黄豆室温 15℃ 以下时浸泡 6~8h，20℃ 左右浸泡 5~6h，夏季浸泡 3h 左右。带皮黄豆夏季浸泡 4~5h，春秋季浸泡 8~10h，冬季浸泡 24h 左右。陈黄豆可以相应延长一些时间。这样浸泡，能提高豆腐制品的光泽、筋度与出品率。

将浸泡好的黄豆用石磨磨浆。石磨磨齿要均匀，磨出的豆浆才会既均匀又细。为了使黄豆充分释放蛋白质，要磨两遍。磨第一遍时，边磨边加凉水，共加水 30kg。磨完第一遍后，将豆浆再上磨磨第二遍，同时加入凉水 15kg。这时，黄豆与水的比例一般为 1∶5 左右。磨完后，将豆浆用木桶或瓦缸装好。

取植物油或油脚，约占黄豆量的 1%，装入容器，加入 50~60℃ 的温水 10kg，用工具搅拌均匀。然后倒入豆浆中，即可消除泡沫。

消泡后，紧接着过滤。一般要过滤两次，边过滤边搅动。第二次过滤时，须加入适量凉水，将豆渣冲洗，使豆浆充分从豆渣中分离出来。过滤布的孔隙不能过大或过细。

然后将过滤好的豆浆一次倒入锅内，盖好盖加热，将豆浆烧开后煮 2~3min 即可。注意火不要烧得过猛，要一边加热一边用勺子扬浆，防止烟锅。煮好后，把豆浆倒入木盆里冷却。当豆浆冷却到 30℃ 左右时，取葡萄糖酸内酯，溶于适量水中后，迅速将其加入豆浆中，并用勺子搅拌均匀。再将半凝固的豆浆倒入包装盒或包装袋里，用蒸汽或蒸笼隔水加热 20min 左右，温度控制在 80～85℃ 之间，切勿超过 90℃。然后再次冷却，随着温度的降低，豆浆即形成细嫩、洁白的豆腐。

## 三、内酯豆腐制作工艺二

### 1. 工艺流程

豆浆热交换→过滤→混合→灌装→升温成型→冷却→成品

### 2. 制作方法

**(1) 豆浆热交换**　制作内酯豆腐，要求豆浆浓度较高，一般在 10°Brix 左右。豆浆经过分离后，流入一个储存罐，然后由泵把豆浆打入板式热交换器内加热。豆浆加热到 98℃ 以上后，流入板式热交换器的冷却降温段，把豆浆温度降到 30℃ 以下，从热交换器出口流出。

**(2) 过滤**　经过加温、降温后的豆浆需要过滤，以去除输送和加温过程中混入的杂质。过滤一般采用小型振动分离筛，筛网以 80 目网为宜。

**(3) 混合**　葡萄糖酸内酯在 30℃ 以下不发生凝固作用。因此，降温后的豆浆，加入 1.4% 的葡萄糖酸内酯混合时并不产生凝固。内酯使用时须先配成 40% 的溶液待用。混合时先准备 3～4 个浆桶，把豆浆放到标准位置时，将调好的内酯液体加入，搅动几下即完成混合工艺。

**(4) 灌装**　将混合好的豆浆通过灌装机，注入包装袋或包装盒（袋或盒不宜过大，一般容重为 400g）中，灌好后封住进口，送入下道工序。

**(5) 升温成型**　灌装好的袋（盒），码在输送带上或输送箱里，送入升温槽升温。当温度超过 50℃ 后内酯开始起凝固作用，使袋（盒）内豆浆逐步形成豆脑。升温槽为长方形热水槽，内有传送设备，豆腐袋（盒）从一头运进，从另一头送出。产品在升温槽内行走的时间为 28min。槽内水温为 95℃，通过温度自控仪和电磁阀开闭，保持槽内的水温恒定。

**(6) 冷却**　当袋（盒）内的豆浆形成豆脑后，从升温槽送出后即进行冷却，以保持豆腐的形状，防止破碎。冷却的方法有两种：一种是自然冷却，但时间较长，夏季冷却效果差，不利保存。另一种是用冷却水槽冷却。冷却水槽为长方形，内有网式传送带与升温槽相接，从升温槽出来后直接进入冷水槽降温。

## 四、内酯豆腐的质量控制要点

### 1. 内酯的配制

由于葡萄糖酸-$\delta$-内酯在常温 24℃ 时溶解度约为 59g/mL。所以配制内酯溶液时加入 2.5 倍左右的水或经煮开后冷却的豆浆即可完全溶解。

新配制的葡萄糖酸-$\delta$-内酯溶液中只有葡萄糖酸-$\delta$-内酯，pH 值为 2.5。但是随着时间的推移，内酯能水解生成葡萄糖酸及少量葡萄糖酸-$\gamma$-内酯，其水解反应式如图 2-20 所示。

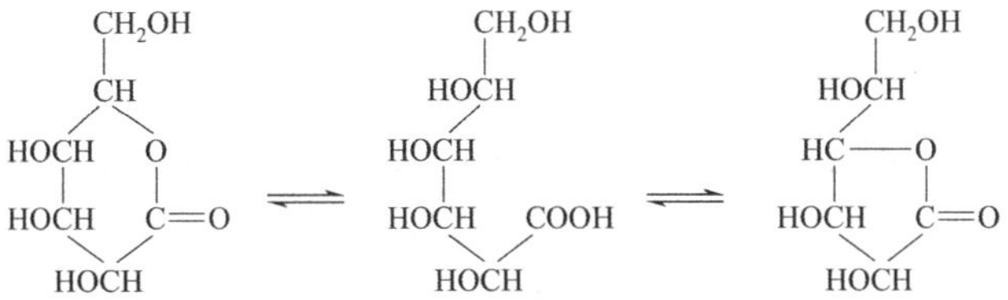

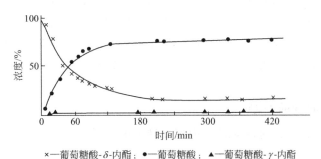

D-葡萄糖酸-δ-内酯　　D-葡萄糖酸　　D-葡萄糖酸-γ-内酯

图 2-20　葡萄糖酸-δ-内酯水解反应式

水解生成的葡萄糖酸属于酸类，可使大豆蛋白质凝固，内酯豆腐的生产基于这一原理。葡萄糖酸-δ-内酯在较低温度下水解速度缓慢，随着温度的升高，水解的速度加快。葡萄糖酸-δ-内酯的水解速率同时还受 pH 值的影响，pH 值等于 7 的时候水解速度最快，而 pH 值大于 7 或小于 7 时水解速度都会降低。在水温 20℃左右时，水解速度较缓慢，需经过约 4h 的水解才基本达到平衡。水解到达平衡时，溶液中葡萄糖酸-δ-内酯、葡萄糖酸及葡萄糖酸-γ-内酯的浓度基本保持恒定，这时 pH 值为 1.9 左右。如图 2-21 所示。

×—葡萄糖酸-δ-内酯；●—葡萄糖酸；▲—葡萄糖酸-γ-内酯

图 2-21　葡萄糖酸-δ-内酯的水解情况

内酯充填豆腐的生产，既要利用内酯在低温下水解速度缓慢的特性，又要利用其在较高温度下水解速度快的特性。在配制内酯溶液时，为了不让其与豆浆混合时马上产生凝固反应，利用其在低温下水解速度缓慢的特性，尽量使之不发生水解，或尽量少水解，所以要用低温的凉开水或凉的熟豆浆来溶解，并且要做到随配随用。在盒中凝固时，为了加快凝固速度和提高凝固质量，对其进行加热，使豆浆中的内酯尽快水解产生葡萄糖酸，与蛋白质发生凝固反应。

## 2. 豆浆浓度的控制

内酯充填豆腐的生产中，由于在密封的盒中凝固，没有脱水过程，所以，要控制好豆浆的浓度。豆浆的浓度要控制在可溶性固形物含量为 10°Brix 左右。以蛋白质计，豆浆中的蛋白质含量应在 4.5%左右。如果浓度太低，产品含水量过高，产品太嫩，甚至不能成型；浓度太高，产品出品率低，且容易老化。

### 3.脱气

在传统制浆过程中，加入消泡剂来达到消泡的目的，但很难完全消除浆液内部的一些微小气泡。这些微小的气泡如果不去除，在凝固过程中很容易聚集起来，形成较大的气泡，这些气泡分布在产品内部，使产品的质地受到破坏，如出现气孔和砂眼等。所以对浆液进行脱气，不仅能够彻底排出豆浆中的气体，还可以脱去部分挥发性的呈味物质，从而使生产出的豆腐质地细腻，表面光洁，口感嫩滑，味道清香。

### 4.内酯溶液与浆液混合时温度的控制

根据内酯水解速度随着温度升高而加速的特性，内酯与豆浆混合温度应在较低的温度下进行，一般控制在低于常温（不得高于30℃）的条件下进行，如果温度过高，内酯与豆浆一接触即发生凝胶反应，这势必会造成内酯与浆液混合不充分，充填分装操作困难，最终造成产品粗糙、松散，甚至不成型。如果温度过低，对后续产品质量没有影响，但是低温需要更多的能耗，最终会增加生产成本，得不偿失。

### 5.添加内酯时搅拌速度的控制

为了使豆浆与内酯混合均匀，添加葡萄糖酸内酯时，豆浆必须处于搅拌状态，搅拌速度控制在 65～75r/min 之间，内酯添加结束后继续搅拌约 1min。在添加内酯时，为了混合充分又不产生气泡，豆浆的搅拌速度要适当控制，如过慢，豆浆与凝固剂的混合会不充分，影响产品的凝固质量和成型效果；如搅拌速度过快，豆浆易产生细小的泡沫，致使在凝固过程中泡沫滞留在最终的豆腐产品中，速度越快，产生的气泡越多。

### 6.内酯添加量的控制

豆浆蛋白质含量、葡萄糖酸-$\delta$-内酯和硬度的关系如图 2-22 所示，内酯的添加量越多，产品的硬度越高，成型越好，但当添加量超过 0.3%（以豆浆计）时，产品的酸味较大，所以，一般生产中使用量以豆浆量的 0.25%～0.3% 为宜。

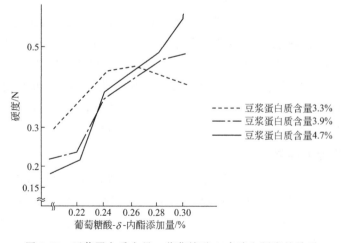

图 2-22　豆浆蛋白质含量、葡萄糖酸-$\delta$-内酯和硬度的关系

### 7. 混合后浆料量的控制

内酯与浆液混合后如果不立即充填灌装，就会发生凝固反应，对后期充填灌装操作造成困难，影响产品质量，一般需在混合后 20～30min 充填灌装完毕，所以每次混合的浆料量不能太多，需进行适当的控制。

### 8. 内酯与浆液混合后加热温度、时间的控制

豆浆与内酯混合充填包装后，应立即进行水浴加热，使之凝固成型。这时应严格控制的工艺参数就是加热温度和时间，豆腐的硬度与加热温度和凝固时间的关系如图 2-23 所示。当水浴温度为 90℃时，盒内的豆浆很快就会凝固，所得的产品硬度较高；当温度接近100℃时，盒内的豆浆处于微沸状态，凝固的过程中会产生大量泡眼，而且还会因为凝固速度过快，凝胶收缩，出现水分离析、产品质地粗硬的现象。但温度低于70℃时，虽然豆浆也可凝固，但凝胶强度弱，产品过嫩，或者散而无劲。一般生产上采用的工艺参数为 80～85℃，凝固时间控制在 20～25min。

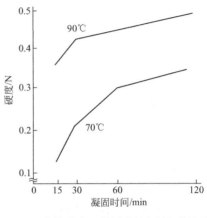

图 2-23　加热温度、凝固时间和硬度的关系

### 9. 凝固后的冷却

经过热凝后的内酯豆腐需进行快速冷却，这样既可以增强凝胶强度，提高产品的保形性，还可以增加产品的保质期。

# 第三节　北豆腐

北豆腐也称"卤水豆腐"或"老豆腐"，是中国传统豆腐品种中的北方地区典型代表。卤水豆腐是采用以 $MgCl_2$ 为主要成分的卤水或者卤盐作为凝固剂制成的豆腐。盐卤俗称卤水、淡巴，又叫苦卤、卤碱，是由海水或盐湖水制盐后，残留于盐池内的母液，主要成分有氯化镁、硫酸钙、氯化钙及氯化钠等，味苦。蒸发冷却后析出氯化镁结晶，称为卤块。氯化镁是国家批准的食品添加剂，也是我国北方生产豆腐常用的凝固剂，能使蛋白质溶液凝结成凝胶。这样制成的豆腐硬度、弹性和韧性较强，口感粗糙，称之为硬豆腐，主要用于煎、炸以及制馅等。

## 一、北豆腐生产工艺流程

大豆→清选→浸泡→磨浆→浆渣分离→生豆浆→煮浆→加细→点浆→压制→出包→切块→成品

## 二、制作方法

### 1. 浸泡

浸泡时间应根据大豆本身质量、含水量、季节、室温和不同的磨具区别对待。在北方地区，一般春秋季节可浸泡 12～14h，夏季 4～6h，冬季 14～16h。

第一次冷水浸泡 3～4h，水没料面 150mm 左右，大豆吸水，水位下降至料面以下 60～70mm 时，再继续加水 1～2 次，使豆粒继续吸足水分，使浸泡后的大豆增重一倍即可。

夏季可浸泡至九成开，搓开豆瓣中间稍有凹心，中心色泽稍暗。冬季可泡至十成开，搓开豆瓣呈乳白色，中心浅黄色，pH 值约为 6。

如使用砂轮磨磨浆，浸泡时间还应缩短 1～2h。

### 2. 磨浆

浸泡好的大豆上磨前应经过水选或水洗，使用砂轮磨需要事前冲刷干净，调好磨盘间距，然后再滴水下料。初磨时最好先试磨，试磨正常后再以正常速度磨浆。

磨浆时滴水、下料要协调一致，不得中途断水或断料，磨糊应该光滑、粗细适当、稀稠合适、前后均匀。

使用石磨时，应将磨体冲刷干净，按好磨罩和漏斗，调好顶丝。开磨时不断料、不断水。

磨浆应根据生产需要，用多少磨多少，保证质量新鲜。

遇有临时停电、停水或机械故障不能短期连续生产时，应将豆料立即起出，摊晾在水泥地面上，大批量需将水抽出，注意通风。临使用前还需用冷水冲洗 1～2 遍，以免影响豆腐成品质量。

### 3. 浆渣分离

浆渣分离是保证豆腐成品质量的前提，现时各地豆制品厂多使用离心机。使用离心机不仅可以大大减轻笨重体力劳动，而且效率高、质量好。使用离心机过滤，要先粗后细，分段进行。尼龙滤网先用 80 目，第 2 次、第 3 次用 80～100 目，滤网制成喇叭筒形过滤效果较好。过滤中三遍洗渣，滤干净，务求充分利用洗渣水残留物，渣内蛋白含有率不宜超过 2.5%，洗渣用水量以"磨糊"浓度为准，一般 0.5kg 大豆总加水量（指豆浆）4～5kg。

### 4. 煮浆

煮浆对豆腐成品质量的影响也是至关重要的，通常煮浆有两种方式，一是使用敞口大锅，二是使用比较现代化的密封蒸煮罐。

使用敞口锅煮浆，煮浆要快，时间要短，时间不超过 15min。锅三开后立即放出备用。煮浆开锅应使用豆浆"三起三落"，以消除浮沫。落火通常采用封闭气门，三落即三次封闭。锅内第一次浮起泡沫，封闭气门泡沫下沉后，再开气门。二次泡沫浮起中间可见有裂纹，并有透明气泡产生，此时可加入消泡剂消泡，消泡后再开气门，煮浆温度达97～100℃时，封闭气门，稍留余气放浆。

值得注意的是开锅的浆中不得注入生浆或生水，消泡剂使用必须按规定剂量使用，锅内上浆也不能过满，煮浆气压要足，最低不能少于0.3MPa。此外，煮浆还要随用随煮，用多少煮多少，不能久放在锅内。

密封阶梯式溢流蒸煮罐是一种比较科学的蒸煮设备，它可自动控制煮浆各阶段的温度，精确程度较高，煮浆效果也较高。

使用这种罐煮浆，可用卫生泵（乳汁泵）将豆浆泵入第一煮浆罐的底部，利用蒸汽加热产生的对流，使罐底部浆水上升，通过第二煮浆罐的夹层流浆道溢流入第二煮浆罐底部，再次与蒸汽接触，进行二次加热，经反复5次加热达到100℃时，立即从第五煮浆罐上端通过放浆管道输入缓冲罐，再置于加细筛上加细。

各罐浆温根据经验，1罐为55℃，2罐为75℃，3罐为85℃，4罐为95℃，5罐为100℃。如果浆温超过100℃，由于蛋白质变性会严重影响以后的工艺处理。

### 5. 加细

煮后的浆液要用80～100目的铜纱滤网过滤，或振动筛加细过滤，消除浆内的微量杂质和锅巴，以及膨胀的渣滓。加细放浆时不得操之过急，浆水流量要与滤液流速协调一致，即滤得快流量大些，滤得慢流量小些，批量大的可考虑设两个加细筛。

### 6. 点浆

点浆是决定豆制品质量和成品率的关键，应掌握豆浆的浓度和pH值，正确地使用凝固剂，以及打耙技巧。

根据不同的豆制品制作要求，在豆浆凝固时的温度和浓度也不一样。比如北豆腐温度控制在80℃左右，浓度在11～12°Brix。半脱水豆制品温度控制在85～90℃之间，浓度在9～10°Brix；油豆腐温度70～75℃，浓度7～8°Brix。凝固豆浆的最适pH值为6.0～6.5。

在具体操作上，凝固时先打耙后下卤，卤水流量先大后小。打耙也要先紧后慢，边打耙，边下卤，缸内出现脑花50%时，打耙减慢，卤水流量相应减小。脑花出现80%时停止下卤，见脑花游动缓慢并下沉时，表明脑花密度均匀，停止打耙。

打卤、停耙动作都要沉稳，防止转缸。停耙后脑花逐渐下沉，淋点卤水，无斑点痕迹出现为脑嫩和浆稀，脑嫩应及时加卤打耙。为防止上榨粘包，停耙后在脑面上淋点盐卤，出现斑点痕迹为点成。点脑后静置20～25min蹲脑。

### 7. 压制

蹲脑后开缸放浆上榨，开缸时用上榨勺将缸内脑面片到缸的前端，撇出冒出的黄浆水。正常的黄浆水应是清澄的淡黄色，说明点脑适度，不老不嫩。黄浆水色深黄为脑老，暗红色为过老，黄浆水呈乳白色且混浊为脑嫩。遇有这种情况应及时采取措施，或加盐卤或大开罐（浆）。

上榨前摆正底板和榨模，煮好的包布洗净拧干铺平，按出棱角，撇出黄浆水，根据脑的老嫩采取不同方法上榨。一般分为片勺一层一层，轻、快、速上，脑老卧勺上，脑嫩拉勺上，或用掏坑上的方法。先用优质脑铺面，后上一般脑，既保证制品表面光滑，又可防止粘包。四角上足，全面上平，数量准确，动作稳而快，拢包要严，避免脑花流散，做到缸内脑平稳不碎。

压榨时间为 15～20min，压力按两板并压为 588N 左右。

豆腐压成后立即下榨，使用刷洗干净的板套，做到翻板要快，放板要轻，揭包要稳，带套要准，移动要严，堆垛要慢，开始先多铺垛底，再下榨分别垛上，每垛不超过 10 板，夏季不超过 8 板。

在整个制作豆腐过程中，严格遵守"三成"操作法，即点（脑）成，蹲（脑）成，压（榨）成，不能贪图求快。正常情况下是每人操作 6 板榨模，备 4 个脑缸，保证 3 缸有脑（每缸容量 4 板），产品厚薄一致，符合市售标准要求。

## 三、北豆腐加工中存在的问题

在北豆腐加工中，有几个突出的难点一直困扰着广大豆腐加工者，概括而言，有以下 3 点。

### 1. 点卤环节控制难点

点卤是卤水豆腐制作的关键环节，这其中凝固剂——盐卤发挥了主要的作用。盐卤自身最大的特点是溶解度高，因此也促使了盐卤点卤的最大特色，即快速凝固。在实际点卤过程中可以发现，几乎在盐卤或者卤水加入豆浆的瞬间，凝固作用便开始快速发生，导致卤水在豆浆中还未完全均匀分布，凝固便已在相当短的时间内结束。为了在一定程度上缓解快速凝固带来的弊端，在实际的卤水豆腐加工中，都会在添加凝固剂的同时或手动或用机械快速搅拌豆浆以便凝固作用尽量在短时间内均匀发生。可以说，盐卤凝固剂的短时快速反应特性大大增加实际生产的操作难度，即使现代豆腐加工企业中引入了高效搅拌设备，也没能完全有效地缓解。

### 2. 豆腐品质提升难点

卤水豆腐第二个技术难点是改善豆腐自身的品质。由于盐卤点卤的特点，导致豆浆迅速凝固，凝胶空间网络迅速形成，因此凝胶结构粗糙，质地较硬。这也是卤水豆腐之所以又被称作"老豆腐"的主要原因。凝胶快速形成导致凝胶网络持水能力下降，凝胶含水率低，产量下降。

### 3. 豆腐营养流失难点

卤水豆腐凝胶形成时由于快速凝胶作用，导致凝胶失水严重，而持水能力低又使得更多的水分在豆腐压制过程中以黄浆水形式流失。伴随着黄浆水的排出，一些豆腐中的活性营养成分也流失严重。因此有效避免卤水豆腐营养物质的流失也是难点之一。

从以上分析可以看出，卤水豆腐特有的口感源于盐卤这种凝固剂，而卤水豆腐加工中的主要难点也源于盐卤这种凝固剂的点卤特点，即快速释放，快速凝胶。因此，解决卤水豆腐加工中的难点问题而又不失去卤水豆腐特有口感的最直接方法就是在不更换凝固剂种类的前提下，改变凝固剂的释放方式。缓释技术正是改变凝固剂释放方式的最佳选择。

# 第四节　南豆腐

我国南方用石膏粉作凝固剂，这样制出的豆腐水分含量较多，硬度和弹性都比北豆腐小，但是口感较北豆腐细腻，制作的区域主要集中在长江以南，称之为南豆腐。

## 一、南豆腐加工工艺流程

大豆→清选→浸泡→清洗→磨浆→浆渣分离→生豆浆→煮浆→点浆→成型→出包→切块→成品

## 二、制作步骤及原理

### 1. 清选

（1）**步骤**　取黄豆，去壳筛净。

（2）**原理**　制作豆腐主要是利用大豆中的蛋白质，应当选用蛋白质含量高的品种。同时为了保证产品的质量，应清除混在大豆原料中的诸如泥土、石块、草屑及金属碎屑等杂物，要选择优质无污染，未经热处理的大豆，以色泽光亮、籽粒饱满、无霉点、无虫蛀和鼠咬的新大豆为佳，刚刚收获的大豆不宜使用，应存放 3 个月后再使用。

### 2. 浸泡

（1）**步骤**　浸泡用水量，一般以豆、水重量比 1∶2.3 为宜。要用冷水，水质以软水、纯水为佳，出品率高。

浸泡温度和时间，以淮南地区为例：春秋季度，水温 20℃左右，浸泡 12h；冬季，水温 5℃左右，浸泡 24h；夏季，水温 25℃左右，浸泡 8h。

浸泡水最好不要一次加足。第一次加水以浸过料面 15cm 左右为宜。最后待浸泡水位下降到料面以下 5～7cm 时再加 1～2 次水。浸泡好的大豆应达到以下要求：大豆增重为 1.2 倍左右；大豆表面光滑，无皱皮，豆皮轻易不脱落，手触摸有松动感；豆瓣内表面略有塌陷，手指掐之易断，断面无硬心。

**（2）原理** 在浸泡大豆的过程中，主要是让大豆吸水、膨胀，使质地变脆变软，便于大豆研磨粉碎后充分提取蛋白质。浸泡时间一定要掌握好，不能过长，否则失去大量蛋白质，做不成豆浆。

另外，在浸泡液中加入一定量的碱液，可以增加蛋白质的溶解性，且该反应中等电点的 pH 值为 4.3，加入碱液后，可使其远离等电点，同时又抑制了脂肪氧化酶的反应，从而达到提高产量的效果。

### 3. 磨浆

**（1）步骤** 黄豆浸好后，捞出，按每千克黄豆 6kg 水比例磨浆，用袋子将磨出的浆液装好，捏紧袋口，用力将豆浆挤压出来。豆浆榨完后，可以开袋口，再加水 3kg，拌匀，继续榨一次浆。一般 10kg 黄豆出渣 15kg、豆浆 60kg 左右。榨浆时，不要让豆腐渣混进豆浆内。也可用砂轮磨进行研磨。

磨浆的关键是掌握好豆浆的粗细度，过粗，影响过浆率；过细，大量纤维随着蛋白质一起进入豆渣中，一方面会造成筛网堵塞，影响滤浆，另一方面会使豆制品质地粗糙，色泽灰暗。磨浆时还要注意调整好砂轮间隙。由于蛋白质含在大豆细胞 $5\sim10\mu m$ 的细小颗粒中，为便于更好地抽取出来，豆糊的细度以细为好。

另外，磨浆时需随料定时加水，使大豆中的蛋白质充分溶于水中，磨浆中磨体会产生热量，加水既可润湿原料，又能冷却料糊，防止大豆蛋白质产生热变性。

**（2）原理** 通过破碎大豆的蛋白体膜（利用剪切力），使大豆蛋白质随水溶出来，形成蛋白质溶胶，即生豆浆。

### 4. 浆渣分离

**（1）步骤** 浆渣分离的工艺有两种，即生浆法和熟浆法。

我国北方多采用熟浆过滤法，即先把研磨的豆糊加热煮沸，然后过滤除渣。南方包括淮南多采用生浆过滤法，即先把研磨的豆糊除去豆渣，然后再把豆浆煮沸。

传统的方法是手摇包。淮南地区多用细白布口袋，将磨好的豆糊装进口袋并扎好口放在缸口上的木板架上，用力挤压浆糊，直到布袋内无豆浆流出为止。工厂化的生产线都采用机械滤浆的方法。

**（2）原理** 用分离设备把豆糊中的豆浆和豆渣分开，除去大豆纤维物质，制取以蛋白质为主要分散质的溶胶体——豆浆。

### 5. 煮浆

**（1）步骤** 把榨出的生浆倒入锅内煮沸，不必盖锅盖，边煮边撇去面上的泡沫。火要大，但不能太猛，防止豆浆沸后溢出。豆浆煮到温度达 100℃时即可，注意加热要均匀。温度不够或时间太长，都会影响豆浆质量及后面的程序。

煮浆的方法主要有传统的土灶铁锅加热煮浆法和蒸汽加热煮浆法。

**（2）原理** 煮浆是为大豆蛋白质凝固（即点浆）准备的阶段。煮浆的目的是要使大豆蛋白质产生热变性，就是生豆浆通过加热，加速蛋白分子的剧烈运动，使分子间相互撞击，拆断维持蛋白质空间结构的氢键，改变原有生豆浆中大豆蛋白质的空间结构，破坏外部的水化膜，除去分子外的双电层，使蛋白质易于结合在一起，形成凝胶。

生浆加热后，天然的大豆蛋白质就变成为变性大豆蛋白质，使大豆蛋白质粒子呈现不定型的凝集。凝固就是大豆蛋白质在热变性的基础上，在凝固剂的作用下，由溶胶状态变成凝胶状态的过程。

此外，煮浆可以使胰蛋白酶抑制剂、红细胞凝集素等物质失去活性，还可以提高大豆蛋白质的消化率，提高大豆蛋白中赖氨酸的有效性，减轻大豆蛋白质的异味，消毒杀菌，延长产品的保鲜保质期。

**（3）注意事项**

① 在煮浆过程中，会出现假沸的现象，即温度达到94℃时，便沸腾得厉害，让人误解为煮浆完成。其实温度要达到100℃时，煮浆才算完成。94℃时的煮浆并不彻底，导致在后面的点浆过程中，无法形成蛋白质沉淀，不能成团。

② 在煮浆过程中，时间太长易使多肽分解，形成氨基酸。为减少氨基酸的生成，可在煮浆溶液中加入一定量的 $NaHCO_3$。煮浆过程中，时间、温度、搅拌方式都会对煮浆产生影响，应加以注意。

### 6. 点浆

**（1）步骤** 把烧好的石膏碾成粉末，用一定的水调成石膏浆，冲入刚从锅内舀出的豆浆里，用勺子轻轻搅匀，数分钟后，豆浆凝结成豆腐花。

一般情况5kg大豆需石膏粉0.15～0.2kg，加400g水调和均匀倒入豆浆，迅速搅拌，有豆花出现时即停止搅拌。

**（2）原理** 点浆就是把凝固剂按一定比例和方法加到煮熟的豆浆中，豆浆中的胶体粒子所带的电荷被中和，促使大豆蛋白质由溶胶转为凝胶，把豆浆变成为豆腐。该环节中考虑到了蛋白质的凝集反应和胶体的性质。

### 7. 成型

**（1）步骤** 豆腐的成型主要有破脑和压制两道工序。

破脑，也叫排脑。由于豆腐脑中的水多被包在蛋白质网络中，不易自动排出。因此，要把已形成的豆腐脑适当地破碎，目的是排除其中所包含的一部分水。淮南八公山豆腐的排脑，就是把养好的豆腐脑，有序地放进竹筛的包单布里，通过包单和竹筛排出一部分水分。压制，也叫加压，可用重物直接加压或专用机械来完成。通过压制，可压榨出豆腐脑内多余的浆水，使豆腐脑密集地结合在一起，成为具有一定含水量和保持一定程度弹性与韧性的豆腐了。

**（2）原理** 利用压力将多余的浆水除去，保持其弹性与韧性。

# 三、南豆腐制作的注意事项

## 1. 石膏凝固剂的特征及配制

南豆腐使用的凝固剂硫酸钙，俗称石膏。石膏因含结晶水的数量不同，可分生石膏（$CaSO_4 \cdot 2H_2O$）、半熟石膏（$CaSO_4 \cdot H_2O$）、熟石膏（$CaSO_4 \cdot 1/2H_2O$）、过熟石膏（$CaSO_4$）。其中过熟石膏不能作为凝固剂。

生石膏作凝固剂时，在凝固过程中会发生一系列的化学反应。首先，由少量溶解的生石膏发生电离，生成钙离子（$Ca^{2+}$），然后再由钙离子与蛋白质的羧基反应生成凝胶。随着溶液内钙离子的不断减少，石膏的溶解和电离不断进行，直到所有的蛋白质发生凝胶反应为止。如果用半熟石膏作凝固剂，那么由于增加了半熟石膏遇水先生成生石膏的过程，凝固速度会变慢。依此类推，用熟石膏作凝固剂时，熟石膏遇水生成生石膏的时间更长，凝固速度会更慢。在实际生产过程中，对于经验丰富的操作人员使用哪种石膏作为凝固剂，对最终的产品质量都不会产生任何影响，但如果是普通操作人员，为了便于控制，最好使用半熟石膏或熟石膏作为凝固剂。

在豆制品实际生产过程中，通常使用量以大豆为基准，每千克大豆使用25g硫酸钙，溶于100mL水中。溶解硫酸钙时，水的量不能太多，否则加入豆浆时会降低豆浆的温度和浓度，影响凝固效果。另外，由于硫酸钙很难溶于水，所以经常会有沉淀，因此，在配制凝固剂时要注意观察，防止沉淀出现。

## 2. 凝固温度及时间对豆腐硬度的影响

用石膏作凝固剂生产南豆腐，凝固温度、时间与硬度的关系影响要比内酯小。表 2-14 所列出凝固温度分别为 60℃、70℃、80℃、90℃，凝固 60min 时豆腐的硬度。

表 2-14　凝固温度与硬度的关系

| 凝固温度/℃ | 硬度/N | 凝固温度/℃ | 硬度/N |
|---|---|---|---|
| 60 | 0.24 | 80 | 0.30 |
| 70 | 0.25 | 90 | 0.37（但凝固不均） |

注：豆浆蛋白质含量4.5%，pH值5.8。

用生石膏作凝固剂生产豆腐时，豆腐的硬度在最初的 20min 内增加很快，以后随着时间的推移增加速度变慢。

用生石膏作凝固剂生产豆腐时，点浆温度控制在 80℃左右，凝固时间控制在 30min 左右较适宜。

## 3. 豆浆蛋白质浓度与硬度的关系

通过改变豆浆蛋白质的浓度也可以改变豆腐的硬度。图 2-24 所示为用不同凝固剂时豆浆蛋白质浓度和豆腐硬度的关系。从图 2-24 可以看出，豆浆中蛋白质含量越高，做出的豆腐就越硬，这种变化比葡萄糖酸-δ-内酯作凝固剂时要大。一般情况下，制作石膏豆腐时，豆浆的可溶性固形物含量控制在 10～12°Brix（蛋白质含量 4%～5%）。

### 4. 搅拌时间和方法

手工点浆时一边搅动使豆浆旋转，一边加入石膏液，搅拌时一定要使罐底的豆浆和面上的豆浆循环翻转，目的是使凝固剂均匀地分散在豆浆中，否则往往会出现有的地方凝固剂过量而使产品组织结构粗糙，有的地方凝固剂不足，而出现白浆的现象。机械化生产时，一般采用冲浆的方式，就是取少量豆浆同石膏溶液一起以 15°～30° 的角度沿容器壁冲下，利用这股冲力，使全部豆浆与石膏混合。

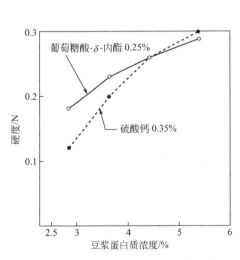

图 2-24　豆浆蛋白质浓度和豆腐硬度的关系

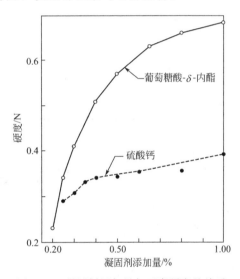

图 2-25　凝固剂添加量与豆腐硬度的关系

在点浆过程中，搅拌的速度和时间直接关系着凝固效果。搅拌越剧烈，凝固剂的用量越少，凝固速度越快，反之凝固剂的用量大，凝固速度慢。搅拌的时间要看豆腐脑凝固的情况而定，如果已经达到凝固要求，就应立即停止搅拌，否则，豆腐花的组织被过度破坏，造成凝胶的持水性差，产品粗糙，得率降低，口感差；如果提前停止搅拌或搅拌不够，豆腐花的组织结构不好，致使产品软而无劲，不易成型，甚至还会出白浆，也影响得率。

### 5. 凝固剂的添加量

如图 2-25 所示，石膏（硫酸钙）添加量越多，产品的硬度会增加。当添加量超过 0.4%（以豆浆计）时，生产出的豆腐口感变差，会感觉到发苦发涩，所以，在生产中石膏的使用量要适当控制，以豆浆计，0.3%～0.4% 为宜。

### 6. 凝固剂的选择及添加量

豆腐等豆制品的生产过程中需要添加凝固剂，不同的产品使用的凝固剂种类及添加量不尽相同，生产过程中对不同的产品使用的凝固剂种类和使用量需要掌握。经过实践总结，各类产品使用的凝固剂种类和添加量如表 2-15 所示。

表 2-15　各类产品使用的凝固剂种类和添加量

| 凝固剂<br>产品 | 葡萄糖酸-δ-内酯<br>添加量/% | 硫酸钙（石膏）<br>添加量/% | 氯化镁（盐卤）<br>添加量/% | 其他（复合凝固剂） | |
| --- | --- | --- | --- | --- | --- |
| | | | | 添加比例 | 添加量/% |
| 充填豆腐 | 0.25～0.3 | | | | |
| 南豆腐 | | 2～4 | | 石膏：葡萄糖酸-δ-内酯8.5：1.5 | 3.0～3.5 |
| 北豆腐 | | | 2.5～3.5 | 石膏：盐卤1：1 | 2.5～3.5 |
| 豆腐干 | | 2～4 | 2.5～3.5 | | |
| 腐乳白坯 | | | 2.5～3.5 | | |
| 豆腐片/千张 | | 2～4 | 2.5～3.5 | | |

# 第五节　即食豆腐脑

豆腐脑是优质的植物蛋白食品，长期以来深受人们的青睐，成为街头巷尾最为常见的小吃之一。但是，传统的豆腐脑一般是现场制作现场售卖的，过程繁琐，保质期短，不能够很好地实现工业化生产。随着人们生活水平的提高和生活节奏的加快，迫切需要一种食用方便快捷，便于储藏运输，有较长保质期，并适于大规模工业化生产的即食豆腐脑制品。这种即食豆腐脑制品用开水冲调就可以迅速溶解，并在随后放置的较短时间内凝固成豆腐脑。

## 一、国内外现状

目前，国内的一些研究工作者针对即食豆腐脑的研究与开发作了许多研究工作。由于豆腐脑是中国传统的豆制品，国外的研究报道比较少见，有少量关于豆粉中大豆蛋白的凝胶性质及用豆粉制作豆制品的研究。

即食豆腐脑的研究与开发一般主要分为速溶豆粉的加工及凝固剂的研究两大方面，本书主要从速溶豆粉加工方面介绍国内外研究现状。

### 1. 速溶豆粉加工的研究现状

（1）制浆　现有的速溶豆粉的制浆工艺可以分为三大类。

第一类是用干法进行生产，即采用大功率工业射频技术，使大豆在电磁效应、热效应的作用下灭酶干燥，然后粉碎成干粉，加水还原成豆浆。大豆经灭酶干燥后，再经过脱腥、脱脂和超微精磨等处理，得到速溶豆奶粉。

第二类是用半湿法生产，一般是将大豆干燥脱皮后，经蒸汽灭酶，加热水通过磨粗磨，然后再经过胶体磨精磨后分渣，制得浆料。

第三类是用湿法生产，即将大豆浸泡后进行磨浆，然后浆渣分离，得到浆液。这种工艺方法较常见，与豆腐加工工艺的制浆方法类似。

**(2) 煮浆** 煮浆是豆粉生产中极为重要的环节，煮浆的作用有三个。

一是煮浆造成了大豆蛋白的热变性，大豆蛋白发生变性是形成凝胶的前提条件。钟芳通过测定预处理温度及时间对大豆分离蛋白、喷雾干燥豆粉速凝特性的影响，确定了适宜的浆料热处理条件为 90℃ 预热处理 40min。

二是煮浆可在一定程度上消除豆腥味。整粒大豆中不含豆腥味，豆腥味是在破碎加工过程中，由于脂肪氧合酶的催化作用，豆油中的多烯脂肪酸被氧化成脂肪酸的氢过氧化物，这种氢过氧化物很不稳定，一经形成便很快分解生成某些醛、醇、酮等低分子化合物，其中乙醛是造成豆腥味的主要成分。因此，钝化脂肪氧合酶是消除豆腥味的主要手段。脂肪氧合酶的耐热性较低，经轻度的热处理就可以达到钝化，温度大于 80℃，10min 即可钝化。

三是杀菌。煮浆可以减少大豆浆料中的致病微生物及腐败菌，延长大豆浆料的存放时间，为后续的加工工艺提供方便。

**(3) 调配及均质** 因为大豆浆料中含油脂较多，在水中乳化性能不好，影响产品的速溶性，所以常要加入一定量的乳化剂。虽然大豆蛋白本身有一定的乳化作用，但为了使大豆蛋白在加入凝固剂后，更好地形成凝胶，在调配时需加入一些比大豆蛋白表面活性强的小分子乳化剂。乳化剂除有乳化作用外，还有一定的助溶、增溶、分散及增稠作用。通常使用两种以上的乳化剂，其效果比用一种方法好，因为复合乳化剂有增效作用。另外，为了改善产品的品质，还需加入一定量的品质改良剂，如 $Na_2HPO_4$ 和 $NaH_2PO_4$ 等。

均质是将预热并净化的混合料在均质机的高压泵作用下，强制通过均质阀，料液中的各种成分和脂肪球在高压的作用下通过微小的阀孔，被粉碎成很小的微粒，均匀地分布在料液中，使乳化液的稳定性提高，最终确保产品获得良好的冲调性和稳定性。一般均质的压力为 20～25MPa，压力太小均质效果差，压力过大设备的稳定性受影响。

**(4) 干燥** 生产速溶豆粉的干燥方式目前主要有两种。一种是真空干燥，另一种是喷雾干燥。生产速溶豆粉的干燥工艺，大多数采用喷雾干燥。决定豆粉溶解性能的内在因素主要有豆粉的物质组成及其存在状态、粉体的颗粒大小、粉体的容重、颗粒的相对密度、粉体的流散性。第一个因素是基本的，它决定了溶解的最终效果，其余四个影响溶解速度。喷雾干燥与上述因素相关的主要有雾化器类型、喷盘转速、喷孔直径、浆料浓度及黏度、进口温度、出口温度。前两项在选定设备后就固定了，浆料的浓度越高，喷头喷出的液滴越大，粉体团粒也越大，粉体的容重及流散性越好，溶解性越好。但浆料浓度高会给输送和雾化带来困难，尤其对于大豆浆料这样的高蛋白样品，应选用较低的浆料浓度，一般浆料浓度为12％～20％。进口温度控制在150～160℃为宜，出口温度为80～90℃。

大多数生产豆粉的厂家，都是利用原来生产奶粉的干燥塔生产豆粉。在生产中往往出现潮粉现象，降低了产品的质量，影响生产效率。加大进风和排风的风量，可以改善干燥效果。采用世界上先进的意大利帕玛拉特技术改造老式干燥塔，将原来的单喷枪改造成三喷枪；自然凉粉改造成三段式流化床二次干燥，并喷涂卵磷脂，强制凉粉，可使无糖豆粉的生产达到速溶效果。

### 2.豆腐脑的感官评价

**（1）准备工作** 保持评价室安静、光线充足、无异味；组织身体健康、感觉正常、有一定经验的分析型感官评价员10人；将四份不同的豆腐脑样品分别放在规格一致的青花碗中，豆腐脑占青花碗的3/4；评价员每次品尝豆腐脑样品后应漱口，以除去残留的刺激作用，然后进行下一次品尝。

**（2）豆腐脑评价内容及标准** 评价员观察不同配比的豆腐脑样品，依据表2-16豆腐脑评价标准对四个豆腐脑样品的形态、色泽、风味、口感进行分项评价和综合评价。

**表 2-16　豆腐脑的感官评价标准**

| 形态<br>（满分25分） | 色泽<br>（满分25分） | 风味<br>（满分25分） | 口感<br>（满分25分） | 评分标准 |
|---|---|---|---|---|
| 结构完整，表面光滑，无水（或极少水）析出 | 色泽均匀，较光亮，淡黄色 | 豆香无异味（或微酸） | 口感细腻，硬度适中 | 17～25 |
| 结构较完整，表面较光滑，少量水析出 | 色泽较均匀、黄色 | 豆香有酸味 | 口感较细腻，硬度稍硬（软） | 9～16 |
| 结构松散，表面粗糙，水析出多 | 色泽不均匀，颜色发暗、深黄色 | 有明显酸味 | 口感粗糙，硬度过硬（软） | 0～8 |

## 二、存在的问题

现在市场上出售的即食豆腐脑，食用时一般需溶解成豆浆，煮沸处理，再加入凝固剂后方可凝固成脑，还没有达到真正方便即食的要求。另外，速食甜豆花虽然基本满足了一冲即凝、方便的要求，但产品中含有大量糖分，不能满足某些特定忌糖消费者的需求，从而影响市场的推广。

即食豆腐脑要求有良好的速溶豆粉以及凝固剂。豆粉由于颗粒细而轻，在用水冲调时，容易部分漂在水面上形成团块包裹，不易溶解。在豆粉溶解之后要求能够在较短的时间内形成均匀、口感细腻、有豆腐脑特有风味的即食豆腐脑，在凝固剂的选择方面也有一定的难度。另外，对于即食豆腐脑来说，若将凝固剂直接与速溶豆粉混匀后，用开水冲调，没有分散开的颗粒状凝固剂与大豆蛋白在短时间内接触，会造成局部凝聚现象，不能形成均匀稳定的凝胶。

# 第三章

# 豆腐干和腐竹生产

豆腐含水量约为 80%，蛋白质含量约为 10%，营养丰富但极易变质，不易保存，于是人们就将豆腐制成豆腐干以方便保存。目前按照市场流通的豆腐干，可分为白豆腐干、卤制豆腐干、熏制豆腐干、油炸豆腐、蒸煮豆腐干等。

## 第一节　白豆腐干

### 一、白豆腐干生产工艺

原料拣选→清洗浸泡→磨浆→煮浆→浆渣分离→点浆→蹲脑→破脑→上包→压榨→切分成型→烘烤→冷却→内包装→杀菌→打码→装箱

### 二、白豆腐干生产操作要点

#### 1. 原料拣选

原料大豆在收割过程中以及收割后的经扬场和晾晒，必然会带进一些杂质，如根茎、树枝、砂石、泥块、铁钉、塑料袋等。这些杂质必须彻底清除，才能保障产品的质量和安全。

（1）人工拣选除杂　通常，需要竹箩等便于摊开、又能漏掉细砂石的简易拣选工具。每袋原料需工人一袋一袋拆开，把部分大豆舀入竹箩中摊开，凭肉眼观察拣选出杂质，再通过颠筛，去掉小的干豆壳和细砂石。由于这种操作方式会产生大量扬尘，因此，工人必须戴口罩等进行防护。另外，由于这种操作方式完全取决于操作工人的责任心，因此其拣选的质量和效率，都很难管控。

**（2）机械除杂** 由于最近十几年国内豆干企业的强劲发展，现在很多豆干设备厂家都能根据企业需求配套提供专用的清理除杂设备，如振动筛选机、密度去石机、除尘器等。这些设备的使用，能有效降低生产环境的粉尘污染，提高挑选除杂的质量和效率。

### 2.清洗浸泡

大豆经适当的清洗、浸泡，有利于充分提取出其中的蛋白质。

**（1）清洗** 从地里收割上来的大豆在表皮最外面附着各种杂质和细菌，所以大豆在浸泡之前应清洗干净。值得注意的是，清洗次数太少，如低于二次，则大豆洗不干净，而清洗次数太多，虽然清洗得很干净，但是从成本角度和产生的污水量角度来看，一方面造成水资源的浪费，另一方面加大企业的污水处理量。工艺人员要根据技术部门提供的原料大豆的检测报告，选择采用几次清洗。

**（2）浸泡** 大豆的浸泡是否达到理想状态，直接影响到下一阶段制浆过程中蛋白质的溶出率和产品的品质，是豆干生产加工过程中影响质量的最重要的操作环节。大豆通过浸泡过程来吸水膨胀，吸水膨胀后的大豆由于蛋白质吸水而变软，硬度降低，这样更容易使含有蛋白质的细胞破碎，有利于蛋白质和脂肪从细胞中游离出来，为下一步磨碎工序提取蛋白质做准备。大豆浸泡不够，蛋白质的溶出率会下降，影响最终产品的得率；大豆浸泡过度，会引起营养物质的损失。所以，对大豆浸泡程度要进行控制，大豆浸泡要达到最佳状态与大豆的品种、大豆储存环境、浸泡环境、浸泡容器、浸泡水的温度等有着密切的相关。

① 大豆的品种　不同品种大豆，含水量是不一样的，含水量不同的大豆吸水速度不同，需要的浸泡时间不一样。大豆中水分含量越高，吸水速度越快，所需浸泡的时间越短。

② 大豆的储存环境　大豆在闷热的环境中水分会流失，大豆水分含量越低，吸水速度越慢，从而造成浸泡时间的延长。在潮湿的环境中大豆容易发生霉变，影响产品安全。所以大豆的储存需要通风、干燥、阴凉的环境。

③ 浸泡环境　大豆的浸泡应该在一个周围温度变化小、环境清洁、空气流通性好、采光适当的环境中进行。因为大豆浸泡过程本身是一个生物变化过程，环境温度、湿度、清洁度都处在较好的条件下才能够促使大豆正常地吸水膨胀。否则会使大豆浸泡的水质发生一定程度的变化，导致浸泡不足或浸泡过度，甚至引起微生物的交叉污染和滋生。

④ 浸泡容器　大豆浸泡容器应做成圆柱状，没有卫生死角，易于清洗和保持清洁，否则容易滋生微生物而影响浸泡效果。

⑤ 浸泡水的温度　影响大豆吸水速度的最主要因素是浸泡水的温度，不同的大豆品种适宜的浸泡温度不尽相同。水温越高需要浸泡的时间越短，但是过高的水温，容易在浸泡时造成微生物繁殖，影响最终产品的质量，所以为了控制大豆在浸泡过程的微生物污染问题，有条件的企业要对浸泡水的温度进行低温控制，即浸泡

的车间要保持低温环境。但目前我国的大部分企业还不能够做到。

⑥ 浸泡水的硬度　浸泡水的硬度会影响大豆的吸水速度，从而影响浸泡时间。硬度越高，水的电导率越高，大豆的吸水速度越快，浸泡时间越短；水硬度高，大豆浸泡时蛋白质的损失越多，影响最终产品的得率。实践证明，用软水制得的豆浆蛋白质含量比用一般自来水高 0.28%，豆腐得率高 5.9%。同时，用较软的水加工出的豆腐外观色泽鲜亮和口感品质好。所以浸泡水的硬度要适当调整，把水的硬度控制在 50mg/L 以下。

⑦ 浸泡水 pH 值　一般情况下大豆在浸泡过程中，浸泡水的 pH 值都不会小于 6.3，但是如果天气太热，泡豆场所没有降温装置，通风情况又差，浸泡水中的 pH 值可能低于 6.3，使蛋白质的溶出率下降。

控制和调整浸泡过程中水的 pH 值可以有两种方法，一种是更换浸泡水，或使用循环水处理设备，另一种方法是在适当的时间加少量的碱来调节。使用循环处理设备，水温能够稳定在 20℃左右，不但可以使浸泡环境处于稳定状态，便于管理，更重要的是能抑制微生物的生长和繁殖，提高豆干的品质和产品得率。

浸泡水应用专用的管道排出，浸泡后的大豆要再用清水进行清洗，除去附在大豆表面的泥沙和微生物，同时降低大豆经浸泡后的酸度，清洗 1～2 遍，清洗后水的 pH 值不小于 6.5 即可，不能清洗过度，否则会损伤大豆，影响最终产品的品质。使用循环水设备浸泡大豆可不需要清洗。

现在有些企业研究出循环水泡豆系统，即在浸泡缸的水出口处安装水处理设备，用循环水进行浸泡。这种浸泡方式既可以保证浸泡水中的微生物数量控制在较低的水平，又可以节约用水，达到节水减排的目的。

**(3) 浸泡效果验证**　浸泡后的大豆表面光滑、无皱皮、豆皮不轻易脱落，手指能掐开，且断面无硬心，豆瓣中心呈凹线，同时要求豆子不滑、不黏、不酸。大豆浸泡程度达到即将发芽的阶段，浸泡后大豆的重量是原来的 2.2 倍左右，体积为原来的 2.5 倍左右，大豆吸水均匀。

### 3. 磨浆

**(1) 磨浆的目的**　磨浆，就是浸泡后的大豆再兑清水混合后，经磨浆机研磨，打破包裹着蛋白质的蛋白体膜，释放出蛋白质，形成蛋白质胶体溶液的过程。

**(2) 工艺指标要求**　6°Brix≤豆浆浓度≤10°Brix；豆渣残留蛋白质≤3.5%；豆渣残留水分≤84%。

**(3) 磨浆的方式**

① 一步磨浆法　指边磨边浆渣分离的磨浆方法，如用 200 型磨浆机，磨豆时，一个口出豆浆，一个口出豆渣。豆渣用盆等器具接住后，又兑水混匀舀入第二台磨浆机磨。如此继续，共磨三次。最后一次产生的豆渣扔掉，三次的豆浆混合使用。目前，这种方式多见于刚起步的小厂，投入小，质量可控度及蛋白质提取率都

很低。

② 二步磨浆法　指先在磨浆机中将大豆磨成豆糊，之后再用离心机分离浆渣的磨浆方法。国内现有绝大部分企业基本采用此法。即先磨豆成糊（只磨一次），然后进入离心机进行浆渣分离，分离出的浆进入混合浆池，渣进入渣桶兑水混合均匀再进入另一台离心机分离浆渣。得到的渣，再兑水混合均匀进入最后一台分离磨。分离磨可加磨片再磨浆，也可不加磨片仅作分离用。

**（4）磨浆的基本原则**　从理论上讲，大豆被磨得越细，细胞破碎得越充分，蛋白质等溶出率就越高。蛋白质溶出率越高，出品率就越高，企业的经济效益就越好。但在实际生产过程中，由于研磨设备及后期浆渣分离设备的因素，如果研磨过细的话，对后期的浆渣分离设备的制造要求就会很高，同时还会加大磨浆机和浆渣分离等设备的清洁成本。另外，对于那些采用熟浆工艺的企业，若大豆研磨过细，在对豆渣进行挤压分离时，这些豆渣反而会吸附较多的浆液被排出，从而造成大豆利用率的降低，同时若磨浆过细，浆液黏度增大，浆渣分离的滤网堵塞现象会更严重。

**（5）磨浆的注意事项**　磨浆的工具、设备不同，则研磨的方法就不同。原来的石磨、钢磨等，现在已逐步被砂轮磨取代，因此，下面仅就砂轮磨的情况进行讨论。

① 给水量控制　大豆浸泡完毕，沥去泡豆水，经冲洗并沥尽余水后，即可进入磨内研磨。研磨时必须随料定量进水。其作用有三点：一是流水带动大豆在磨内起润滑作用；二是磨运转时会发热，加水可以起冷却作用，防止大豆蛋白质热变性；三是可使被磨碎的大豆中的蛋白质溶离出来，形成良好的溶胶体。

加水时的水压要恒定，水的流量要稳，并与进豆速度相配合，保证磨出来的豆浆细腻均匀。水的流量过大，会缩短大豆在磨片间的停留时间，出料快，磨不细，豆糊有掺粒，达不到预期的要求。水的流量过小，豆在磨片间的停留时间长，出料慢，同时因磨片的摩擦发热而使蛋白质变性，影响产品得率。

采用不同的磨浆设备时，在进料速度相同的情况下，其进水流量也不应相同。一般磨的转速越高，水的流量越大，石磨用水量要比砂轮磨少。磨豆时的加水量，一般为泡好豆的 5 倍左右。

② 操作程序　开机前需先检查电源、缸盖锁扣等是否处于良好状态。确认无误后，一般先松磨盘，使磨片间有足够的间隙，避免上下磨片太紧而导致负荷瞬间过大烧坏电动机。调好后，开机启动电源，并立即少量给水，再给料。给料同时，调节给水流量，使之达到水料比合适的状态，同时调节磨片间隙。调隙过程中，要随时观察磨出的浆渣粗细程度，不能太紧也不能太松，磨出的渣基本呈小薄片状，手捏无硬颗粒感。

③ 磨浆过程中的其他注意事项　气温较高的季节时，磨浆进行 2～3h 后，应随时检查待磨大豆的质量状态，发现发黏、发滑、变酸现象应立即停机处理。

如后续工序处理不及时，磨浆应立即停机，停滞在浆池中的豆浆应采取其他方式处理，防止变质。

### 4. 煮浆

**（1）目的和作用** 煮浆主要就是使大豆蛋白质热变性，便于点浆时在凝固剂协同作用下凝固成型。除此之外，还有以下作用。

① 破坏大豆中胰蛋白酶抑制剂、红细胞凝集素、脲酶等抗营养因子的作用，提高大豆食品的安全性。

② 破坏大豆粉碎过程中释放出的脂肪氧化酶，减少豆腥味，产生豆香味。

③ 杀灭大豆中残留的杂菌、虫卵等。

④ 使大豆蛋白质适度变性，提高消化吸收率。

**（2）工艺指标要求**

① 豆浆完全均匀熟透，但不能过头（即长时间在高温状态下），煮熟即用。

② 98℃≤豆浆温度≤102℃。

③ 豆浆保持上述温度 3～5min。

**（3）煮浆方式**

① 敞锅煮浆

a. 蒸汽压力控制 采用敞开蒸汽煮浆时蒸汽压力最好保持在 0.6MPa 以上。否则蒸汽压力低，豆浆升温慢，冲蒸汽时间太长，蒸馏水带入多，豆浆浓度及产品质量不易控制。

b. 豆浆液位控制 圆柱体桶锅一般注入豆浆达到桶高度的一半即可。低了，产量太小，效率低，且不方便观察浆体煮制状态；高了，浆体在蒸汽直冲状态下会逐步产生大量泡沫，容易溢出，造成浪费或引起人员烫伤。

c. 采用 2～3 次沸腾煮浆法 因为用大桶加热时，由于豆浆不像水那样在加热中会随着对流使水温均匀，加之蒸汽从管道出来后，直接冲往浆面逸出，故上层浆温高，下层浆温低，所以第一次浆面沸腾时不表示全部豆浆沸腾，而是表面豆浆的沸腾，需要静置，使上下浆温度大体均匀后，再放蒸汽加热煮沸，为了保证煮浆效果，可采用三次重复煮沸的做法。

d. 消泡剂的添加 煮浆过程中，由于蒸汽搅动作用，豆浆会产生大量泡沫。这部分泡沫实际是豆浆中混入了大量水汽、空气等，在表面张力作用下形成的。如将泡沫消掉，能有效利用豆浆，提高出品率，降低成本。因此，当泡沫开始上溢至桶锅体上沿时，可适当添加消泡剂。消泡剂有油状、粉状、水状等，添加量应严格控制在 GB 2760—2014《食品添加剂使用标准》要求的范围内。大部分消泡剂在浆温度 60℃左右开始发挥作用，80℃以上效果明显。

e. 加热煮浆时间的控制 实验表明，豆浆只加热到 70℃，在凝固成型阶段豆浆不会凝固；加热到 80℃，会凝固，但极嫩；90℃加热 20min，可以制成豆腐，但韧性差，且豆腥味较重；100℃加热 5min，制得的豆腐弹性好，香味纯正；加热温度超过 100℃，时间超过 5min 后，制得的豆腐发硬，弹性差。所以，一般认为加热到 98℃以上并保持 3～5min 最理想。值得注意的是，由于生产用仪表或测量方法带来的误差，以及各地海拔高度的差异等原因，煮浆时间应该是用温度计测量到浆温不再继续上升时开始计算，此时间可以作为对工人的操作规范要求执行。通常，这个时间会略长于上述理想的 5min，可能为 10min，但煮浆时间不能太长，否则会使做出的产品没有韧性、颜色发乌。

② 密闭单罐煮浆　其工作原理类似于高压锅。工作时，应首先保持罐盖敞开，这样便于观察浆体量。即使有玻璃观察孔，因抽浆时会产生大量泡沫，妨碍观察。用抽浆泵抽浆时，浆液只能抽到罐体容积的 2/3 处。之后，可开通蒸汽，调试好进汽量，再盖上罐盖煮浆。根据经验，盖罐盖前，可以少量加入消泡剂，也可不加（因盖罐盖后，罐内压力作用可消泡）。一般一个直径 80cm、高约 80cm 的煮浆罐，从盖密封后开始煮浆，当蒸汽压力到 0.6MPa 以上时，浆温达到 98℃，所需时间为 4min 左右。此时，应立即关闭蒸汽进汽阀，让其自然保温 2min 左右。

需要注意的是，由于此种煮浆方式罐体内有较大的压力，极易造成安全事故，故必须做好以下几点。

a.煮浆前必须检查罐体上的安全阀是否正常，是否有被残留豆浆液堵塞导致失灵的情况。

b.煮浆前必须检查罐体上的温度计、压力表是否正常。

c.煮浆前必须检查与罐体相连的管道接头等是否有渗漏。

d.抽浆时，浆液只能在罐体容积的 2/3 以下。否则，豆浆煮热后可能从安全阀中喷出，烫伤人，造成浪费。

e.盖罐盖时，要四对角上螺栓，不能挨着上，否则易造成密闭不严。

f.经常检查罐盖密封胶圈是否老化，老化后要及时更换。

g.煮浆时，操作人员不能离岗，罐体压力不能超过 0.15MPa。

③ 连续封闭煮浆　这是近年来发展起来的煮浆设备。连续煮浆顾名思义就是不像以前那样一锅一锅地操作，而是在连续状态下进行操作，不存在生产中间出现由于开关豆浆阀门、蒸汽阀门时而使生产暂时停顿的现象。生豆浆从连续煮浆系统进口进入系统后，从系统出口流出后就变成了需要的熟豆浆。在整个过程中豆浆的浓度、温度、流量都处在一个相对比较稳定的状态，在理想状态下，完全可以是在无人操作的情况下达到正常的生产运行。

现在国内的连续煮浆系统有卧式封闭溢流式、立罐式连续煮浆系统，这两种系统通过液位差压力或者将豆浆泵送至系统内，后压前出的工作原理，蒸汽直冲豆浆表面加热煮浆。另外还有卧式沟渠步进式连续煮浆系统，这种系统主要通过蒸汽间接加热的方法来进行。

利用连续煮浆系统最大的操作要点就是合理地计算好连续煮浆系统和所要处理豆浆生产量的关系。豆浆的生产量如果超过了连续煮浆系统的处理能力，就会出现生浆、煮不熟的现象。通常连续煮浆系统的体积随着加工能力的不同，连续煮浆罐的数量在 6～10 只，体积总量在 200～500L，要根据企业的生产规模进行合理的配置。一般 25℃ 的豆浆进入系统内，温度变化要经过 40℃、60℃、80℃、90℃、95℃、105℃ 等几个过程，豆浆从进入系统到出系统需要 15～18min，才能够达到工艺要求的煮浆目的。部分企业采用的连续煮浆系统中煮浆罐的总体积只有 200L、300L，而输送豆浆的泵的能力就达到了 2t/h，据此计算，豆浆在系统内停留的时间少于 10min，在 95℃ 以上的时间甚至不超过 2min，所以根本达不到煮浆的目的。

### 5. 浆渣分离

浆渣分离就是将豆浆和豆渣分离开，利用豆浆进行后续加工的过程。在生浆工艺中，如前所述，一般用离心机对豆糊进行 2 次分离，用浆渣分离磨对豆糊进行 1 次最后分离。分离得到的豆浆用于下道工序生产。由于豆干含水量相对豆腐要低很多，因此，口感的细腻程度要求很高。如果豆浆中含有一定的很细的豆渣，豆干吃起来会很粗糙，且没有韧性。

通常，在进行浆渣分离时，如果不再对煮熟的豆浆进行过滤，所用滤网应为 100 目以上；如果要对煮熟的豆浆进行再次过滤，可以使用 80 目的滤网。但由于消费者现在对豆干的口感要求越来越高，有很多厂家现在都采用煮熟后再过滤的方式。煮熟的豆浆再过滤，根据实验，一般采用高频振动圆筛，滤网目数高达 200 目以上。低于此目数，豆干明显口感粗糙、不细腻，但高于 300 目，过滤效率较低，增大了清洗滤网的难度。

### 6. 点浆

**（1）点浆准备**

① 凝固剂的配制　采用卤汁或石膏或豆清发酵液。卤汁的浓度控制在 12～15°Bé；石膏，一般情况 5kg 大豆需石膏粉 0.15～0.2kg；豆清发酵液的 pH 值在 3.8～4.2 之间，用量为 20%～30%。

② 检查点浆桶、点浆铲、使用工器具等是否清洁、卫生。

**（2）操作要点及要求**

① 将点浆桶放在正对储浆管出浆阀下，关闭点浆桶放水阀。

② 开启储浆管出浆阀，让豆浆进入点浆桶内，当豆浆距离该桶最高沿面 3～5cm 时，关闭储浆管出浆阀。

③ 用点浆铲均匀翻转豆浆，向点浆桶内缓慢加入盐卤汁，盐卤汁加入时呈细线状，由大到小，时间约 30s，当豆花呈密集米粒状颗粒时，停止点浆。

④ 点浆后的豆腐脑静置（蹲脑）3～10min，再用点浆铲在 30s 内翻转该桶豆腐脑。

**（3）关键控制点**

① 凝固剂浓度符合标准要求。

② 凝固剂加入量应适当，以使豆腐的老嫩度符合该品种要求。

③ 蹲脑时间符合标准要求。

**（4）注意事项**

① 当点浆桶内豆浆放满时，马上开始点浆，以保证豆浆温度符合标准要求。

② 刚开始生产时的前 5 桶豆浆必须用温度计测试，当温度大于 82℃时方能点浆；当温度低于 82℃时应对豆浆进行加热，使温度达到 82℃以上方能点浆。

③ 豆腐老嫩度遵循以下原则

a. 当要求豆腐较老时，点浆终点应以大颗粒呈现且有一丝淡黄色浆体为准。

b. 当要求豆腐中等嫩度时，点浆终点应以大颗粒呈现且无淡黄色浆体为准。

c. 当要求豆腐较嫩时，点浆终点应以小颗粒呈现且无淡黄色浆体为准。

d. 交接班、吃饭等需要停止生产时，应确保储浆槽及其管道内无残留豆浆并及时清洗干净。

e. 此环节系高温作业，谨防烫伤。

**（5）点浆参数**　将经振动筛过滤的豆浆放入点浆桶（参考量：约 250kg），尽快在豆浆温度为 82～90℃时用盐卤液进行点浆操作（参考：盐卤液使用剂量 2200～3000mL/250kg 浆），盐卤液呈细线状倾倒入豆浆中（参考：时间≥15s），同时用专用工具进行搅拌。

**（6）上包**　碎脑结束应及时上包（垫板边长 46cm，垫板沟槽距 3cm±0.5cm，包布框边长 44cm，包布边长 71～76cm，上包温度≥70℃），并根据品种规格适度控制坯子厚薄（参考控制要素为豆腐脑量或包布、拉布程度）。豆腐脑在模具内应平整、均匀，四周填满，并用包布折叠盖住，无皱折。上包产品应及时压榨（放置时间≤8min）。

## 7. 压榨

**（1）压榨原则**　压榨应把握先轻压后重压原则（有大量出水即完成一次施压），控制施压频率（先快后慢）。

**（2）参考压榨时间**　25min≤薄坯≤40min，40min≤厚坯≤60min。根据当时加工具体品种及豆腐老嫩情况在参考时间范围内进行适当调整。

**（3）成品湿坯感官指标**　表面平整、光洁，有弹性，无朽边、蜂窝眼、溏心、缺角、缺边现象。成品湿坯水分指标应满足要求。

**（4）操作流程**

① 检查小推车、压榨机是否清洁。

② 对小推车车轮、压榨机各润滑点加润滑油。

③ 空机运转压榨机，检查是否正常，发现异常及时向当班主管汇报。

④ 包片人员将包片后的豆腐码放在小推车上，压榨人员将之推到压榨机旁。

⑤ 压榨人员将豆腐转移到压榨机上，转移时每次不超过 10 片，包片板略向前倾斜；当压榨机装满后再在最上面一层放一张包片板。

⑥ 锁紧压榨机的固定钢棍，点击压榨开关，压榨至片内有大量水溢出，弹簧处于压缩平衡状态，若继续点击，压榨机处于振动状态即可停止第一次施压；当溢出浆水呈非流线型滴落时即可实施第二次压榨，压榨方式同前一次一样，以此类推直至压榨完成。

⑦ 当压榨时间达到标准要求时，松开固定钢棍，松开压榨机，取出一片豆坯检查是否达到压榨要求，当未达到压榨要求时，继续压榨；当达到压榨要求时，即可下榨。

⑧ 将完成压榨后的豆坯转移到小推车上，推到撕布切片处。

**（5）关键控制点**

① 压榨总时间的控制。

② 压榨间隔时间的控制。

**（6）注意事项**

① 上榨时各包片板不得歪斜。压榨过程中导致固定钢棍变形时，待压榨结束后应将其恢复原状。

② 压力大小与弹簧粗细及收缩有关，注意施压的频率、力度；当大豆来源地有差异时可做适当调整。

③ 不同品种应严格分开压榨。

④ 压榨机裸露线路较多，谨防漏电，注意安全。

## 8. 切分成型

压榨结束将成品豆腐坯放置于洁净台面，及时撕去表面包布。按要求对豆坯进行手工或机械切分成型。切片后，初选出单品尺寸不符、朽边、蜂窝眼、含杂质等不合格坯料。经操作人员拣选，将外形完整的合格产品进入烘烤工序。

## 9. 烘烤

烘烤一般宜采用的温度为85℃左右，最好不超过95℃。温度太低，效率低且易使产品变质；温度太高，容易引起豆腐干坯内部水分迅速汽化而冲破坯表面，造成表面不均匀甚至破损状态，形成感官缺陷。

烘烤时间根据产品设计的软硬度及豆腐干坯厚薄决定。现在市场销售的产品一般为2~4h。烘烤过程中适当地翻动效果更好，烘烤后通常散失15％左右的水分。

烘烤过程中尤其要注意滤筛是否有破损。如有破损极有可能混入折断的丝网等杂质，对产品的食品安全构成重大隐患，应高度注意。

## 10. 冷却

将烘烤完成的豆腐干，在符合卫生标准的环境中冷却至室温。

## 11. 内包装

豆干拌料后，必须立即进行装袋包装。现市售的产品一般有两种包装：一种为复合彩袋包装，不抽真空，包装前及包装过程中（包括空间消毒等）必须严格控制卫生，微波或辐照杀菌。这类产品一般水分较低，为16%～25%，如风味豆干；另一种为真空包装，多使用高温蒸煮袋，包装后需进行严格杀菌处理。这类产品一般水分较高，为40%～60%，如大部分普通豆干。

### 12. 杀菌

产品包装后，应立即进行杀菌处理。食品的杀菌方法有多种，物理的如热处理、微波、辐照等；化学的如加入各种防腐剂、抑菌剂；生物的如加入特定的微生物或能产生抗生素的微生物。但热处理是食品工业中最有效、最经济、最简便的杀菌方法，因此至今仍然应用最广泛。

热处理杀菌的主要目的是杀灭在食品正常保质期内可导致食品腐败变质的微生物，并使食品中的酶失去活性。通常，杀菌后的食品应达到商业无菌。

### 13. 杀菌过程中的常见问题

（1）巴氏杀菌中易出现物料多、水少、计时计温不准的状态。

（2）高温高压杀菌易出现排空不到位的状态。简单的监控办法，一是用留点温度计测杀菌釜内部温度分布，二是杀菌过程中观察杀菌釜温度计和压力表的对应关系，如121℃时，对应标准压力为0.112MPa。

（3）高温高压杀菌时，通常说的温度是产品的中心温度，而不是设备上的仪表显示温度。因此，很多时候必须对仪表进行验证，找出其与实际产品中心温度的差值。

（4）防腐剂只能抑制细菌等的生长繁殖，并不能杀菌。而且大部分防腐剂有一定的使用条件，在相应条件下才能发挥作用。

# 第二节　卤制豆腐干

卤制豆腐干（简称卤制豆干）是把加工成型的坯料经卤汁煮制而成的产品。这类产品多呈褐色，具有特有的风味，可以直接食用，也可与其他蔬菜一起烹调后食用。

卤汁品质调配的关键在于和味，和味是指卤汁中香味和滋味十分协调，而不是突出其中一两种香辛料的味道。

## 一、卤汁配制与养护

### 1. 香辛料的配制、熬制

由于卤制增香的物料大多为香辛料，为保证食品卫生及卤制时的风味，香辛料配制前应根据情况适度清洗，烘干后配好装入纱布口袋中待用。

香辛料的配制因地方口味习惯差异及产品风味设计的不同，很难统一规定。一般采用八角、小茴香、草果、山奈、桂皮、辣椒、花椒、姜片等干制的、味厚重的香辛料，目的在于使香味渗透到产品内部，并能长久保持。一些肉制品中去膻味的香辛料和一些熬制后色泽发黑、发乌的香辛料可以不用。香辛料的配制一定要注意各料间的比例关系，它需要各味协调、综合呈味。如果某一种香辛料味太突出，就会给人中药味太重的感觉，或者刺激太单一，要避免苦味和药味的出现。

配好的香辛料，必须在卤制产品前单独用文火或夹层蒸煮锅熬制 4h 左右，香味才能充分体现出来。如熬制时加入肉类或肉骨类物质，则风味更佳。熬制时间过短，香味呈现不充分，不协调，味单调；熬制时间过长，香辛料的焖熟味太重，水分挥发损失太多，易出现药味等怪味。

通常，配制的香辛料总量占水的比例为 2%～5%。为确保卤汁的循环使用及卤汁风味的稳定，香辛料应平均分装在 3～4 个口袋中，将料包进行编号管理，比如第一次加入 4 袋料包，等到卤制一定数量产品后，增加一个料包，此时共有 5 个料包；再卤制一定数量产品后，扔掉一个 1 号料包，再增加一个料包，此时仍然保持 5 个料包；继续卤制一定数量产品后，扔掉一个 2 号料包，又增加一个料包，此时料包数量一直保持在 5 个。这样周而复始循环，就可长期使卤汁保持稳定的风味。需要注意的是，每增加一次料包的同时，必须添加适当清水将卤汁量维持在首次熬制最初固定的液位标示处。

卤汁保养好可以反复循环使用。每次卤制食品之前，必须先对卤汁采用加热煮沸的方式来高温灭菌，如果卤汁已经多次使用，导致卤香味变淡，卤味不足时，还要对卤汁补充新的香辛料和辅料。香辛料中体积较大的香料必须先破碎，同时用铁锅进行加热，炒熟几分钟之后，等香料香气出来后再加入老卤汁中，这样可以保证卤汁香气浓郁。有些香料植物性油脂多，像砂仁和玉果这些香辛料等要时刻炒动，同时注意火候，一定不能炒黑，不然香辛料的烧焦味会降低卤汁品质。

保存卤汁先要过滤除去卤汁中的杂质，再烧开卤汁消灭其中微生物，当卤汁凉透后盖上盖子放到低温的环境中保存，正常操作下卤汁在冷藏室可以保存 3～5 天。如果长时间不使用卤汁，必须将卤汁保存在冷冻室内，正常操作下卤汁能保存 3 周。

用卤汁卤制豆干时可能存在潜在的食品安全风险。卤汁就是一个复杂的过饱和盐水体系，经过长期反复循环使用后，卤汁中油脂会发生反应导致过氧化值过高、自由基活性增强等，有可能还会产生对人体有害的物质等。如果卤汁中过氧化值（POV）过高，卤汁中的脂质在反复循环使用过程中发生过氧化作用，导致里面不饱和脂肪酸分解变成过氧化物而对人体有害。由于卤汁反复循环使用，卤汁中亚硝酸盐的残留量凭经验是难以确定的。亚硝酸盐在卤汁反复循环使用过程中可能形成亚硝胺，而亚硝胺对人体有害。因此，定期对卤汁中的亚硝酸盐含量进行监控是十分必要的。

## 2. 不同卤汁循环使用过程中品质变化的研究

**（1）pH 值的变化**　结合表 3-1～表 3-4 可知，四种卤汁都偏酸性，实验室新卤汁的 pH 值主要在 6.49～6.59 之间，高于实验室老卤的 5.66～5.72，而工厂新卤汁 pH 值变化不大，基本在 6.27 左右，也高于工厂老卤汁的 pH 值。由于在卤制豆制品时，卤汁与豆制品进行热交换，湘派豆干采用豆清发酵液点浆，而豆清发酵液呈酸性，这样加工出的豆腐带点独特的酸味，在与卤汁热交换过程中，豆制品中的酸会进入到卤汁中使卤汁酸性增强。另外，实验室新卤汁的 pH 值随循环使用次数增加而下降，相信随着卤制豆制品的量和次数的进一步增加，会使新卤汁的 pH 值接近老卤汁的 pH 值。实验室老卤汁和工厂老卤汁的 pH 值在 5.35～5.72 之间，由于二者都是老卤，经过无数次的循环使用，变化程度非常小，在正常使用中可以近似看成是不再发生变化。说明卤汁是一个十分复杂的体系，类似缓冲溶液，这对豆制品卤制加工稳定性起很大的作用。

### 表 3-1　实验室新卤汁基本成分的变化

| 测量指标 | 新卤汁 | 循环 1 次 | 循环 2 次 | 循环 3 次 | 循环 4 次 |
|---|---|---|---|---|---|
| pH 值 | $6.59\pm0.01^a$ | $6.57\pm0.02^a$ | $6.54\pm0.03^a$ | $6.49\pm0.01^a$ | $6.51\pm0.02^a$ |
| 水分含量/% | $90.44\pm1.01^c$ | $89.99\pm1.02^c$ | $88.81\pm0.99^c$ | $88.87\pm1.23^c$ | $88.89\pm0.81^c$ |
| 蛋白质含量/% | $0.61\pm0.02^a$ | $0.61\pm0.01^a$ | $0.57\pm0.03^a$ | $0.54\pm0.02^a$ | $0.56\pm0.01^a$ |
| 脂肪含量/% | $4.44\pm0.31^{ac}$ | $4.34\pm0.42^{ac}$ | $4.31\pm0.34^{ac}$ | $4.30\pm0.36^{ac}$ | $4.28\pm0.45^{ac}$ |
| 盐度/% | $4.1\pm0.1^b$ | $4.0\pm0.1^b$ | $4.1\pm0.1^a$ | $4.0\pm0.1^b$ | $3.9\pm0.1^b$ |
| 浓度/°Brix | $6.1\pm0.1^b$ | $6.2\pm0.3^b$ | $6.3\pm0.2^b$ | $6.4\pm0.1^b$ | $6.5\pm0.2^b$ |

注：同列不同字母表示差异显著($P<0.05$)，下同。

### 表 3-2　实验室老卤汁基本成分的变化

| 测量指标 | 循环 1 次 | 循环 2 次 | 循环 3 次 | 循环 4 次 | 循环 5 次 |
|---|---|---|---|---|---|
| pH 值 | $5.72\pm0.01^a$ | $5.72\pm0.01^a$ | $5.67\pm0.01^a$ | $5.66\pm0.01^a$ | $5.66\pm0.01^a$ |
| 水分含量/% | $86.44\pm0.91^c$ | $85.99\pm0.82^c$ | $85.77\pm0.89^c$ | $85.87\pm0.78^c$ | $85.89\pm0.99^c$ |
| 蛋白质含量/% | $0.53\pm0.02^a$ | $0.54\pm0.01^a$ | $0.56\pm0.03^a$ | $0.55\pm0.02^a$ | $0.54\pm0.03^a$ |
| 脂肪含量/% | $4.24\pm0.21^{ac}$ | $4.24\pm0.16^{ac}$ | $4.18\pm0.19^{ac}$ | $4.20\pm0.27^{ac}$ | $4.20\pm0.25^{ac}$ |
| 盐度/% | $3.5\pm0.1^b$ | $3.4\pm0.1^b$ | $3.3\pm0.1^b$ | $3.4\pm0.1^b$ | $3.4\pm0.1^b$ |
| 浓度/°Brix | $7.3\pm0.1^b$ | $7.2\pm0.2^b$ | $7.3\pm0.1^b$ | $7.3\pm0.1^b$ | $7.4\pm0.1^b$ |

表 3-3　工厂新卤汁基本成分的变化

| 测量指标 | 新卤汁 1 | 新卤汁 2 | 新卤汁 3 | 新卤汁 4 | 新卤汁 5 |
|---|---|---|---|---|---|
| pH 值 | $6.26\pm0.01^a$ | $6.27\pm0.01^a$ | $6.27\pm0.01^a$ | $6.27\pm0.01^a$ | $6.27\pm0.01^a$ |
| 水分含量/% | $90.24\pm0.94^c$ | $90.22\pm0.87^c$ | $90.21\pm0.96^c$ | $90.22\pm0.93^c$ | $90.21\pm0.87^c$ |
| 蛋白质含量/% | $0.62\pm0.03^a$ | $0.63\pm0.02^a$ | $0.64\pm0.01^a$ | $0.63\pm0.03^a$ | $0.63\pm0.02^a$ |
| 脂肪含量/% | $4.46\pm0.33^{ac}$ | $4.44\pm0.65^{ac}$ | $4.41\pm0.52^{ac}$ | $4.42\pm0.44^{ac}$ | $4.42\pm0.47^{ac}$ |
| 盐度/% | $4.3\pm0.1^b$ | $4.2\pm0.1^b$ | $4.2\pm0.1^b$ | $4.2\pm0.1^b$ | $4.2\pm0.1^b$ |
| 浓度/°Brix | $6.5\pm0.1^b$ | $6.6\pm0.2^b$ | $6.7\pm0.1^b$ | $6.6\pm0.1^b$ | $6.6\pm0.1^b$ |

表 3-4　工厂老卤汁基本成分的变化

| 测量指标 | 循环 1 次 | 循环 2 次 | 循环 3 次 | 循环 4 次 | 循环 5 次 |
|---|---|---|---|---|---|
| pH 值 | $5.35\pm0.01^a$ | $5.34\pm0.01^a$ | $5.36\pm0.01^a$ | $5.36\pm0.01^a$ | $5.34\pm0.01^a$ |
| 水分含量/% | $86.44\pm0.63^c$ | $86.59\pm0.74^c$ | $86.62\pm0.68^c$ | $86.27\pm0.78^c$ | $86.34\pm0.63^c$ |
| 蛋白质含量/% | $0.53\pm0.03^a$ | $0.54\pm0.02^a$ | $0.54\pm0.02^a$ | $0.57\pm0.01^a$ | $0.56\pm0.03^a$ |
| 脂肪含量/% | $4.14\pm0.21^{ac}$ | $4.12\pm0.18^{ac}$ | $4.08\pm0.15^{ac}$ | $4.12\pm0.19^{ac}$ | $4.12\pm0.14^{ac}$ |
| 盐度/% | $3.4\pm0.1^b$ | $3.2\pm0.1^b$ | $3.3\pm0.1^b$ | $3.4\pm0.1^b$ | $3.4\pm0.1^b$ |
| 浓度/°Brix | $7.7\pm0.1^b$ | $7.8\pm0.2^b$ | $7.7\pm0.1^b$ | $7.6\pm0.1^b$ | $7.7\pm0.1^b$ |

**(2) 水分含量的变化**　结合表 3-1～表 3-4 可知，两种新卤汁的水分含量要显著高于其他两种老卤汁的值。这可能是由于新卤刚开始使用，卤汁中溶质较少，因而其水分含量较高。工厂老卤汁水分含量最低，说明卤汁循环使用次数越多里面的溶质越多，也说明卤汁需要过滤保养。卤汁中不同成分的含量对豆制品的卤制加工后的品质起着非常重要的作用。由于卤制过程中会蒸发水分，不同卤制设备卤汁的水分蒸发量会出现差异，但是总体在 86.27%～91.45% 之间变动。说明卤汁含水量比较稳定，这样卤制豆制品的品质也比较稳定。

**(3) 蛋白质含量的变化**　结合表 3-1～表 3-4 可知，四种卤汁的蛋白质含量总体在 0.53%～0.64% 之间，实验室新卤汁和工厂新卤汁的蛋白含量要高于两种老卤汁的蛋白质含量。工厂配制新卤汁的蛋白质含量明显高于实验室新卤汁的。可能是工厂和实验室卤汁配方不同所造成的。而对于两种老卤来说，它们的蛋白质含量变化不大，基本稳定在 0.55%。这是因为在新卤汁刚卤制豆制品时，卤汁所含一小部分蛋白质会发生反应而产生游离氨基酸（这些游离氨基酸也就是卤汁中重要的呈味物质），这样会消耗少部分的蛋白质，同时这些呈味物质会进入豆制品中，导致卤汁中蛋白质的含量降低。但卤汁不同次数循环使用的增加，在卤制过程中豆制品中所含的可溶性蛋白质会渗入到卤汁中，卤汁的蛋白质得以补充。而且卤汁循环使用过程中会补水补料进一步增加卤汁所含的蛋白质，让卤汁中蛋白质含量达到一个稳定的动态平衡，这样老卤汁蛋白质含量变化不大。

**（4）脂肪含量的变化**　结合表 3-1～表 3-4 可知，四种卤汁的脂肪含量基本上都是分布在 4.08%～4.46% 之间。两种老卤汁的脂肪含量要比新卤汁的低，尤其是在卤汁循环使用多次以后。这可能是由于循环卤制过程中，卤汁中脂肪在高温的环境下发生部分氧化分解，生成相应的醛、酮等物质，使得脂肪总量减少。每次卤制后，工人需要将浮在卤汁上层的油沫捞除，也会卤汁脂肪含量降低。但是卤汁在反复循环使用过程中会补充新卤汁，而且在卤制豆制品的同时，豆制品中脂肪也会溶入一些到卤汁中的。所以，在卤汁循环使用过程中，卤汁中脂肪含量比较稳定。

**（5）食盐含量的变化**　结合表 3-1～表 3-4 可知，这 4 种卤汁都属于饱和或过饱和盐水，含盐量在 3.2%～4.3% 之间。实验室和工厂的新卤汁盐度都要高于老卤汁的盐度，随卤制循环使用次数的增加，卤汁中盐度会降低。在卤制过程中，卤汁盐度高于豆干盐度，卤汁中的盐分会通过热交换作用而向豆干内部进行渗透，导致卤汁盐度下降。所以卤汁中食盐含量的多少可以改变豆制品的风味。另外，每次卤制后会按比例往老卤中补加一定量的食用盐等配料对老卤进行复原配制，因此 4 种卤汁食盐含量变化不大。同时这些盐分的加入也使得卤汁始终维持在饱和状态。

**（6）浓度的变化**　结合表 3-1～表 3-4 可知，两种新卤汁的浓度一般在 6.3°Brix 左右和 6.6°Brix 左右，要低于两种老卤汁的浓度，并且实验室的新老卤汁低于工厂新老卤汁，其中实验室新卤汁浓度最低而工厂老卤汁的浓度最高。这是可能配方上有差异，还有工厂大规模卤制豆干，为了让豆干更容易吸收味道，而提高卤汁浓度。同时老卤汁进过多次循环使用之后，豆制品、香辛料、调味料的风味物质都融入卤汁中，这些都让卤汁的浓度增大。但是当卤汁多次循环使用之后浓度基本稳定，变化很小。

### 3. 湘派休闲豆干卤水安全性研究

**（1）卤水中菌落总数测定结果**　从表 3-5 可知四种卤水的菌落总数都很少，大部分检测不出菌落总数，远远低于国家豆制品卫生标准中规定的值，基本上可以认为四种卤水近乎无菌。这是因为在使用和保养过程中会多次煮沸卤水，这相当于高温处理来杀死卤水里面微生物，而且卤水是一种较饱和盐水溶液，食盐和香辛料有防腐的作用，这样条件下的卤水就缺少微生物生长繁殖的环境。取样和分析过程可能受到污染，因此在卤水中检测出菌落数目。

表 3-5　卤水中菌落总数测定结果　　　　　　　单位：CFU/g

| 卤水种类 | 1 次循环 | 2 次循环 | 3 次循环 | 4 次循环 | 5 次循环 |
| --- | --- | --- | --- | --- | --- |
| 实验室新卤水 | 0 | 1 | 0 | 0 | 0 |
| 实验室老卤水 | 0 | 0 | 20 | 0 | 0 |
| 工厂新卤水 | 0 | 0 | 0 | 5 | 0 |
| 工厂老卤水 | 0 | 0 | 0 | 0 | 0 |

**（2）亚硝酸盐测定和过氧化值测定**　由表3-6可知，实验室新老卤水和工厂新老卤水的亚硝酸盐含量远远低于国家食品标准规定的限量水平2mg/kg。另外，实验室老卤水和工厂老卤水的亚硝酸盐含量最低，几乎为零，而实验新卤水和工厂新卤水的亚硝酸盐含量最高，这表示亚硝酸盐含量随着卤制次数增加而降低。这是因为卤水中亚硝酸根离子可能会转化成硝酸根离子，还有卤制豆制品没采用亚硝酸盐护色，因此就缺少一个亚硝酸盐积累的来源。同时豆制品在卤制过程中也会带走微量的亚硝酸盐，减少亚硝酸盐积累的可能性。

表3-6　四种卤水中亚硝酸盐和过氧化值的含量　　　单位：mg/kg

| 卤水种类 | 安全指标 | 1次循环 | 2次循环 | 3次循环 | 4次循环 | 5次循环 |
|---|---|---|---|---|---|---|
| 实验室新卤水 | 亚硝酸盐含量 | 0.18±0.01[a] | 0.18±0.01[a] | 0.17±0.01[a] | 0.17±0.01[a] | 0.17±0.01[a] |
| 实验室老卤水 | 亚硝酸盐含量 | 0.09±0.01[b] | 0.08±0.01[b] | 0.08±0.01[b] | 0.08±0.01[b] | 0.08±0.01[b] |
| 工厂新卤水 | 亚硝酸盐含量 | 0.16±0.01[a] | 0.16±0.01[a] | 0.16±0.01[a] | 0.16±0.01[a] | 0.16±0.01[a] |
| 工厂老卤水 | 亚硝酸盐含量 | 0.06±0.01[a] | 0.05±0.01[a] | 0.06±0.01[a] | 0.04±0.01[a] | 0.05±0.01[a] |
| 实验室新卤水 | POV | 0.56±0.01[c] | 0.46±0.01[c] | 0.38±0.01[c] | 0.56±0.01[c] | 0.48±0.01[c] |
| 实验室老卤水 | POV | 0.53±0.01[a] | 0.48±0.01[a] | 0.49±0.01[a] | 0.52±0.01[a] | 0.50±0.01[a] |
| 工厂新卤水 | POV | 0.53±0.01[a] | 0.54±0.01[a] | 0.54±0.01[a] | 0.53±0.01[a] | 0.53±0.01[a] |
| 工厂老卤水 | POV | 0.42±0.01[a] | 0.48±0.01[a] | 0.52±0.01[a] | 0.47±0.01[a] | 0.54±0.01[a] |

由表3-6可见，四种卤水的过氧化值（POV）都不是很高，基本上是在0.5mg/kg左右变动，且相互之间差异不是很大。说明了从卤水中过氧化值的含量来看，四种卤水中的脂肪氧化较低，说明实验室和工厂卤水安全性高。

**4.卤汁的参考配方**

**（1）配方一**　清水50kg，八角30g×4，桂皮30g×4，草果30g×4，小茴20g×4，山柰30g×4，陈皮3g×4，姜片10g×4，甘草8g×4，白豆蔻（又名白蔻）10g×4，香果5g×4，辣椒3g×4，花椒8g×4，生姜75g×4。

**（2）配方二**　小茴0.2%，八角0.2%，香果0.1%，草果0.1%，山柰0.04%，砂仁0.05%，白芷0.03%，桂皮0.1%，香叶0.02%，甘草0.05%，白豆蔻0.02%，花椒0.01%，按照比例来配成复合香辛料。花椒0.2%，八角1%，桂枝0.2%，肉豆蔻（又名肉蔻）1%，山胡椒0.1%，桂皮0.2%，香叶0.2%，干辣椒1%，按照比例混合成辣椒油制作所需复合香辛料。

焦糖色的炒制和餐饮烹调时的炒制类似，要注意控制火候。炒得太嫩，有甜味，色浅而不稳定；炒得太老，有苦味，色发黑。

# 二、卤制技术

卤制是指用豆腐干在卤汁中加热浸渍的过程，可使豆干进一步脱水，并形成特殊风味和颜色。为增加卤制品的成味、鲜味，通常在卤制前还应根据一定配方，将食盐、味精、鸡精加入卤汁中，对卤汁进行调味。调好味的卤汁，即可卤制产品。

### 1. 卤制的方式

**（1）分散卤制**　分散卤制是以卤汁作为磨豆配水直接进入豆腐组织中，卤汁与豆腐融为一体。在河北、河南、山西等地区生产调味豆腐干时有所采用，其口感、风味、外观新颖独特，在当地有较好的消费市场，但此法并不适合加工休闲豆干，且卤汁浪费大。改良后的分散卤制则是采用超微粉碎技术把卤料粉碎成500目以上的超微粉与大豆混合后磨浆，卤料随豆浆进入产品中。此法适合家庭或小作坊制作卤豆干。

**（2）余碱卤制**　余碱卤制即先余碱再卤制，时间均比较短暂。余碱又称除白，豆干余碱可消除豆腥味，并改变其结构特性，增加硬度和韧性，利于卤汁对豆干的渗透。余碱的主要辅料为食用碱。四川、安徽等地生产"川派"、"徽派"豆干时采用的就是余碱卤制；其压榨时间较长，所制豆干韧性十足，但缺乏弹性。

**（3）浸渍卤制**　浸渍卤制是国家非物质文化遗产武冈卤豆腐特有的卤制技术，包括加热浸渍卤制、冷却二道工序，通常重复2～4次。豆干呈外表褐色、内部淡黄并具有卤料香味。卤料由20余种"药食同源"的中草药按一定配方组成，并对人体具有保健功能，对食品产生抑菌防腐功效。常用的卤料有八角、小茴、公丁香、母丁香、香叶、桂皮、山奈、甘草、良姜、山胡椒、干松、陈皮、桂枝、肉桂、柑橘皮、千里香、排草、白豆蔻、白芷、草果等。

目前工厂进行卤制作业时一般采用夹层锅或蒸煮箱，将卤汁和豆干置入其中，用蒸汽加热锅底对豆干进行浸渍式卤制，渗透完成后再取出豆干。也有部分厂家为提高效率，降低工人劳动强度，在车间内装吊行车对物料进行升降和运输，但是从物料滴落的卤汁洒落在车间地面，严重影响美观和卫生清洁。

近年来，国内一些食品机械制造厂家陆续制造出了自动连续卤制机，输送带直接浸在长10m、宽1m、高1m的卤制夹层槽内，豆干在输送的同时完成卤制，随后冷却，重复2～4次。但存在卤制不均匀、清洗困难等问题。

### 2. 卤制过程中应重点注意的问题

**（1）卤汁和豆干坯的比例**　两者的比例应合理，批量生产中一般为3.5∶1。混合后液面离锅口有一定距离，防止卤汁溢出。

**（2）火或蒸汽的大小**　卤制过程中尽量确保卤汁保持轻微沸腾状态。火或蒸汽太大、太猛，均可能导致豆干坯中水分急剧汽化而冲破豆干坯表面，形成蜂窝眼；火或蒸汽太小，则可能使豆干坯入味不均、色泽不一。

**（3）搅动程度**　卤制时应随时轻翻轻搅，防止豆干坯堆叠。动作过大，易造成大量断料、划伤，影响产品外观。

**（4）卤制时间**　卤制时间应根据单片、单块产品的厚薄、大小而定。一般

4mm 厚度的片状、条状豆干，卤制时间 30～60min。具体时间与各厂家产品的定位设计有关，也和卤料配方有关。如果卤制厚度为 10mm 左右的豆干，卤制时间控制在 120min 以上，甚至可能需要卤制后烘干，烘干后再卤制，多次卤制。

**(5) 卤料的补充和修正**　在卤制一定数量产品后，卤汁中的各种配料都会有一定的损耗，所以每卤制一批产品，都要对卤汁进行补盐、补味精、补鸡精等的补料处理。卤汁每卤制一定数量产品后，还应进行过滤、补清水、补香料包。

**(6) 卤汁的保质保鲜**　由于卤汁中营养成分较为丰富，在一定时间放置后会出现变质腐败现象，所以当天生产完后，卤汁应过滤后烧开进行再杀菌后，盖上防蝇、防尘的透气网罩进行静置保存，或将卤汁快速降温后转移至冷库内加盖进行保存。静置保存期间，卤汁不能再去搅动，否则易变质。常温保存期间，即使不生产，卤汁都应每天烧开一次，防止变质；冷藏保存期间，如果不生产，卤汁最多三天应烧开一次，若三天以上不进行卤制生产的话，该批卤汁应该废弃。

### 3. 卤制的加热形式与程度

卤制的加热形式有三种，第一种是蒸汽直接加热，第二种是煤火燃气等的燃烧加热，第三种是蒸汽或导热油在夹层中加热。

由于豆干坯子的表面没有形成比较坚韧的表皮，卤制的工艺要求是在料汤熬制好后放入坯子，煮开锅后立即改用文火继续卤制。这种文火的表象是，能够见到料汤的轻微翻滚，漂浮的坯子只是轻微地抖动和移位，卤汤表面没有大的起伏。

普通豆干卤制的时间依据产品口味浓重的程度为依据，风味浓厚的产品卤制的时间要长一些，清淡口味、以咸味为主的产品卤制时间可短。在一些地方上有很高知名度的卤制豆干产品，已经形成了传统的生产方式，其产品卤制和浸泡的时间能够达到两个小时以上。

### 4. 卤制效果

豆干卤制效果的鉴定有两个方面，一是产品的外观质量，二是口感口味的鉴定。卤制后的豆干不能有块形上的明显改变，不糟不烂，不能有破碎或弯曲折叠不开的现象，色泽均匀。口感上要有嚼劲，口味上要有产品标准要求的特点并符合产品理化指标的要求。

### 5. 卤制后的烘干

卤制完成后，为保证产品的色泽稳定及拌制调料量的准确，一般需进行干燥处理。原来很多小作坊都是修建一个小烘烤房，将卤制后的豆干坯沥去卤汁后平铺在滤筛上送入烘房。现很多企业已逐步淘汰这种模式，直接购买连续式烘干机等设备进行烘干。

烘干中应注意以下几个问题。

① 豆干坯一定要平铺，片块间保留一定间隔，不能重叠，否则会造成花片或压痕。

② 烘干时应先中温，再低温，一般不用高温。高温主要容易引起豆干坯内部水分迅速汽化而冲破豆干坯表面，形成感官缺陷。一般采用的温度为 85℃ 左右，最好不超过 95℃。

③ 烘干的主要目的在于收干豆干坯表面水分，同时使内部水分均匀，另外也有一定的固色作用。如果要使烘干后产品形成特别耐咀嚼的感觉，则应采用低温长时间的方法。

④ 卤制后的豆干坯表面相对于内部来说有大量的卤汁，为提高工作效率，需要快速地去掉表面水分，使其内部水分能有效地转移到表面，所以先用中温。但水分转移到一定程度后，其转移速度会降低，故此时应降低温度，使内部水分均匀渗出，确保产品烘烤后内外水分较一致，保持良好的口感。

## 三、休闲豆干卤制工艺优化研究

休闲豆干市场以湘派休闲豆干和川式休闲豆干占有率最高，湖南仅在邵阳市生产豆制品的企业就超过 150 多家。通过对加工工艺的比较，湘派休闲豆干更侧重于卤制和烘干工艺，以武冈国家级非物质文化遗产浸渍卤制工艺为代表的卤制技术，根据豆干厚度来决定重复卤制次数，通常会重复卤制 2～4 次来确保豆干卤进味道。湘派休闲豆干追求豆干在热风干燥的条件下收缩所带来的筋道感。在烘干设备中使豆干多次翻转，让豆干的水分含量由 80% 以上降低到 65% 之下。这样工艺生产的豆干干坯表面金黄，富有弹性且结构较川派休闲豆干酥软些，更方便卤制入味。因此卤制设备和烘干设备在湘派休闲豆干的企业设备投资中占大头。湘派和川派休闲豆干的风味各有千秋，比起川派休闲豆干的麻辣风味，湘派休闲豆干更侧重于香辣风味。

### 1. 工艺流程

筒子骨→去腥去血水→高汤熬制←材料处理←复合香辛料

豆腐坯→原材料处理→卤汁调配→卤制→捞出摊晾→配制辣椒油→调味→真空包装→杀菌→休闲豆干成品

### 2. 加工配方（按照卤制 1kg 豆干量来计算）

卤料：小茴香 0.2%，八角 0.2%，香果 0.1%，草果 0.1%，山奈 0.04%，砂仁 0.05%，白芷 0.03%，桂皮 0.1%，香叶 0.02%，甘草 0.05%，白豆蔻 0.02%，花椒 0.01% 等准确称量后混合成复合香辛料。高汤：筒子骨 10%～15%，大葱 2%，姜 1.5%。

配料：菜籽油、自制焦糖、食盐、香精香料各适量。

### 3. 工艺流程操作要点

**(1) 原料的选择与处理** 新鲜的豆腐干坯，表面干爽不粘手，有新鲜豆香味。

湖南豆腐干坯通过卤制工艺之后可以改变其质地，增加豆腐干的弹性，同时改善豆干的咀嚼性。

**(2) 高汤熬制** 将新鲜的筒子骨用冷水清洗干净后，放入温水中浸泡 0.5h 去腥去异味，先大火煮沸同时捞掉表面泡沫，接着文火熬煮几个小时，去除杂质即得高汤。卤汁美味在于高汤和香辛料调和形成。

**(3) 调配卤汁** 将复合香辛料中颗粒大的磨碎或切碎（草果和香果之类的），香辛料搭配要适量，先用温水浸泡 30min，去除复合香辛料里的杂质（否则会影响卤汁的色泽和味道），再将卤料装入袋中，放入高汤中熬煮，先大火烧沸 20min，然后转文火熬煮 2h，把卤香味熬煮出来，即成新鲜卤汁。

**(4) 卤制工艺** 将卤汁加热达到所需温度，缓慢倒入一定量的豆干，注意卤汁量要远超过豆干的体积，注意控制卤制温度，期间要把豆干上下翻动几次，到一定时间后捞出摊晾，等待调味。

**4. 影响湘派豆干品质的单因素试验**

**(1) 卤制温度** 准确称取 5 份 1kg 豆干，分别放入卤汁食盐浓度为 3.0%，复合香辛料用量为 1.5% 的 5 份卤水中，5 份卤水卤制温度设定为 75℃、80℃、85℃、90℃、95℃。卤制时间为 120min（包括一卤和二卤时间，下面的操作设置相同）。待卤制完毕，捞出摊晾半个小时（注意豆干不要叠放一起）。感官评定人员按照表 3-7 进行感官评分。

**(2) 卤制时间** 准确称取 5 份 1kg 豆干，分别放入卤汁食盐添加量浓度为 3.0%，复合香辛料用量为 1.5% 的 5 份卤水中，5 份卤水卤制时间设定为 100min、110min、120min、130min、140min，卤制温度设为 85℃。待卤制完毕，捞出摊晾半个小时。感官评定人员按照表 3-7 进行感官评分。

**(3) 卤汁食盐浓度** 准确称取 5 份 1kg 豆干，分别放入复合香辛料用量为 1.5% 的 5 份卤水中，5 份卤水卤汁食盐浓度分别为 1.0%、2.0%、3.0%、4.0%、5.0%。卤制温度设为 85℃，卤制时间设为 120min，待卤制完毕，捞出摊晾半个小时。感官评定人员按照表 3-7 进行感官评分。

**5. Box-Behnken Design 响应面优化分析**

在上面单因素试验的基础上，选取响应面优化分析中 Box-Behnken 试验设计原理，以湘派豆干感官评价总分作响应值，选取卤制时间、卤制温度和卤汁食盐浓度 3 个因素进行响应面优化实验，共 17 个试验点。

**6. 湘派休闲豆干品质评价**

**(1) 感官评价** 20 名食品专业人员作为湘派豆干品质感官评定人员，参照 GB2712—2014 标准制定评分细则，并根据评分细则按照表 3-7 评价规则以百分制进行评分，多次评分取平均值为最终评价结果。

表 3-7　湘派豆干感官评价表

| 指标 | 评分标准 | 评分项目 | 得分 |
|---|---|---|---|
| 咀嚼性<br>(30分) | 硬度适中,有嚼劲 | 好 | 21~30 |
| | 嚼劲一般,韧性较差 | 一般 | 11~20 |
| | 无嚼劲,无韧性性 | 差 | 1~10 |
| 颜色光泽<br>(20分) | 颜色均匀,光泽,表面油润性高 | 好 | 15~20 |
| | 颜色太白或太黑,表面颜色不均匀,油亮光泽不明显 | 一般 | 10~14 |
| | 颜色不均匀,杂色多,无油亮光泽 | 差 | 1~9 |
| 味道<br>(20分) | 甜味、咸味、鲜味适中,特有味道适中 | 好 | 15~20 |
| | 甜味、咸味、鲜味适中,特有味道不足 | 一般 | 10~14 |
| | 咸味过重,甜味过轻 | 差 | 1~9 |
| 滋味<br>(30分) | 卤味十分突出,豆香味适中,后味丰满,回味长 | 好 | 21~30 |
| | 卤味较淡或豆香较突出,后味相对单薄,回味短 | 一般 | 11~20 |
| | 无卤香和豆香,并异味 | 差 | 1~10 |

**（2）湘派豆干的营养指标评价**　卡路里测量仪先开机预热 30min，取邵阳豆干和卤制之后的邵阳豆干用组织粉碎机捣碎（选三档捣碎 180s）。选择 Prepared food模式，测量之前必须先用空白反射盘来进行校准，再放入加有豆干样品的反射盘进行检测。重复测量多次后取平均值作为结果，一般测量 3 次以上。

**（3）质构测量**　卤豆干选择中心区域进行检测，每组重复测量 10 块豆干。测量模式为 TPA（texture profile analysis）实验模式（咀嚼模式，每测一次要挤压 2次），TPA 实验模式选取探头为穿刺型 P/20。通过 NEXYGEN Plus 软件分析，获得 TPA 实验质构参数，如硬度、弹性和咀嚼性等。实验数据用 SPSS 19.0 进行多重比较分析。

**（4）微生物检测**　参照 GB 4789.3—2010 和 GB 29921—2013 进行检测。

### 7. 结果与分析

**（1）卤制温度对湘派豆干品质的影响**　由图 3-1 可知，当卤汁中食盐浓度为3.0%，复合香辛料用量为 1.5%，卤制时间为 120min 的卤制条件下，湘派豆干感官评分先随着卤制温度升高而升高，在卤制温度为 90℃时，豆干的感官评分最高。当卤制温度再提高，豆干的感官评分就开始下降。在卤制过程中，主要是卤汁中所含的风味通过水分的迁移经过热交换渗透进入豆干内部，之前卤制温度不高，卤汁里面水分在豆干中迁移速率不快，卤汁的风味未完全进入豆干之中；随着卤制温度的增加，卤汁的迁移速率变大，豆干的风味会吸收越来越好，但卤制温度过高时，造成豆干内部会出现蜂窝眼现象，使豆干的弹性和咀嚼感变差，影响食用接受度。因此选定卤制温度 85℃、90℃、95℃作为响应面试验的三个水平。

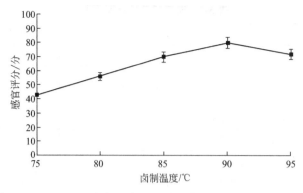

图 3-1　卤制温度对湘派豆干品质的影响

**（2）卤制时间对湘派豆干品质的影响**　由图 3-2 可知，卤制温度为 90℃的卤制条件下，湘派豆干的感官评分随卤制时间的增长而提高，在卤制时间为 120min，感官评分达到最高。卤制时间超过 120min 后，湘派豆干感官评分明显下降。卤制时间短，卤汁的风味未完全渗透侵入豆干里面；而卤制时间过长，豆干由于长时间卤煮，豆干的质地变酥软，咀嚼性变差，感官评分变低。因此选定卤制时间110min、120min、130min 作为响应面试验的三个水平。

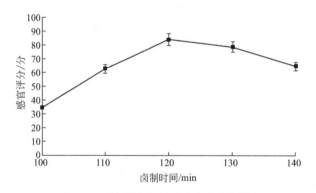

图 3-2　卤制时间对湘派豆干品质的影响

**（3）卤汁食盐浓度对湘派豆干品质的影响**　由图 3-3 可知，在卤水中复合香辛料用量为 1.5%，卤制温度为 90℃，卤制时间为 120min 的卤制条件下，豆干食盐含量随着卤汁中食盐添加量的增加而增加，近似线性关系。在卤制过程中，卤汁中的食盐以自由扩散方式进入豆干中，渗透速率取决于卤汁渗透压大小和豆干的组织结构。在卤汁中食盐添加量为 1.0%～3.0%时，豆干的感官评分通过食盐添加量的增加而增加，感官评分逐渐提高。但是当卤汁中食盐添加量超过 3.0%时，豆干的感官评分随着食盐添加量的进一步增加而减少，因为卤水含盐量过高，导致豆干味道变咸，接受度变低，因此选取卤汁食盐添加量浓度 2.0%、3.0%、4.0%作为响应面试验的三个水平。

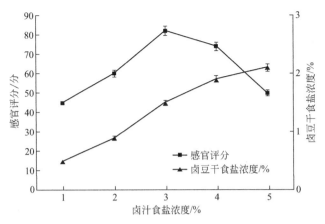

图 3-3　卤汁食盐浓度对湘派豆干品质的影响

**（4）Box-Behnken Design 响应面优化分析**

① 实验设计与结果　在卤制单因素试验基础上，根据响应面分析中 Box-Behnken 试验设计原理，以湘派豆干感官评价总分（$Y$）为响应值，选取 $A$（卤制温度）、$B$（卤制时间）、$C$（卤汁食盐浓度）等 3 个在卤制工艺中对湘派豆干品质影响较大的因素进行响应面优化实验，共 17 个试验点，Box-Behnken 试验因素水平表见表 3-8，响应面试验设计方案及结果见表 3-9。

表 3-8　Box-Behnken 试验因素水平表

| 编码水平 | 因素 | | |
|---|---|---|---|
| | $A$ 卤制温度/℃ | $B$ 卤制时间/min | $C$ 卤汁食盐浓度/% |
| −1 | 85 | 110 | 2 |
| 0 | 90 | 120 | 3 |
| 1 | 95 | 130 | 4 |

表 3-9　响应面试验设计方案及结果

| 试验号 | $A$ 卤制温度/℃ | $B$ 卤制时间/min | $C$ 卤汁食盐浓度/% | 感官评价分 |
|---|---|---|---|---|
| 1 | 0 | −1 | 1 | 77.3 |
| 2 | 0 | 0 | 0 | 87.5 |
| 3 | −1 | 1 | 0 | 76.4 |
| 4 | 1 | 0 | −1 | 74.1 |
| 5 | 0 | 0 | −1 | 74.6 |
| 6 | 1 | 1 | 0 | 80.5 |
| 7 | 0 | 0 | 0 | 87.7 |
| 8 | −1 | 0 | −1 | 68.6 |

| 试验号 | A 卤制温度/℃ | B 卤制时间/min | C 卤汁食盐浓度/% | 感官评价分 |
|---|---|---|---|---|
| 9 | 0 | −1 | −1 | 69.3 |
| 10 | 0 | 0 | 0 | 85.2 |
| 11 | 0 | 0 | 0 | 87.7 |
| 12 | −1 | −1 | 0 | 67.6 |
| 13 | 0 | 0 | 0 | 87.4 |
| 14 | 1 | −1 | 0 | 77.8 |
| 15 | 1 | 0 | 1 | 83.6 |
| 16 | −1 | 0 | 1 | 71.7 |
| 17 | 0 | 1 | 0 | 82.3 |

② 回归模型的建立与显著性分析　运用 Design-Expert 8.0 对表 3-9 进行多元回归拟合，得到湘派豆干的感官评价总分（$Y$）对自变量卤制温度（$A$）、卤制时间（$B$）、卤汁食盐浓度（$C$）的多元回归方程：$Y = 87.10 + 3.96 \times A + 2.72 \times B + 3.54 \times C - 1.52 \times A \times B + 1.60 \times A \times C - 0.075 \times B \times C - 6.45 \times A^2 - 5.07 \times B^2 - 6 \times C^2$。

用 Box-Behnken Design 响应面分析法对试验结果拟合的模型进行方差分析和显著性检验，在回归方程中感官评价总分 $Y$ 的模型的显著性概率 $P$ 值是由 $F$ 值来判断的，结果由表 3-10 可知道，湘派豆干品质感官评分模型中的 $F$ 值为 86.76，且 $P$ 值＜0.0001，说明湘派豆干品质感官评分模型极显著，该模型的拟合系数为 0.9855，可以看出该模型对湘派豆干品质感官评分的情况拟合较好。该模型的失拟项 $P$ 值为 0.5758，大于 0.05，失拟项极不显著，表明建立的相关回归方程在三维空间拟合度高，误差性低，与实际预测值能较好地拟合，可以用于湘派豆干品质感官评分值的估计；在一次项和二次项的 $P$ 值中发现，对湘派豆干品质感官评分影响 $P$＜0.01，$AB$ 和 $AC$ 对湘派豆干品质感官评分影响 $P$＜0.01；而交互相 $BC$ 的交互作用对感官评分影响 $P$＞0.05，从而得出，$ABC$ 三个试验因素对湘派豆干品质感官评分的作用不是一般线性关系；另外，通过判别 $F$ 值大小，可判定各因素对感官评分影响的重要性，$F$ 值越大，重要性越大，所以各因素对湘派豆干品质感官评价总分的影响大小为 $A > C > B$，说明在湘派豆干品质感官评分作用因素中卤制温度＞卤汁食盐浓度＞卤制时间。

表 3-10　湘派豆干卤制工艺研究结果的方差分析

| 方差来源 | 平方和 | 自由度 | 均方 | F 值 | P 值 | 显著性 |
|---|---|---|---|---|---|---|
| 模型 | 798.92 | 9 | 88.77 | 86.76 | ＜0.0001 | ** |
| A | 125.61 | 1 | 125.61 | 122.76 | ＜0.0001 | ** |
| B | 59.41 | 1 | 59.41 | 58.06 | 0.0001 | ** |

| 方差来源 | 平方和 | 自由度 | 均方 | $F$ 值 | $P$ 值 | 显著性 |
|---|---|---|---|---|---|---|
| $C$ | 100.11 | 1 | 100.11 | 97.84 | <0.0001 | ** |
| $AB$ | 9.30 | 1 | 9.30 | 9.09 | 0.0195 | * |
| $AC$ | 10.24 | 1 | 10.24 | 10.01 | 0.0159 | * |
| $BC$ | 0.022 | 1 | 0.022 | 0.022 | 0.8863 | ns |
| $A^2$ | 175.17 | 1 | 175.17 | 171.19 | <0.0001 | ** |
| $B^2$ | 108.44 | 1 | 108.44 | 105.98 | 0.0001 | ** |
| $C^2$ | 159.25 | 1 | 159.25 | 155.64 | <0.0001 | ** |
| 残差 | 7.16 | 7 | 1.02 | | | |
| 失拟项 | 2.58 | 3 | 0.86 | 0.75 | 0.5758 | ns |
| 纯误差 | 4.58 | 4 | 1.14 | | | |
| 总和 | 806.08 | 16 | | | | |
| $R^2$ | 0.9911 | | | | | |
| $R_{adj}^2$ | 0.9797 | | | | | |
| $C.V\%$ | 1.28 | | | | | |

注: * 差异显著($P<0.05$);**差异极显著($P<0.01$);ns 差异不显著($P>0.05$)。

③ 响应面分析 由图 3-4～图 3-6 可知，所得出响应面图形全是顶点处向上凸起、曲面开口都朝下说明湘派豆干品质感官评分 $Y$ 存在极值，并且这个极值为响应面的最高点，三个试验因素的最佳作用点都在试验设计值范围内，在卤汁食盐浓度确定情况下，随卤制温度的增大，卤制时间的缩短，感官评分呈先上升后下降趋势，由此可见合适卤制温度和卤制时间可以改湘派休闲豆干的品质。等高图可判定交互作用的显著性，等高图趋向椭圆，交互作用显著，反之，则不显著，$AB$、$AC$交互作用的等高图呈椭圆形，说明 $A$、$B$ 和 $A$、$C$ 之间的交互作用显著，$BC$ 的等高图趋于圆形，说明 $B$、$C$ 之间的交互作用不显著。等高线的疏密程度可判定各因素对感官评分的影响大小，等高线越密，影响越大，反之则越小，故 $A$ 对湘派豆干感官品质的影响比 $B$、$C$ 的影响大，$C$ 对湘派豆干感官品质的影响比 $B$ 的影响大，这与方差分析的结果是一致的。综上所述，卤制温度对湘派豆干感官评分的作用最为显著，卤汁食盐浓度次之，卤制温度的作用最弱。

④ 验证实验 通过软件分析，预测出湘派豆干卤制最佳工艺参数为卤制温度 87.32℃，卤制时间 123.48min，卤汁中食盐浓度 3.22%，此时模型预测湘派豆干感官评价总分为 84.025 分，经 3 次验证性试验，得到的湘派豆干感官评分的均值为 82.45，和理论估计值十分吻合，偏差为 1.87%，可以知道响应面优化设计模型的拟合性高。考虑工厂生产加工方便特将卤制工艺控制如下：卤制温度设置在 87℃±1℃，卤制时间设置在 124min±2min，卤汁食盐浓度设置在 3.1%±0.1%。

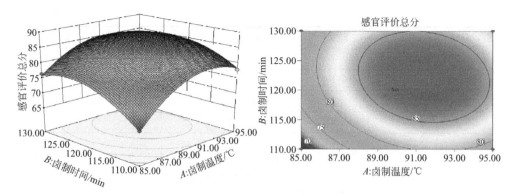

图 3-4    $Y=f(A，B)$ 的响应面图及等高线图

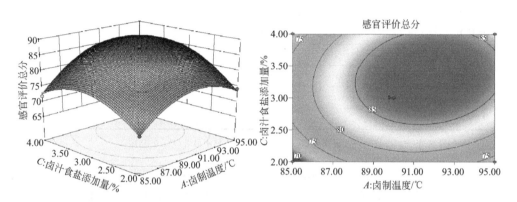

图 3-5    $Y=f(A，C)$ 的响应面图及等高线图

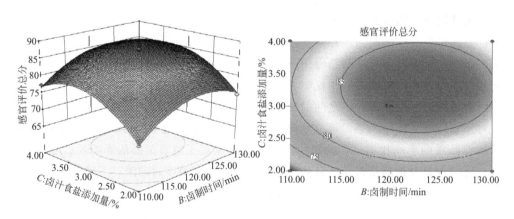

图 3-6    $Y=f(B，C)$ 的响应面图及等高线图

### 8. 湘派豆干质量指标

**（1）感官指标**    酒红色；四周完整，表面平整，有油光；具有卤香味和豆香味；口感细腻，有嚼劲。

**（2）营养指标**    见表 3-11。

表 3-11　豆干的营养标签表

| 种类 | 能量/kJ | 蛋白质/g | 脂肪/g | 碳水化合物/g | 钠/mg | 水分/g |
|------|---------|----------|--------|--------------|-------|--------|
| 卤制前 | 741 | 10.9 | 11.2 | 8.2 | 7.1 | 67.4 |
| 卤制后 | 1209.1 | 23.9 | 21.5 | 10.2 | 635.2 | 46.8 |

**（3）质构指标**　见表 3-12 和表 3-13。

表 3-12　湘派豆干的质构结果

| 样品 | 硬度 | 胶着性 | 凝聚性 | 弹性 | 回复性 | 咀嚼性 |
|------|------|--------|--------|------|--------|--------|
| 1 | $3.70\pm0.28^a$ | $3.72\pm0.32^a$ | $0.92\pm0.01^c$ | $0.59\pm0.03^b$ | $0.95\pm0.01^c$ | $3.54\pm0.23^*$ |
| 2 | $3.63\pm0.24^a$ | $3.64\pm0.27^a$ | $0.91\pm0.01^c$ | $0.61\pm0.04^b$ | $0.94\pm0.01^c$ | $3.24\pm0.18^*$ |

注:1. 同一列内不同字母表示数据之间存在显著性差异($P<0.05$)。

2. 样品 1 代表卤制工艺未优化之前的湘派豆干,样品 2 代表卤制工艺优化之后的湘派豆干。

表 3-13　湘派豆干质构相关性分析

| 相关性 | 硬度 | 咀嚼性 | 凝聚性 | 胶着性 | 弹性 | 回复性 |
|--------|------|--------|--------|--------|------|--------|
| 硬度 | 1 | $0.995^{**}$ | $-0.179$ | $0.997^{**}$ | $-0.600^{**}$ | 0.219 |
| 咀嚼性 | | 1 | $-0.195$ | $0.999^{**}$ | $-0.574^{**}$ | 0.280 |
| 凝聚性 | | | 1 | $-0.207$ | 0.216 | 0.203 |
| 胶着性 | | | | 1 | $-0.594^{**}$ | 0.233 |
| 弹性 | | | | | 1 | 0.259 |
| 回复性 | | | | | | 1 |

注:＊＊表示在 $P<0.01$ 水平(双侧)上显著相关。

通过对优化前后卤制工艺生产加工的湘派豆干进行质构分析,发现豆干中硬度与咀嚼性、胶着性和弹性有着极显著的关系,凝聚性和回复性跟硬度弹性等质构指标相关性不显著。硬度与咀嚼性、胶着性成极显著正相关,弹性与硬度、咀嚼性和胶着性成极显著负相关,说明硬度不是越高越好,豆干要质地好,必须要软硬适中,这些需结合硬度和弹性综合考虑。在豆干感官评价中,硬度和弹性一直是消费者比较在意的质构属性,硬度和弹性质构属性直接影响消费者对豆干接受度。在表3-12 中发现优化后的豆干硬度和咀嚼性减低,同时弹性增加。证明优化后的卤制工艺更适合湘派豆干的生产加工。

**（4）安全指标**　水分含量 40%～60%;大肠杆菌/(MPN/100g)≤40;致病菌未检出。

# 四、卤制设备

## 1. 常规自动卤制主要设备

**（1）设备组成**　自动卤制线主要由 1 台曝气式清洗机、2 个卤制槽、2 个振动筛、1个多层带式冷却机、1个多层带式烘干机组成。

**（2）流程描述** 豆干干燥完成后，首先进入曝气式清洗机清洗，然后沥水，爬升进入卤制槽，卤制槽中的隔板以步进的方式将休闲豆干向前推动。卤制完成后，休闲豆干爬升进入振动筛去除碎渣和表面卤汁，振动筛的偏心结构在振动的同时将休闲豆干向前输送进入多层带式冷却机上端，经过换热器，休闲豆干在冷风带上冷却，同时也是卤汁继续渗透的过程，出箱后重复一次，进入切片或调味工序。

**（3）设备特点**

① 曝气式清洗机 在卤制前加装曝气式清洗机，可有效地减少微生物、杂物对产品的污染；采用无链网输送，避免了机械金属中有毒成分的迁移，保障食品安全。

② 卤制槽 步进式卤制槽同样采用无链网输送，这在较高温度下尤显得重要，并且节约卤汁，方便清洗；加热方式为夹层加热，保证温度和卤汁浓度的稳定性，也提高了蒸汽加热效率；卤汁循环翻动物料，可保证休闲豆干卤制均匀。

③ 多层带式冷却机和烘干机 均为多层带式结构，具有无级调速和在线清洗功能。区别在于烘干机带有加热装置，可使空气温度升至60℃，在40min内将休闲豆干表面迅速烘干，便于调味拌料或储藏。而冷却机带有的降温装置可在2h左右使休闲豆干温度降至室温，该过程既是卤汁渗透的过程同时也为第二次卤制形成卤汁扩散所需的温度梯度，有利于提高第二次卤制效果。

**（4）设备相关图纸** 见图3-7和图3-8。

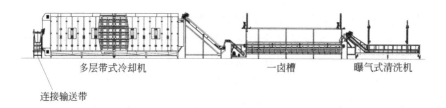

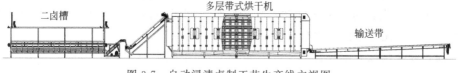

图3-7 自动浸渍卤制工艺生产线主视图

## 2.即食卤制加工设备

即食卤制加工设备是山东诸城某公司根据国内食品行业的要求自主研发的。其设备优点如下。

① 整机采用国标 304 食品专用不锈钢制造（电器元件除外），清洗方便，满足国家对食品卫生的相关规定。

② 槽体采用 2.0mm 不锈钢制作；受力处采用 3mm 不锈钢制作；架体采用不锈钢方管制作；保温外包采用 0.8mm 不锈钢；上盖采用 1.2mm 不锈钢；整机轴承和轴承座全部采用不锈钢制作。

③ 为保证卤制槽温度均一，采用热水泵将槽内卤汁强制循环。

④ 为防止卤制时产品上浮和卤制时间不一致，采用双层网带强制压入水中并同时入料和出料；设备上层采用网丝网带，下层采用链板网带。

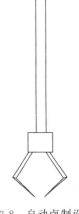

图 3-8　自动卤制设备抓手的细节放大图

⑤ 在卤制段处外加储料槽循环，使产品在卤制过程中，保持卤汁浓度和温度均衡；使卤料自由收放。

⑥ 为保证温度误差小，采用德国久茂温度传感器（温度误差在 0.5℃ 以内，国产的传感器在 5℃ 以上），并在进口和出口各安装一只。

⑦ 为保证及时供给蒸汽，采用日本山武蒸汽控制阀。

⑧ 本机采用变频器，调节传送带步进速度，精确度高。

⑨ 整机链条两侧都配有防护装置，以防止产品被链条卷入造成损伤。

⑩ 为使设备与地面保持平衡，低端配有可调节高度的地角。

⑪ 本设备自动化程度高，在生产过程中可一个人独立进行作业，大大降低了人工与劳动强度。

⑫ 本机配有卤料回收罐，在卤制完成后可将卤料回收到罐内储存，提高卤料利用率。

⑬ 卤料回收罐配有加热系统和自动搅拌装置，并加有保温层，可防止卤料沉淀，方便下次使用。

⑭ 为方便卤料回收罐清洁，特设有清洗口及时清理。

⑮ 解冻线输送链板配有整体链条提升设计。输送网带可以整体提升便于客户卫生清理；提升方式整体采用链条提升设计（在电器上还安装有提升上限和下限控制），让设备整体提升时运行平稳、安全。

⑯ 为更好地让设备排水彻底，设备底部采用"U"形圆弧折弯设，以减少卫生清洗死角。整机底部设有多个清洗孔，可以用将高压水枪伸到设备底部冲洗，方便清理卫生。

⑰ 为保证槽体内部卫生清理方便，槽体内部支撑采用高强度方管，实现无缝焊接，不留卫生死角。

⑱ 设备含有自动补水功能。

⑲ 本机两边还加有多个卤料存放槽，以方便卤料的二次使用及回收，可实现

卤料的多次使用，可降低成本。

⑳ 本机特配有蒸汽盘管加热，防止蒸汽直接与水源接触造成污染，改善卤制线的卫生。

㉑ 卤制槽内液位由液位控制阀控制，实现自动控制循环泵。

㉒ 卤制槽配备内胆设计。

㉓ 卤制槽配备清渣功能。

㉔ 卤制槽配备温控系统、实现自动控温。

㉕ 配备加料器，便于补充卤制调味料。

㉖ 料槽具有浮油溢口，以溢出浮油及杂质。

### 3. 真空脉冲卤制设备

真空脉冲卤制设备由北京某公司研发。

**（1）真空脉冲卤制生产线**　见图3-9。

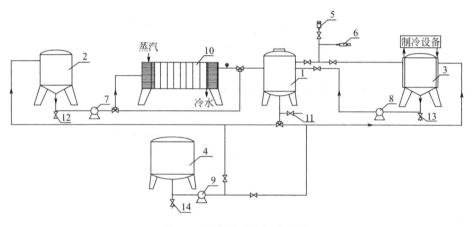

图 3-9　真空脉冲卤制生产线

1—卤制罐；2—热卤汁储存罐；3—冷却卤汁储存罐；4—卤汁调配罐；5—真空泵；6—空气压缩泵；
7～9—卤汁输送泵；10—板式热交换器；11～14—排污阀

**（2）卤制工艺**　豆干→卤制罐→打入热卤汁→真空卤制→加压回收热卤汁→抽真空→吸入冷却卤汁→真空冷却→加压回收冷却卤汁→抽真空→吸入热卤汁→真空卤制→循环3～4次→产品

**（3）操作要点**

① 按照卤料表配制卤汁。

② 将豆干放入卤制罐，打开卤汁输送泵，卤汁通过板式热交换器达到预设温度进入卤制罐。

③ 打开真空泵，抽至罐内真空度达到一定值，卤制一定时间。

④ 打开空气压缩泵，使卤制罐内的压强达到一定值，利用压强差将卤汁回收到热卤汁储存罐。

⑤ 打开冷却卤汁储存罐的卤汁输送泵，卤汁输送到卤制罐内。打开真空泵，真空冷却一定时间。

⑥ 打开空气压缩泵，使卤制罐内的压强达到一定值，利用压强差将卤汁回收到冷却卤汁储存罐。

⑦ 打开热卤汁输送泵，卤汁通过板式热交换器达到预设温度进入卤制罐。打开真空泵，抽至罐内真空度达到一定值，卤制一定时间。

⑧ ②至⑦的操作为一次脉冲卤制，重复以上操作。

笔者在单因素试验的基础上，采用响应面实验设计，再结合脉冲因素分析，得出休闲豆干真空脉冲卤制的最佳工艺参数如下：卤制温度 80℃，卤制时间 80min，真空度 0.03MPa，脉冲次数为 3。真空脉冲卤制与传统卤制相比，不仅可以缩短卤制时间，由原来的 8h 缩短为 80min，而且可以使微生物的含量从传统卤制的 $3.70 \times 10^7$ CFU/g 降低到了 $1.80 \times 10^3$ CFU/g，降低了 4 个数量级，感官评分和弹性也优于传统卤制产品。

但是真空脉冲卤制对设备的要求较高，在实际生产中，还需要对真空脉冲卤制的配套设备进行研发，以实现智能化生产。

# 第三节　熏制豆腐干

熏制豆腐干一般采用谷糠或锯末熏制而成，豆腐表面呈棕黄色，表层结实，里面细白鲜嫩，吃起来带有浓郁的木香或谷糠香味。

## 一、生产工艺流程

豆腐→分切造型→盐水煮制→烟熏→冷却→包装

## 二、操作要点

① 采用精选黄豆，制成豆腐，其操作与其他豆腐相同，在此不再赘述。

② 先将白豆腐（石膏豆腐），切成长、宽各 5～6cm，厚 1cm 的方块，再用浓度约为 3% 的盐水，煮制 30min，然后放在铁箅子上，下面用锯末或谷糠熏烤，熏至棕黄色，表面发出油亮光即成。

## 三、注意事项

① 高质量的熏干有松木香味，规格统一；非正规厂家生产的熏干往往有烤煳味道，熏制颜色不均匀，无松香味，规格大小不一。

② 高品质的香干是用酱油和五香料浸泡而成，色泽较深，一般呈棕红色，有五香味、酱香味，质地光滑。

# 第四节　油炸豆腐

## 一、油炸豆腐生产

油炸豆腐在南方称之为油豆腐，北方称之为豆腐泡。作为豆腐的炸制食品，其色泽金黄，富有弹性，既可作蒸、炒、炖之主菜，又可为各种肉食的配料。

### 1. 油豆腐的加工工艺和质量要点

**(1) 点浆**　制油豆腐的豆浆浓度可以相对于普通豆腐略低，以每千克大豆制豆浆 10kg 为宜。为促进油豆腐的发泡，可在熟浆中加 10% 的冷水。点浆时豆浆温度宜掌握在 85℃ 左右，凝固剂宜用 27% 盐卤，用水稀释到 10% 再使用。

**(2) 扳泔或汰泔**　扳泔是把板插入豆腐花缸底部，要扳两下，扳足，使豆腐花翻得彻底。只有把豆腐花点足、扳足，才能使油豆腐发透、发足。汰泔就是在盐卤停止点入豆浆内，铜勺仍应继续不停地左右搅动，使豆腐花继续上下翻动，直到泔水大量泄出，豆腐花全面下沉为止。这个工艺俗称"汰"。采用"汰泔"工艺制作的油豆腐比"扳泔"法的产品发得透，发得足，但出品率略低些。

**(3) 抽泔**　抽去豆腐花表层的黄浆水。

**(4) 浇制**　将豆腐花均匀地浇到木框里。

**(5) 压榨**　油豆腐坯子浇好后，应移入榨床，压榨 15min。油豆腐坯子不宜榨得太干，太干，油豆腐发不透；太嫩，水分过多，油炸时不易结皮，耗油多。油豆腐坯子的老嫩程度应介于豆腐干与老豆腐之间。采用汰泔工艺的油豆腐坯子不必压榨，只要坯子压坯子就可。

**(6) 划坯**　划坯应趁热进行。坯子冷却后，刀口会发毛而增加油炸时的耗油量。坯子可根据需要划成小方块、三角形、大方块及粗、细条子等形状。

**(7) 油炸**　待坯子冷透后进行。油温高低宜根据坯子老、嫩而定。坯子嫩的，油温要高，宜掌握在 155～160℃；坯子老的，油温宜低，可掌握在 145～150℃。一般油炸 7～8min 即成熟。

**(8) 做好油豆腐的要点**

① 坯子的老嫩要掌握好。太老会使油豆腐不发；太嫩会使油豆腐不结皮或爆裂，增加耗油量。

② 炸得太老，油豆腐结皮过硬，既耗油又不适口。

③ 炸得太嫩，油豆腐要瘪下去，会发僵。当坯子炸 7～8min 即将成熟时，可以先取几只观察，如会瘪下去，应再炸一会。

④ 如油温太高，坯子下陷，马上结皮，油豆腐不发，应采取紧急措施，抑制炉火，降低油温，并把坯子用笊篱捞出，在油豆腐上洒水，使坯子发软后再油炸，

可使油豆腐发透发足。

**(9) 规格质量** 每100kg原料出成品120kg，耗炸油16kg。成品呈金黄色，块型整齐，内有蜂窝，每500g为70～80块。水分含量50%～68%，蛋白质不低于20%。

**(10) 油豆腐鉴别要点**

① 颜色 优质油豆腐色泽橙黄鲜亮，而掺了大米等杂物的油豆腐色泽暗黄。

② 重量 掺杂油豆腐比优质油豆腐重，每斤优质油豆腐有70～80只，掺杂的油豆腐只有60只左右。

③ 内瓤 掺杂的油豆腐内瓤多而结团，优质的内瓤少而分布均匀。

④ 弹性 用手轻捏油豆腐，不能复原的多为掺杂制品。

⑤ 加碘反应 将碘酒滴在优质油豆腐上不会变色，掺杂米的油豆腐则呈蓝黑色。

**2. 影响油炸效果的因素**

**(1) 大豆品质** 要尽量选择当年收获的新大豆作为生产原料，由于新原料的油脂氧化程度较低，做出的油炸产品的起泡性能、风味和颜色都较好；新大豆中的蛋白质的内部网状结构比较均一和稳定，在生产过程中有利于产品的伸展、定型，做出的产品弹性较好。从经验数据分析，新大豆的膨胀率比陈大豆大20%～30%。

**(2) 浸泡过程** 浸泡不足和过度都会影响油炸效果。浸泡不足会使磨浆中出现较硬、较细的颗粒物质，影响膨胀效果。浸泡过度的话，容易使大豆中水溶性物质过多，内部难于形成较好的海绵状结构。当掰开大豆，侧面子叶已经变硬，芯的部分看到有"凹塌"时，可以确认浸泡完成。

**(3) 煮浆过程** 煮浆加热适当能够使大豆蛋白质充分地溶解出来，蛋白质得到适当的变性，能够使蛋白质在油炸过程中得到更充分的膨胀。煮浆不充分，蛋白质的溶解效率差，出品率低；而煮浆温度过高，就容易超过蛋白质的"弹性限度"，使蛋白质无法再进一步膨胀。煮浆温度控制在90～95℃，8～10min，对于新大豆可以控温稍高一些，陈大豆较低一些。

**(4) 消泡剂** 添加消泡剂会减少豆腐坯中的空气成分，原则上不能使用消泡剂。由于国内许多企业在制浆过程中为混浆操作，所以需要在制作生坯时放入一部分苏打粉（或泡打粉）来增加油炸时的起泡性。

**(5) 分离过滤** 在浆渣分离过程中，如果分离不彻底，容易残留较多的细微颗粒（纤维和不溶性蛋白质），在油炸过程中影响海绵结构的生成，使膨胀效果降低。熟浆过滤筛网的目数尽量在120目以上，甚至更细一些。

**(6) 豆浆浓度** 豆浆浓度过低，会使豆腐坯凝固较嫩，含水量过高，极不容易膨胀，又容易出现炸开现象。豆浆浓度过高，会使坯子过老，无弹性。豆浆浓度控制在4～6°Brix较好。

**(7) 冷水添加** 为了增加油炸的膨胀效果，在生产中经常在制浆结束时会在热浆中添加一部分冷水（有些地方会加入一些冷生浆）。由于一般随着温度的升高，在水中空气的溶解量会大幅减少，10℃时空气的溶解量比50℃时溶解量高一倍，加入冷水后制出的坯子在油炸过程中膨胀效果更好。

**(8) 凝固剂** 在豆制品生产中一般使用盐卤、葡萄糖酸-δ-内酯、石膏三种凝固剂，用内酯、石膏作为凝固剂时，豆浆的凝固速度较慢，豆腐坯的组织过嫩，油炸过程中不易膨胀。盐卤的凝固速度较快，使蛋白质快速凝固成棉絮状物质，能够包含大量的空气，使油炸膨胀效果较好。

**(9) 凝固温度** 凝固温度过高的话，凝固速度过快，形成的凝聚物过硬，失水较快，膨胀效果差，做出的产品表皮容易发硬。

**(10) 冷却放置** 生坯做好以后，进行一段时间的冷藏降温有助于油炸膨胀的效果。

## 二、油炸的主要分类方法

### 1. 按照油炸设备的压力

**(1) 常压油炸** 常压油炸的油釜内的压力与环境大气压相同，通常为敞口，是最常用的油炸方式，适用面较广，比如油炸豆腐，但食品在常压油炸过程中营养素及天然色泽损失较大。

**(2) 减压油炸** 减压油炸也称真空油炸，是指油釜内的真空度为92～98.7kPa的油炸方法，该方法可使产品保持良好的颜色、香味、形状及稳定性，脱水快，且因油炸环境中氧的浓度很低，其劣变程度也相应降低，营养损失较少，产品含水量低、酥脆。该方法用来生产油炸果蔬脆片最为合适。

**(3) 高压油炸** 高压油炸是使油釜内的压力高于常压的油炸法。高压油炸可解决因需长时间油炸而影响食品品质的问题。该法温度高，水分和油的挥发损失少，产品外酥内嫩，最适合肉制品的油炸，如炸鸡腿、炸鸡、炸羊排等，不太适合豆制品的油炸。

### 2. 按制品油炸程度

该油炸方法主要有浅层油炸和深层油炸。

**(1) 浅层油炸** 浅层油炸适合于表面积较大的食品如肉片、馅饼和肉饼等的加工。一般在工业化油炸加工中应用较少，主要用于餐馆、饭店和家庭的油炸食品制作。

**(2) 深层油炸** 深层油炸是常见的一种油炸方式，它适合于工业化油炸食品的加工及不同形状食品的加工。一般又可分为常压深层油炸和真空深层油炸，在工业上应用较多的是真空深层油炸。

### 3. 按油炸介质不同

可分为纯油油炸和水油混合油炸。在工业上应用较多的是水油混合式油炸，它是指在同一容器内加入水和油而进行的油炸方式。

### 4.按油炸制品风味口感的差异

根据原料是否经过预处理可分为清炸、干炸、软炸、酥炸、松炸、卷包炸、脆皮炸、纸包炸、裹炸、香炸、托炸等。

## 三、油炸豆腐的主要生产设备

水滤式连续油炸机是方便食品生产线中油炸工艺的主要设备，可用于油炸肉饼、米饼、薯饼、各种混合饼、鱼丸、肉丸等饼、块、丸类食品。SYZH-400型水滤式连续油炸机是大中型食品加工厂实现环保型物料油炸、减少损耗、降低作业成本和提高产品质量更新换代设备，是根据高品质油炸工艺的要求，设计制造的多功能、自动控制、连续式大功率油炸机。

# 第五节 腐 竹

腐竹是一种滋味鲜美、风格独特、营养丰富、深受广大人民所喜爱的豆制食品。它含有蛋白质51%左右，脂肪21%左右，营养价值很高。腐竹适合拌凉菜、炒肉、调汤等。

## 一、腐竹的生产原理

豆浆是一种以大豆蛋白质为主体的溶胶体，大豆蛋白质以蛋白质分子集合体——胶粒的形式分散在豆浆之中。大豆脂肪以脂肪球的形式悬浮在豆浆里。豆浆煮沸后，蛋白质受热变性，蛋白质胶粒进一步聚集，并且疏水性相对提高，因此熟豆浆中的蛋白质胶粒有向浆表面运动的倾向。

当煮熟的豆浆保持在较高的温度条件下，一方面浆表面的水分不断蒸发，表面蛋白质浓度相对增高，另一方面蛋白质胶粒获得较高的内能，运动加剧，这样使得蛋白胶粒间的接触、碰撞机会增加，聚合度加大，以致形成薄膜，随时间的推移，薄膜越结越厚，到一定程度揭起烘干即成腐竹。

腐竹的结构不是连续均一的，它包含高组织层和低组织层两部分。靠近空气的一层质地细腻而致密，为高组织层。靠近浆液的一层，其质地粗糙而杂乱，为低组织层。高组织层和低组织层的厚度随薄膜形成时间延长而增加。高质量的腐竹生产应以高组织层最厚、低组织层最薄为原则。

腐竹的制作和豆腐一样要经过浸泡、磨浆、过滤、煮浆等工序，但不用任何凝固剂，其生产制作关键是冷却挑皮。就是将豆浆煮沸至100℃之后，让其冷却至82℃±2℃，豆浆上面会出现一层光亮的、很薄的半透明"油皮"，将这层油皮挑出来用手一码，晾晒在竹竿上烘干即成腐竹。

## 二、腐竹制作技术

### 1. 工业化制作

**(1) 选料**　腐竹的原料是黄豆，它所含的主要成分是蛋白质和脂肪。因此原料要选择新鲜、含蛋白质和脂肪多而没有杂色豆的黄豆。

**(2) 浸泡**　浸泡的目的是使黄豆吸收水分起膨胀作用。浸泡的标准是浸到大豆的两瓣劈开后成平板，但不能水面起泡沫。浸泡水量为大豆 4 倍左右，以豆胀后不露水面为要求。一般浸泡时间冬天为 16～20h，春、秋季节 8～12h，夏天为 6h 左右。泡好的大豆含水 100%。

**(3) 磨浆**　磨浆是破坏大豆的细胞组织，使大豆蛋白质随水溶出。磨浆时要注入原料的 700%～800% 的水，磨成级细的乳白色豆浆。

**(4) 过滤**　将磨出的浆子利用甩浆机或挤浆机进行豆浆与豆渣分离。

**(5) 煮浆**　将过滤好的浆子放到煮浆锅里，加热到 100℃，注意浆子一定要烧开烧透。

**(6) 放浆过滤**　浆子烧开后，为进一步清除浆内的细渣和杂物，要用细包过滤，以保证产品质量。再把过滤后的浆子放入起皮锅。

**(7) 起皮**　起皮锅是用合金铝板制成，一般锅长 700cm，宽 120cm，高 6cm。由锅炉供汽，通过夹层底加热。在放浆前，将锅内的隔板整理好，浆子放满后即行加温，浆子温度要保持在 70℃ 左右，待浆子结皮后即可起皮。起皮以勤为宜，可减缓浆子糖化，增加腐竹产量。将皮起出后搭在竹竿上，要注意翻皮，防止粘在竿上。

**(8) 干燥**　待竿上放满皮后，将其送到干燥室进行干燥。干燥室的温度要保持在 40℃ 以上，干燥时间为 12h 左右。

### 2. 家庭制作

**(1) 加工用具**

① 腐竹灶池　用砖砌一个长方形的热水蒸池，池深 27cm，池内装一个用镀锌铁皮做成的"凹"形平底锅（长 1m、宽 0.8m、高 7cm），如无镀锌铁皮也可用一只宽铁锅代替。池底或锅底距灶膛 23～27cm。建灶地点最好选择通风干爽处，以加快浆皮凝固。

② 托盘　将薄铝皮作盛具，钉上木框便成托盘，共制 6 个。

**(2) 制作方法**

① 选料　加工腐竹最好选用当年新鲜饱满的干黄豆（隔年陈豆出浆少）。

② 磨浆　将干黄豆用石磨先粗磨一次，除去豆皮，放入清水中浸泡 2h 左右。冬天气温低可适当延长浸泡时间。把浸泡过的去皮黄豆磨成豆浆，再用白布袋过滤去渣，按每千克豆兑水 10～12kg 搅匀。

③ 蒸煮　先往池内加水，再将 6 个托盘排两行放入蒸池内的架子上，使盘底离水面保持 13cm 左右的高度。烧开池内水，同时将放在其他锅里煮沸了的豆浆倒入托盘内（注意托盘上面不要加盖）。此后，池内水温保持在 98℃ 左右。

④ 拉皮　也叫拉腐竹，托盘内的豆浆经过蒸煮几分钟后，液面很快凝结一层薄薄的浆皮。这时可用手慢慢把浆皮拉起来，晾挂于竹竿上，晒干后即成腐竹。托盘里的豆浆过几分钟又凝成一层浆皮，又可拉一次，如此往复拉完为止。若拉皮过程中豆浆温度过低，可提高池水的温度。

## 第六节　其他休闲豆制品

下面介绍邵阳学院休闲豆干的加工方法。

## 一、生产流程

酸浆豆腐→切块→烘烤→切片→清洗→卤制→冷却→拌料→包装→杀菌→休闲豆干成品

## 二、操作要点

### 1. 切块

将酸浆豆腐切成大小一致的方块。

### 2. 烘烤

采用自动烘干机热风循环干燥，控制温度 60～90℃。烘干得到的休闲豆干表面金黄，富有弹性，含水量 70%～80%。

### 3. 切片

将休闲豆干整齐排列，依次放入切片机，切成厚薄均匀的休闲豆干条。

### 4. 清洗

将休闲豆干条倒入曝气式清洗机中清洗 5～15min。

### 5. 卤制

将放有卤料的卤汁煮沸，倒入休闲豆干条，再次煮沸，保温 50～80min。

### 6. 冷却

将卤休闲豆干条放入带式风冷机中，温度 5～25℃ 冷却 60～80min。

### 7. 拌料

将烘干后的卤休闲豆干条倒入拌料机，按配料重量份依次加入植物油 10～20 份、味精 4～8 份、辣椒粉 8～25 份、牛肉粉状精油 15～25 份、辣椒精油 2～5 份，搅拌均匀。

### 8. 包装

将拌料好的卤休闲豆干条真空包装，并过热水除去包装袋表面的油污，剔除松包等不合格产品。

### 9. 杀菌

进行加热协同超高压杀菌处理，压力为 300～600MPa，保压时间为 10～40min，温度 30～90℃。

## 三、注意事项

### 1. 点浆和凝固剂的选择

所述的酸浆豆腐，采用酸浆水点浆工艺制成，含水量 80%～90%。

### 2. 卤制

**(1) 卤制之一** 卤料按原料重量份配料：八角 70～80 份，桂皮 80～90 份，草果 10～15 份，丁香 8～13 份，花椒 30～40 份，陈皮 10～15 份，香叶 13～18 份，白芷 11～15 份，甘草 17～22 份，良姜 6～10 份，桂枝 22～27 份，砂仁 16～20 份，香菜籽 7～14 份，孜然 10～15 份，白果 7～14 份，白豆蔻 5～10 份，肉豆蔻 20～30 份，甘松 11～16 份。按卤料与水重量比 1∶100 制成卤汁。卤制得到的卤休闲豆干条呈酱黄色，含水量 60%～70%。

**(2) 卤制之二** 八角 72 份，桂皮 85 份，草果 11 份，丁香 10 份，花椒 33 份，陈皮 13 份，香叶 13 份，白芷 15 份，甘草 20 份，良姜 8 份，桂枝 25 份，砂仁 17 份，香菜籽 14 份，孜然 13 份，白果 12 份，白豆蔻 8 份，肉豆蔻 26 份，甘松 15 份。

# 第四章

# 发酵豆制品生产

## 第一节　腐　乳

腐乳古称乳腐，又称乳豆腐、霉豆腐、酱豆腐、臭豆腐或长毛豆腐，是以大豆为原料，通过微生物作用发酵而成的一种滋味鲜美、营养丰富的食品。

### 一、腐乳的发酵机理

腐乳的发酵过程是一个复杂的生化过程，主要是利用各种菌体所产生的酶类，促使蛋白质在腐乳的发酵过程中水解成可溶性的低分子肽、氨基酸等，有时在其中加入甜酒或淀粉酶，在此期间，淀粉糖化成糖类参与进一步发酵生成醇类及各种有机酸等，这些物质共同形成腐乳独特的香味以及丰富的营养成分。腐乳的发酵分为前期发酵和后期发酵阶段。在前发酵过程中，主要是毛霉的生长发育期，在豆腐坯周围形成菌丝，同时分泌各种酶，引起豆腐中少量淀粉的糖化和蛋白质的逐步降解，在这个过程中，一般是接入纯菌种进行发酵，而在后发酵期，主要是在前发酵的基础上加入食盐、红曲、黄酒等辅料，装坛后进行的，而且是多种微生物共同作用的结果。后发酵过程是复杂的，主要是毛霉和其他微生物的发酵作用，经过复杂的生物化学变化，将蛋白质分解为胨、多肽和氨基酸等物质，同时生成一些有机酸、醇类、酯类和氨基酸等。腐乳特殊的色、香、味主要是在这个阶段形成的。

### 二、腐乳生产中所用微生物

腐乳生产所用的微生物是指腐乳生产过程中前期培菌阶段所应用的菌种。目前以毛霉属、根霉属、芽孢杆菌属、微球菌属等为主，其他微生物在腐乳发酵、风味形成等方面也起到非常重要的作用，同时有些微生物如蜡样芽孢杆菌的存在给腐乳安全带来隐患。

在腐乳发酵过程中，毛霉的生长期较长，而且毛霉的生长温度范围较窄，其最适生长温度在25℃，30℃以上生长困难，35℃以上不生长甚至死亡，所以在夏季很难生产腐乳，而且毛霉不易产生孢子，在制备菌种时工艺较复杂；根霉虽然可以耐高温，但根霉菌丝稀疏，浅灰色，蛋白酶和肽酶活性低，生产的腐乳形状、色泽、风味及理化质量都不如毛霉腐乳。由于单一菌种的酶系较少，不能很好地发挥作用，对腐乳的后发酵成熟速度也有所影响。当然在腐乳发酵过程中，也会受到一些微生物的污染，经总结可知，造成污染的微生物主要是细菌、霉菌、酵母，腐乳发酵过程中也经常会受到病原微生物的污染，但因腐乳发酵过程中的高盐和高酒精度，成熟后所有的食物传染性病原微生物都减少到不可检测的水平。

## 三、腐乳的分类

腐乳通常分为青方、红方、白方三大类，其中，臭豆腐属"青方"，"大块""红辣""玫瑰"等属"红方"，"甜辣""桂花""五香"等属"白方"。

白腐乳以桂林腐乳为代表。桂林腐乳历史悠久，颇负盛名，远在宋代就很出名，是传统特产"桂林三宝"之一。桂林腐乳从磨浆、过滤到定型、压干、霉化都有一套流程，选材也很讲究。制出豆腐乳块小，质地细滑松软，味道鲜美。1937年5月，在上海举行的全国手工艺产品展览会上，桂林腐乳因其形、色、香、味超群出众而受到特别推崇，并从而畅销国内外。1983年，被评为全国优质食品。

红腐乳从选料到成品要经过近三十道工艺，十分考究。腐乳装坛后还要加入优质白酒，数月后才能开坛享用，是最为传统的一种腐乳。红腐乳的表面呈自然红色，切面为黄白色，口感醇厚，风味独特。

青腐乳就是臭豆腐乳，也叫青方，是真正的"闻着臭、吃着香"的食品。

## 四、腐乳的生产工艺

### 1. 传统腐乳的生产工艺

在现阶段，传统腐乳的大致生产工艺主要有以下3种。

**(1)** 豆腐→接种→前发酵→腌坯→后发酵→调味→成品

**(2)** 豆腐→前发酵（自然发酵）→过酒水（浸泡表面）→装瓶→发酵→出厂

**(3)** 豆腐→前发酵→拌料（酒、盐、香辛料）→后发酵→成品

一般来说，第一种生产工艺在规模较大的品牌生产企业使用较为广泛，工艺流程相对规范，是国内腐乳主要的生产工艺。第二种生产工艺在一些地方特色传统发酵腐乳中使用，规模小，销售范围窄，质量不稳定。第三种生产工艺仅限于家庭作坊式生产。

## 2. 北京王致和腐乳

**（1）生产工艺** 原料→筛选→浸泡→磨豆→滤浆→煮浆→点浆→蹲脑→上榨→划块→腐坯→降温→接种→培养→搓毛→腌渍→咸坯→装瓶→灌汤→封口→陈酿→清理→贴标→装箱→成品

**（2）制作方法**

① 原料 选用优质大豆为原料，颗粒饱满，无虫蛀、无霉变及异物。

② 筛选 除去原料中的杂质，采用去石、磁吸、风选、水洗等工序。

③ 浸泡 将精选后的大豆送入泡料槽内浸泡。要求浸泡后的大豆表皮不易脱落，子叶饱满、无凹心。浸泡时间视季节而定，一般冬季 14～16h，春秋季 10～14h，夏季 6～8h，经浸泡后大豆体积是原来的 2～2.2 倍。

④ 磨豆 浸泡好的大豆即可上磨制成豆糊，磨豆的粗细度以手捻成片状为宜。

⑤ 滤浆 用离心机将豆浆与豆渣分离，为了提高利用率，一般滤出的豆渣要反复加水洗涤三次，要求豆渣含水量为 90% 左右，豆渣含蛋白质 1.5% 左右。

⑥ 煮浆 将纯豆浆置入阶梯式煮浆溢流罐，将豆浆加热到 95～100℃。

⑦ 点浆 用 16～18°Be′ 盐卤点浆，下卤流量均匀一致，并注意观察凝聚状态。在即将成脑时，划动速度要适当减慢，至全部形成凝胶状态时，方可停止划动。然后洒些盐卤在豆脑表面，以便更好地凝固，从点浆到全部形成，时间为 5min 左右。

⑧ 蹲脑 又称养脑，必须要有一个充足的静置时间。养脑时间与豆腐的出品率和品质有一定关系。

⑨ 上榨 上榨是将凝固好的豆腐脑上箱压榨。此前应做好设备和用具卫生，避免不洁造成污染。

⑩ 降温 刚榨出的豆腐坯品温较高，均在 40℃ 以上，此时若接种，则不利于菌种生长，也易污染杂菌，故先将品温降至 40℃ 以下，方可接种。

⑪ 接种 先将纯菌种扩大培养，制成固体菌或液体菌，然后将菌种均匀地撒在或喷在降温的豆腐坯上。

⑫ 培养 将接种之后坯子入培养室，置入笼屉内。一般为方形屉，块与块之间相距 4cm 左右，便于毛霉生长，培养的室温为 28～30℃，时间为 36～48h，视季节而定，可长年生产。

⑬ 腌渍 长满毛的豆腐坯，搓开毛倒入池腌渍，一层毛坯、撒一层盐，码满一池后，上面撒放封口盐，用石块压住，一般用盐量为 100 块（3.2cm×3.2cm×1.6cm）毛坯用盐 400g，腌制 5～7 天，咸坯含盐量 13%～17%。

⑭ 装瓶 腌渍完成后，放毛花卤，将咸坯捞起、淋干、装瓶。

⑮ 灌汤 主要配料有面黄、红曲和酒类，辅之各种香辛料。汤料配制完毕后，灌入已装好咸坯的瓶内，封口，入后发酵室。

⑯ 陈酿（后发酵） 陈酿需室温为 25～28℃，经 2 个月左右时间成熟。冬天

通入暖气来提高室温,春、夏、秋三个季节为自然温度。

⑰ 清理 产品在陈酿期间,灰尘和部分霉菌依附在瓶体表面,需用清水清理瓶体表面的污物,而后再经紫外线灭菌。

### 3.广西桂林腐乳

**(1) 生产工艺流程** 原料→筛选→浸泡→磨豆→滤浆→煮浆→点浆→蹲脑→上榨→划块→腐坯→降温→接种→培养→腌渍→咸坯→装瓶→灌汤→封口→陈酿→清理→贴标→装箱→成品

**(2) 操作要点**

① 大豆浸泡 用优质漓江水泡豆,浸泡时间一般春、秋季为 6~10h,夏季为 4~6h,冬季 10~20h,泡至豆瓣断面无生心,水面无泡沫。

② 磨豆 豆糊应细匀,手感无颗粒。过滤分离 4 次、头浆与二浆合并为豆浆,其浓度为 5.5~7.0°Be′,三浆水(尾浆)与四浆均套用豆糊。豆渣蛋白质低于 2.5%,豆浆内含渣量低于 5%。

③ 煮浆 豆浆煮至 100℃ 为宜,达到蛋白质适度变性,若蛋白质不变性或过度变性,均影响豆腐坯质量。

④ 点浆 采用老水(酸水)点浆,老水即为黄泔水经发酵酸化 24~28h 而成,用酸化后老水,冲兑豆浆中,使豆浆中蛋白质凝固,形成豆脑,静置澄清 3~5min 后,方可撤水。

⑤ 制坯 上榨前先将豆腐脑打碎,豆腐上榨,加压时不得过急,一般分 4~5 次压成,待豆腐框架不再连续溢水,可开榨取豆腐,再用刀切成方块,水分在 68%~71% 为宜。

前期培菌(发酵)采用优良毛霉菌种,接种后腐乳坯斜角立放霉盒内,整齐成行,每块间距 2cm,夏季稍宽些,霉盒可垛放或架放,顶部留一空盒,完毕后关上门窗,地面洒水,采取加温或降温措施。霉房内最佳温度为 18~25℃,温度 85% 以上。夏季培菌需 36~48h,冬天需 72~96h。腐乳表面六方有霉,呈白色菌体。

后发酵腐乳霉坯经腌制,装在容器内,加辅料密封,存放,进行后期发酵。控温发酵 40~60 天即成熟。出库清理。入成品库。

配料:每 1 万块腐乳坯配 20℃ 三花酒 200 斤(1 斤=500g),食盐 100 斤,茴香 0.1 斤,八角 2.5 斤,草果 0.17 斤,陈皮 0.17 斤,沙姜 0.10 斤。

### 4.绍兴腐乳

**(1) 工艺流程** 黄豆→筛选→浸泡→磨豆→滤浆→煮浆→点浆→蹲脑→上榨→划坯→冷却→接种→培养→转桩→摊笼→凉花→腌制→集板→装坛→配料→加卤→密封→后酵→成品

**(2) 操作方法**

① 筛选 黄豆选择粒大、皮薄、含蛋白质高的原料,除尽杂质。

② 浸泡　浸泡时间为春秋季 24～36h，夏季以两片豆瓣内有细菊花纹，冬季豆瓣为平纹，黄豆皮不轻易脱落，豆瓣掐之易断，断面无生心为度。

③ 磨豆　将豆冲洗干净后放入磨中，磨出的浆水粗细均匀。加水量为黄豆量的 2.8 倍，并加入适量消泡剂。

④ 滤浆　采用三级过滤工艺。筛网设定为 70 目、80 目、120 目。出浆率为 100kg 黄豆，出浆 1100kg。

⑤ 煮浆　采用密封式煮浆桶，生豆浆注入桶内，20min 内使豆浆品温达到 100～105℃。

⑥ 点浆　熟浆放入缸内，冷却至 85～90℃兑浆，兑浆之前用小划板轻轻划动浆水，使其上下翻动，用 18°Be′盐卤缓慢加入豆浆中，边加边划动，使其凝固。

⑦ 上榨　点浆豆脑下沉后，黄泔水已澄清，按品种快速舀入袱布中，充入四角，中间稍凸，包上袱布加压脱水。白坯水分视季节品种定，春秋季为 68%～72%，冬季为 73%～75%，夏季 70%左右。

⑧ 接种、培养　将快速冷却的豆腐坯入屉，接入悬浮液菌种，在室温 25℃进行培菌（发酵），相对湿度为 80%，培养 48h 左右已生长较完全，倒笼一次，72h 后搓毛。

⑨ 腌制与装坛　分缸腌和箩腌两种，一般红腐乳用缸（池）腌，白腐乳用箩腌。腌制方法是分层加盐加卤，腌完最后上面加盐 3cm 封缸口，经 5～7 天腌渍，捞起装入坛内，加入配制汤料，密封陈酿 8 个月左右，即为成品。

### 5. 腐乳生产工艺的改进

**(1) 前发酵菌种**　目前，腐乳的生产方法多采用单一的纯种培养进行前期发酵，实际上也是一种优势菌为主多菌种协同发酵的工艺。多菌种混合发酵可以加快坯体中蛋白质、淀粉质和纤维素的分解与风味物质的合成，从而大大缩短腐乳生产周期。

耐高温、生长快、酶活力高的菌种一直是生产用菌种筛选的主要目标。曹翠峰将印尼传统大豆发酵食品天培（tempeh）中用到的生产性能好的少孢根霉用于发酵腐乳的试验当中，结果证明了少孢根霉可用于夏季高温时腐乳的生产。该菌种兼有耐高温、蛋白酶活力高以及生长迅速的优点，不仅不产生黄曲霉毒素，而且发现少孢根霉还可以有效地抑制黄曲霉的生长、孢子的形成和黄曲霉毒素的产生（含量降低到原含量的 40%左右），增加了产品的安全性。

**(2) 腐乳后发酵期的缩短**　在腐乳的后发酵过程中，需要食盐、含酒精的原料（如白酒、黄酒等）。其不仅可以抑制杂菌的生长繁殖，而且可以赋予腐乳丰富的营养成分和良好的风味，有的还能促进腐乳香气的形成。但白酒、黄酒质量的好坏，用量的多少将直接影响腐乳的后熟与成品的质量。酒精度越高对蛋白酶作用的抑制也越大，腐乳的成熟期也越长。盐度越高，对蛋白酶的抑制作用越明显，腐乳成熟的时间越长；发酵温度离蛋白酶等主要酶系的最佳作用温度越近，水解的速度越快，后发酵时间越短，但快速发酵物质水解速度快风味会有欠缺，要解决这些问题必须找到一个平衡点，既要保证产品质量和安全，又要提高生产的效益，值得多进行研究。

为提高腐乳的质量而缩短发酵期，这方面已经进行大量的研究。如可在装坛后的腐乳汤中加入一定量的蛋白酶制剂（来源于枯草杆菌）。吴戈在复合型酶系控制腐乳发酵过程中，在达到腐乳固有风味、品质基础上，使腐乳生产周期缩短到半个月左右。试验发现，加入酶制剂的发酵速度可提高一倍，风味也非常好。也有研究在后期发酵时接种酵母菌发酵形成酒精，在减轻酒精对酶抑制的同时也促进了风味的形成，缩短发酵时间。李启成等研究表明，对成熟的腐乳用微波处理，可快速有效地进行灭菌灭酶，及时终止发酵，完善及提高产品质量，延长保存时间。汪建明等采用辐照方法研究其对腐乳后发酵的影响，结果发现，随着辐照剂量的增大，腐乳中的细菌总数以及大肠杆菌总数不断减小。随着储藏时间的延长，腐乳中细菌以及大肠杆菌的总数呈现上升趋势，但总的来说，其上升的幅度不是很大，均未超出国家的检测标准。对于低剂量辐照后的腐乳，其储存期已大幅度延长，酶活力呈现变大的趋势。同时，随着辐照剂量的增大，酶活力呈现出平缓的增长趋势。这也说明辐照可不同程度地缩短其后发酵期。腐乳经不同剂量辐射后，色泽和风味都有所下降，但始终都可以在接受的范围之内。这说明低剂量的辐射对腐乳感官品质的影响不是很大。所以可以对这一方面做进一步的研究，来发现更好地缩短后发酵期的方法。

### 6.腐乳的质量及安全性检测

**(1) 腐乳生产用大豆及菌种**　腐乳生产所用的大豆，一方面可能在种植过程中因农药在大豆中的富集作用对人体造成慢性中毒或癌变。另一方面，可能因为储藏不当而发生霉变，使产品污染了黄曲霉等，在生产过程中产生黄曲霉毒素等有害物质，严重危害人体健康。腐乳菌种的安全性也是关注的一个焦点，应选用安全无毒、蛋白酶活性高、生长快、适宜生长温度高、形成风味好的生产菌种。

**(2) 腐乳生产过程中的有害物质**　腐乳在发酵过程中，一部分蛋白质中的硫氢基和氨基酸游离出来产生有臭鸡蛋气味的硫化物（主要是硫化氢）。

腐乳生产过程如果沿用开放式的传统工艺，某些产品中的蜡状芽孢菌数高于 $10^5 CFU/g$。而当食品中蜡状芽孢杆菌数高于 $10^3 CFU/g$ 时，对消费者将有潜在的危害。

**(3) 腐乳的后期产气问题**　腐乳后期产气是瓶装腐乳生产中常见的质量问题，也是困扰腐乳行业的技术问题，轻则造成产品外观发生很大的变化如油渍，重则出现鼓盖，导致丧失食用价值，每年给腐乳企业带来的损失较大。研究表明，不同的包装材料、是否加入防腐剂对腐乳后期发酵产气现象的影响很小；入坛进行后期发酵对包装后腐乳的产气现象具有控制效果；不同食盐浓度对包装后腐乳的产气现象有一定的影响。

## 五、存在问题与解决措施

生产过程微生物的污染，导致成品腐乳发霉、发酸、发黑、发臭、发硬、粗糙、酥烂、易碎、产气，半成品的"秃斑"、红变、黄身等。

腌坯使得腐乳含盐量偏高（13％左右），增大了腐乳的硬度，损失了口感，也不健康。

腐乳的生产周期较长，一般为4～6个月，使得工厂生产效率偏低，经济成本偏高。

块状瓶装腐乳食用时不卫生，给消费者留下低档产品的观念。

针对腐乳当前存在的问题，一方面要在传统工艺的基础上加大微生物污染防治的力度，建立高效的微生物体系，严格管理，加强环境、个人和产品生产、储藏等过程中的卫生管理。另一方面可通过开发新工艺，解决生产周期长的主要矛盾。如采用多菌种混合发酵代替单一纯菌种发酵，可以利用各菌种自身的优点来弥补相互的弱点，以利于腐乳坯蛋白质的分解，减少酒的用量和变季节性生产为常年生产；添加酵母菌发酵可加快乙醇发酵和合成酯类物质，减弱乙醇对霉菌的抑制作用，实现多菌种的共同协调作用，以合成腐乳特有的色、香、味物质；加酶控温发酵则可以直接运用现代生物技术，采用酶法工艺进行腐乳酿制，减少生产环节，缩短生产周期，提高产品的卫生和质量。最后，需要突破传统模式，积极研制新品种。如用8％或者稍低食盐含量进行试生产低盐腐乳，更好地发挥腐乳的营养保健功能；而开发膏状腐乳既可以减少手工操作程度，提高生产效率，又能保持形态均匀一致，具流动性，包装可瓶装，更可软管装，产品就显得高档卫生，增强人们选购的信心。

# 第二节 豆 豉

豆豉是以大豆为主料经过发酵加工而成的制品。豆豉分为食用和药用两种。以加工原料来分，可分为黄豆豆豉和黑豆豆豉两类；根据口味又可分为淡豆豉、咸豆豉和酒豆豉3类。淡豆豉又称家常豆豉，其是将煮熟的黄豆或黑豆经自然发酵而成的，含盐量一般低于8％。咸豆豉是将煮熟的大豆，先经制曲，再添加食盐、白酒、辣椒、生姜等香辛料，入缸发酵、晒制而成的，含盐量一般高于8％。将咸豆豉浸于黄酒中数日，取出晒干，即制得酒豆豉。根据发酵微生物来分类，豆豉可分为毛霉型豆豉、曲霉型豆豉、根霉型豆豉和细菌型豆豉4类；按成品水分含量多少，可分为干豆豉、湿豆豉和水豆豉3类。

## 一、豆豉发酵中主要微生物

通常豆豉的发酵是多种微生物共同作用的结果，除了主要微生物外，都还伴随着其他次要微生物的生长。在制曲及后发酵过程中，基本上都包括霉菌、细菌和酵母菌等微生物的参与。但在不同的开放环境中，会形成不同的微生物区系，也决定了其酶系的多样性，产生更为丰富多样的代谢产物。目前，已确定的淡豆豉发酵菌株包括黑曲霉、米曲霉、毛霉、根霉、豆豉芽孢杆菌、枯草芽孢杆菌、乳酸菌及微球菌等。

豆豉除了前发酵（即制曲过程）外，还有后发酵阶段。相对于前发酵而言，国内对于豆豉后发酵过程中微生物方面的研究较少。孙森等对天然发酵豆豉的后发酵过程中的微生物菌相进行了研究，发现在后发酵过程中乳酸菌、芽孢杆菌和酵母菌占主体优势，其次为霉菌，意味着霉菌在后发酵中已不是占主导地位的微生物。

## 二、豆豉发酵工艺

豆豉种类繁多，酿造工艺复杂，但主要分为前处理（即原料处理）、制曲及后发酵3个阶段。目前我国所产豆豉由于各地环境、气候、用途、发酵方法差异而有所不同，并且大豆在发酵的过程中受菌种、温度、湿度、酸度等因素影响较大。

### 1. 药用淡豆豉的发酵工艺

目前临床上使用的药用淡豆豉是按《中华人民共和国药典》2010年版制法加工而成，炮制工艺为：取桑叶、青蒿各70～100g，加水煎煮，滤过，煎液拌入净大豆1000g中，吸尽煎液后，蒸透，取出，稍晾，再置容器内，用煎过的桑叶、青蒿渣覆盖，闷使发酵至黄衣上遍时，取出，除去药渣，洗净，置容器内再闷15～20天，至充分发酵、香气溢出时，取出，略蒸，干燥，即得药用淡豆豉。

### 2. 食用豆豉的发酵工艺

**(1) 毛霉型豆豉发酵工艺** 毛霉型豆豉在豆豉产品中产量最大，主要以永川豆豉及潼川豆豉为代表。因其醇香浓郁，富于酯香，成品油润化渣，深受人们喜爱。毛霉生长要求的温度比较低，制曲时间长，在我国的很多地方都不适合生产毛霉型豆豉。毛霉型豆豉生产工艺流程如下：

大豆→筛选→洗涤→浸泡→沥干→蒸煮→冷却→接种→制曲→洗曲→添加辅料（拌盐等）→后发酵（6℃，10～12月）→包装→杀菌→成品。

接种的毛霉菌种一般是总状毛霉，兼有纤维酶活力高的其他霉菌和少量细菌。制曲时间一般为10～20天，入房温度为2～6℃，品温为5～15℃，入室3～5天豆粒可见白色霉点，8～12天菌丝生长整齐，且有少量褐色孢子生成，16～20天毛霉转老，菌丝由白色转为灰色时即可下架。

洗曲时将发酵成熟的成曲打散成颗粒状，倒入盆中，以干黄豆计，每50kg干黄豆加盐9kg，白酒0.5kg，水0.5～2.5kg混合均匀，并用手搓，尽量去掉孢子和菌丝，否则生产出来的产品颜色不纯，带有强烈的苦涩味和霉味，而且晾晒后外观较差。

**（2）曲霉型豆豉发酵工艺** 曲霉型豆豉起源最早且分布最广，在国内以广东阳江豆豉和湖南浏阳豆豉最出名。米曲霉型豆豉主要菌种是米曲霉 AS3.951、AS3.042，纯种米曲霉制豉法则是通过接种培养的米曲霉孢子来发酵。在曲霉型豆豉生产制作的过程中，米曲霉产生中性及碱性蛋白酶能力比较强，酸性蛋白酶活力较低。米曲霉发酵完成制曲后加入一定的食盐、醪糟、蒸馏酒等后发酵，产品一般以咸豆豉的形式出现，主要用于加工风味豆豉等调味品。曲霉型豆豉生产工艺流程如下：

精选大豆→浸泡（40℃、2h）→蒸煮（121℃、30min）→冷却→接种（米曲霉、黑曲霉等）→制曲→洗曲→添加辅料（拌盐）→后发酵→包装→杀菌→成品。

**（3）根霉型豆豉发酵工艺** 根霉型豆豉代表产品是丹贝，是印度尼西亚、马来西亚和泰国等东南亚地区的一种大豆发酵食品。其主要发酵微生物为米根霉、少孢根霉和毛霉。因为东南亚地区常年气温在 20～30℃，最适宜根霉菌生长，但是根霉菌不具备分解大豆外皮的酶系，只有在去皮的大豆上才能生长良好。所以，丹贝生产中有一个去皮的工序。丹贝的生产主要采用无盐固态法进行发酵，发酵周期比较短。传统的丹贝生产流程如下：

精选大豆→浸泡→去皮→水煮→沥水→冷却摊凉并用香蕉叶或其他叶片覆盖→发酵（1～2 天）→成熟→成品。

因自然发酵不容易控制，易滋生杂菌腐败。纯种发酵目前主要以少孢根霉作为丹贝生产的菌种，并添加乳酸或接种乳酸菌酸化，使 pH 值降低抑制杂菌生长。

**（4）细菌型豆豉发酵工艺** 细菌型豆豉主要是云南、贵州、山东一带民间制作的家常豆豉，如山东水豆豉。

我国细菌型豆豉生产工艺流程如下：

精选大豆→浸泡→水煮→捞出→沥水→趁热用麻袋包裹→高温制曲（2 天）→加入盐、白酒和香料→发酵→水豆豉。

在制作细菌型豆豉时，将水煮后的大豆捞出，沥去余水，趁热用麻袋包裹，加覆盖物保温培养，在高温高湿的环境中，大多数微生物生长受到抑制，枯草杆菌却能迅速繁殖，培养 2 天后，豆粒上布满黏液、可牵拉成丝并有特殊臭味时，即可加入盐、白酒和香料等，发酵 5～7 天即成为水豆豉。

**（5）豆豉多菌种发酵工艺** 传统天然制曲方法加工的豆豉，虽然豉味丰满，但受气候条件制约，发酵周期长、产量低；而单一菌种加工豆豉的风味欠丰满，还容易腐败发臭。因此，人们采用多菌种制曲，所产豆豉香气浓郁，营养丰富，味道鲜美，口感细腻无渣，发酵周期可由传统的 1 年以上缩短到 2～3 个月。

孙成行等对枯草芽孢杆菌和曲霉菌的制曲条件分别进行优化，确定了枯草芽孢杆菌的最佳制曲条件为发酵温度 37℃，发酵时间 50h，接菌量 1%；曲霉菌的最佳制曲条件为发酵温度 35℃，发酵时间为 48h，接菌量为 4%。进一步确定的 2 菌种混合发酵的最佳制曲条件为 2 菌种同时接入，发酵温度为 36℃，发酵时间为 50h。

而杜海清等研究表明，最佳混种制曲条件为温度 37℃，时间 48h，混种添加量 5.0%，选择同时添加，其中，曲霉菌：枯草芽孢杆菌配比为 3：2。代丽娇采用枯草芽孢杆菌、黑曲霉和保加利亚乳杆菌，人工接种多菌种制曲来缩短制曲周期。研究表明：枯草芽孢杆菌和黑曲霉人工接种，双菌种制曲的最佳工艺参数是菌种配比（枯草芽孢杆菌：黑曲霉）为 2：1，接种量 8%，制曲温度 30℃，制曲时间 72h；枯草芽孢杆菌和保加利亚乳杆菌人工接种，双菌种制曲的最佳工艺参数为菌种配比（枯草芽孢杆菌：保加利亚乳杆菌）为 4：1，接种量 10%，培养时间 48h，培养温度 25℃；枯草芽孢杆菌、黑曲霉和保加利亚乳杆菌人工接种，多菌种制曲的最佳工艺条件为枯草芽孢杆菌、黑曲霉和乳酸菌的菌种配比为 3：2：1，接种量 10%，制曲温度为 25℃，培养时间为 48h，均比单纯的天然制曲周期短；后发酵的最佳工艺参数为以枯草芽孢杆菌 AS1.389、黑曲霉 AS3.350 和乳酸菌为发酵菌种，三者接种比例为 3：2：1，发酵温度 45℃，以产香酵母 CF60 和保加利亚乳杆菌为产香菌，接种比例为 1：4，接种量为 0.2%。在此条件下，发酵 12 天后各项指标均达到要求，与天然传统发酵相比，明显缩短了发酵时间。

## 三、豆豉发酵工艺与品质、风味形成关系

风味是影响食品品质的重要因素。豆豉发酵实际包括两个过程，一个是前期发酵（又称为制曲），即采用自然制曲或纯种接入制曲的方法，将熟化的大豆原料，控制在一定的温度、湿度条件下进行发酵，使微生物生长并分泌多种胞外酶（淀粉酶、蛋白酶、脂肪酶、纤维素酶等）过程。由于生产环境、地理气候等差异较大，影响制曲过程中的主要因素是微生物菌群。微生物及其分泌的胞外酶对后期发酵过程中的风味形成、营养成分变化及功能因子形成等有十分重要的影响。后期发酵时间一般因产品标准和质量要求不同而异，参与发酵微生物不同、工艺差别、参数控制水平差异使豆豉在风味、口感、质构、营养功能等方面差别较大。

盐分含量、后发酵温度控制等直接影响到酶系对蛋白质、脂肪、碳水化合物及其他成分的水解速度、风味形成、功能因子生成等。

在豆豉发酵过程中，除微生态变化对产品品质、风味构成影响外，加工工艺也影响食品风味和豆豉品质。大豆的蒸煮熟化对酶系形成和产品口感有重要影响，黄豆的熟化程度影响酶的活性。盐分的存在可以控制酶系的释放，也直接影响到发酵的周期。

# 第五章

# 豆类饮品生产

豆类饮品是大豆制品中的一大类，主要包括豆浆、豆奶、酸豆奶和冲调型豆粉。

## 第一节　传统豆奶

### 一、生产工艺流程及示意图

#### 1. 生产流程

大豆→除杂→清洗→浸泡→磨浆→浆渣分离→真空脱臭→调配→均质→杀菌→灌装→包装→成品

#### 2. 生产示意图

见图 5-1。

### 二、操作要点

#### 1. 原料大豆的预处理

原料的预处理主要是指大豆的除杂与清洗工序。

**（1）除杂**　目的在于除去大豆原料中的杂质及霉烂豆、虫蛀豆，提高产品质量。特别注意要除去破损豆，否则将直接影响豆奶的口感。大豆的除杂一般以干选为主，通常要经过筛选、风选、密度去石、磁选及人工拣选等几种手段的组合才能达到良好的清选效果。筛选主要是利用筛孔的不同，将与大豆大小不同的杂质除

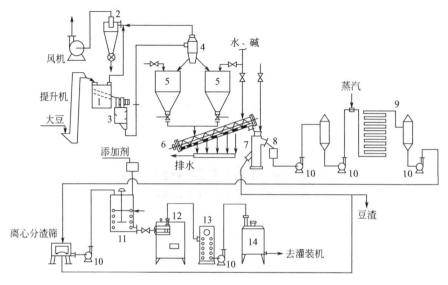

图 5-1 传统豆奶生产示意图

1—组合清理筛；2—旋风分离器；3—粗碎脱皮机；4—分离器；5—浸泡罐；6—沥干螺旋输送机；

7—磨浆分离机；8—暂存罐；9—真空脱臭罐；10—泵；11—调配罐；12—均质机；13—杀菌机；14—无菌储罐

去。筛子的种类很多，有固定筛、振动平筛、平面回转筛、圆筛、六角筛、圆打筛、绞龙筛等，大豆除杂主要用前两种。

**(2) 清洗**　目的在于除去大豆表面的灰尘、泥沙等，主要是利用水的浮力，将其浮在水面除去。

### 2. 浸泡与磨浆

**(1) 浸泡**　浸泡的目的是使大豆充分吸水、软化，硬度下降，组织、细胞和蛋白质膜破碎，从而使蛋白质、脂质等营养成分更易从细胞中抽提出来。大豆吸水的程度决定了磨浆时蛋白质、碳水化合物等其他营养成分的溶出率，进而影响到最终豆腐凝胶结构。同时，浸泡使大豆纤维吸水膨胀，韧性增强，磨浆破碎后仍保持较大碎片，减少细小纤维颗粒形成量，保证浆渣分离时更易分离除去。

① 浸泡水用量　一般情况下，大豆的吸水量为大豆重量的 1.2～1.3 倍。为了保证大豆的吸水效果，泡豆水是干大豆重量的 2 倍。

② 浸泡温度　大豆中含有脂肪氧化酶、胰蛋白酶等不利于豆奶加工的酶，因此，在大豆组织破碎之前，将其钝化或失活，以提升豆奶的品质。一般采用 85℃ 浸泡 30min 的高温快速浸泡法。有时，还要添加一定量的小苏打（$NaHCO_3$）使浸泡液的 pH 值调至碱性（7.5～8.0），这样可以有效地钝化脂肪氧化酶。

③ 浸泡时间　大豆的品种、浸泡的水质和水温都影响浸泡时间。

**(2) 磨浆**　磨浆的目的是将大豆磨碎，最大限度地提取大豆中的有效成分，除去不溶性的多糖及纤维。常用的磨浆设备有石磨和砂轮磨。在豆奶生产中，磨浆工序总的要求是磨得要细，滤得要精，浓度固定。豆糊的细度一般要求在120目以上，豆渣含水量要求在85%以下，豆浆的浓度一般要求在8%～10%。在磨浆的过程，需要注意以下要点。

① 磨浆的用水量　一般情况，磨浆的用水量为干豆重量的2～2.5倍，豆糊的重量为原大豆的4～4.7倍。磨浆时加水均匀，有利于蛋白质的溶出和豆糊的流出，还能防止磨豆温度过高而使蛋白质变性。

② 磨糊的标准　豆糊外观呈洁白色，手感细腻，柔软有劲。豆糊用手指搓无粒感。理论上，豆糊末的粒径为接近蛋白质颗粒大小（约 $3\mu m$ 以下）为宜，过细则影响浆渣分离，进而影响豆浆的品质。大豆粉碎粒径检测是通过 100 目的筛，筛上物约占20%为宜。

### 3.真空脱臭

豆奶在磨浆工序采取了浸泡等方法，使其酶钝化或失活，但获得豆浆仍然不可避免地要含有异味成分，影响豆奶的品质。它们主要来源于成熟大豆本身和磨浆工序。真空脱臭的目的是要最大限度地除去豆浆中的异味物质。真空脱臭工序是分两步来完成的。首先是利用高压蒸汽（600kPa）将豆浆迅速加热到140～150℃；然后将热浆体导入真空冷凝室，对过热的豆浆突然抽真空，豆浆温度骤降，体积膨胀，部分水分急剧蒸发，发生所谓的爆破现象，豆浆中的异味物质随着水蒸气迅速排出。从脱臭系统中出来的豆浆温度一般可降至75～80℃。豆奶的真空脱臭，国内外均已生产出专用的设备，可以直接选型。

### 4.调配

豆奶的调配即是依照产品配方和标准的要求，在调配罐中将豆浆、甜味剂、营养强化剂、乳化剂、稳定剂和食用香精等按照一定的比例，添加至调配罐，充分搅拌均匀，并用水调整至规定浓度的过程。

**（1）营养成分**　豆奶中营养成分主要是蛋白质和脂肪等天然成分，也可根据市场需要和顾客的特点，对特定的营养素进行补充和强化。大豆蛋白质是较为理想的蛋白质，但含硫氨基酸相对偏低，在生产豆奶时可以适当添加一些蛋氨酸。生产豆奶时极有必要进行维生素的强化，但营养剂的补充应符合国家相关法规及标准要求。

① 维生素　大豆中维生素 $B_1$ 和维生素 $B_2$ 含量不足，维生素 A 和维生素 C 含量很低，维生素 $B_{12}$ 和维生素 D 几乎没有。可以根据法规或标准要求，适量添加。

② 无机盐　豆奶中钙含量低于牛奶，一般只占豆奶的0.015%，人奶中钙的含量为 0.025%～0.035%，而牛奶的含量为 0.1%。一般添加葡萄糖酸钙、碳酸钙和磷酸三钙，添加量以达到人奶的含量为宜，过多，则影响产品的稳定性。添加钙盐后豆奶 pH 值在6～8之间比较适宜，偏酸易沉淀，偏碱影响口味。为防止钙盐在豆奶中沉淀出来，可用一个小型均质机先进行一次乳化处理。为了防止因添加钙盐

引起的豆奶沉淀，在蛋白质含量较低（低于1.0%）的情况下，可先在豆奶中添加κ-酪蛋白、酪蛋白磷酸肽。然后再添加钙盐就不会出现沉淀了。

**(2) 甜味剂和食用香精** 豆奶生产中的糖，宜选用双糖。如选用单糖，则加热杀菌时易发生美拉德反应而导致褐变，使豆奶色泽发暗，影响产品品质。豆奶中糖的添加量一般在6%～8%，应根据产品类别和消费对象不同而调整。生产果味豆奶一般需用果汁、果味香精、有机酸等调制。果汁（原汁）的添加量一般为15%～20%，果汁在与豆浆混合前，最好先稀释后再加入，而且最好在所有配料都加入后再加。

**(3) 豆腥味改良剂** 豆奶生产中虽然采用了各种各样的脱腥脱臭手段，但腥臭味物质总会有些残存，因此在调制时加一些掩盖性物质也是必要的。日本资料介绍，把植物油和小麦粉混合物经短时间加热处理后按0.1%～5%的比例与豆奶混合，可起到掩盖豆腥味的作用。在豆奶中加入热凝固的蛋清，可起到掩盖豆腥味的作用。蛋清的添加量为豆奶的5%～35%，低于5%掩盖效果不好，高于35%制品中会有很强的蛋清味，最佳用量为15%～25%。所使用的蛋清是由鲜蛋清液或解冻蛋清液或复水干燥蛋清液加热凝固而成的。例如，将蛋清液装入金属盘中，蛋清液的深度为2cm，在80～90℃的温度下蒸10～15min即可。使用时把热凝固蛋清磨碎加入未均质的豆奶中即可。另外，据资料报道，棕榈油、环状糊精、荞麦粉（加入量为大豆的30%～40%）、核桃仁、紫苏、胡椒、芥末等也具有掩盖豆腥味的作用。

**(4) 油脂** 豆奶中加入油脂可提高口感和改善色泽。油脂的添加量在1.5%左右（将豆奶中的油脂含量调整到3%左右）。添加的油脂宜选用亚油酸含量高的植物油，如豆油、花生油、玉米油等，一般以优质色拉油为佳。

**(5) 稳定剂** 豆奶中含有油脂，容易上浮形成"油线"，需要添加乳化剂提高稳定性。豆奶中使用的乳化剂以蔗糖脂肪酸酯和卵磷脂为主。此外还可以使用失水山梨醇脂肪酸酯。如把两种以上的乳化剂配合使用效果会更好。卵磷脂的添加量一般为大豆重的0.3%～2.5%。蔗糖脂肪酸酯除具有提高豆奶乳化稳定性的作用外，还可以防止酸性豆奶中蛋白质的分层沉淀。如在生产酸性豆奶饮料时（pH值在4.2以下，蛋白质含量在0.1%～5.0%），若在豆奶加热杀菌（包括煮浆）之前加入豆奶重量0.003%～0.5%的亲水亲油平衡值（HLB）为13以上的蔗糖脂肪酸酯，则能生产出既能防止蛋白质凝聚物产生又具有良好风味的酸性豆奶饮料。蔗糖脂肪酸酯是蔗糖与棕榈酸、硬脂酸、油酸等脂肪酸形成的单酸、二酸或三酸酯，或它们的混合物。HLB是表示表面活性剂向亲水还是向疏水方向倾斜的指标。蔗糖脂肪酸酯的HLB必须在13以上，这样才能保证它与水和水中蛋白质密切接触融合，防止蛋白质聚集物的形成。蔗糖脂肪酸酯添加量一定要控制在0.003%～0.5%，小于0.003%不能阻止蛋白质凝聚物产生，高于0.5%则蔗糖脂肪酸酯本身易产生沉淀，而且还产生其特有的异味。添加时间必须在豆奶饮料加热之前，因为一经加热，蛋白质互相结合力增加，易产生凝聚物，一旦产生凝聚物再加入蔗糖脂肪酸酯效果就不大了。

在蔬菜汁豆奶中（如添加了胡萝卜汁、芹菜汁、菠菜汁、甘蓝汁等蔬菜汁的豆奶），蛋白质与单宁作用易产生沉淀，制品难以长期储存。所以，在添加蔬菜汁的豆奶中往往要添加一定量的稳定剂，如酪蛋白钠、慢凝果胶、多磷酸盐（一般由聚磷酸盐、偏磷酸盐、焦磷酸盐组成）等。多磷酸盐一般是与酪蛋白钠或慢凝果胶配合使用，而不单独使用。酪蛋白钠的添加量为蔬菜汁的 $0.05\%\sim0.5\%$，慢凝果胶的添加量为 $0.1\%\sim0.5\%$，多磷酸盐的添加量为 $0.05\%\sim0.3\%$。酪蛋白钠与多磷酸盐配合使用时，需将它们先添加到蔬菜汁中，并加热保温在 $60\sim70℃$ 的情况下，与豆奶混合，加热时间比较长，蔬菜汁的滋味及维生素均受到一定程度的破坏，适用于胡萝卜等异味较重的蔬菜；慢凝果胶与多磷酸盐配合使用时，需先将慢凝果胶用少量的水加热（$80℃$ 以上，$5\sim10min$）溶解，并冷却至 $5\sim10℃$ 后，加入 $5\sim10℃$ 的豆奶与蔬菜汁中，然后再加入多磷酸盐。

### 5. 均质

品质优良的豆奶应是组织细腻、口感柔和，经一定时间存放无分层、无沉淀的均匀奶状液态食品。均质处理是提高豆奶口感与稳定性的关键工序。均质机是生产优质豆奶不可缺少的设备。均质机的工作原理就是在加压后，将豆奶经过均质阀的狭缝突然放出，豆奶中的油滴颗粒在剪切力、冲击力及空穴效应的共同作用下，发生微细化，形成均一的分散液，促进了液-液奶化及固-液分散，提高了豆奶的稳定性。豆奶的均质效果主要受三个因素的影响，即均质温度、均质压力及均质次数。

**（1）均质压力**  实践证明，豆奶的均质压力越高效果越好。但综合设备性能与经济效益多方因素，一般豆奶生产中通常采用 $13\sim23MPa$ 的压力进行均质。不同产品品种，均质压力有所不同。

**（2）均质温度**  均质温度是指豆奶进入均质机时的温度。均质温度越高、均质效果越好。据研究，豆奶的均质温度控制在 $70\sim80℃$ 之间比较适宜。在实际生产中，豆奶的均质温度还应根据均质机的性能而定。

**（3）均质次数**  增加均质次数可以提高均质效果。但当均质次数超过两次以后，随均质次数的增加，均质效果的提高并不明显。因此，生产上普遍采用的是两次均质技术。从豆奶生产工艺流程安排上来讲，均质可以放在杀菌之前，也可以放在杀菌之后，两种安排各有利弊。均质在杀菌前，杀菌后能在一定程度上破坏均质效果，易出现"油线"。但采用这个工艺由于杀菌后的污染机会减少了，储存的安全性较高。经过均质的豆奶再进入杀菌机不易结垢。若将均质放在杀菌之后，则情况刚好相反。

### 6. 杀菌

豆奶是微生物的良好培养基，经调制后的豆奶应尽快进行杀菌。有资料表明，未经杀菌的豆奶，在50℃下存放2h，pH值就会下降，再经加热蛋白质就会凝固。这种现象一旦发生，即使经高压均质强制分散，在存放中蛋白质也会沉淀下来。

杀菌工序中主要控制的参数就是温度和时间。从保证豆奶质量的观点出发，杀菌的温度宜低，时间宜短。从豆奶中所含细菌的耐热性来看，杀菌工序必须达到一定的温度，并保持一定的时间才能达到预期的杀菌效果。

在豆奶生产中经常使用的杀菌方法有三种，即常压杀菌、高温高压杀菌和超高温瞬时杀菌。生产当日销售或者冷链供应的豆奶可采用常压杀菌。经过常压杀菌只能杀灭致病菌和腐败菌的营养体，若经常压杀菌的豆奶在常温下存放，由于残存耐热菌的芽孢发芽成营养体，并不断繁殖，制品一般不超过24h即可败坏。

随着人们的生活水平的提升和冷链技术的发展，低温冷藏豆奶成为新的消费热点，由于常温杀菌，豆奶的营养素破坏较少，营养相对丰富。若经常压杀菌后的豆奶（带包装）迅速冷却，并储存于2~4℃的环境下，可存放1~3周。

若室温下长期储存的豆奶，必须采用高温高压杀菌或超高温杀菌。高温高压杀菌是将豆奶灌装于玻璃瓶或复合蒸煮袋中，装入杀菌釜内分批杀菌。高温高压杀菌普遍采用的是121℃，15~20min的杀菌，这样可杀死全部耐热型芽孢。杀菌后的成品可在常温下存放6个月以上。高温高压杀菌工艺分为用蒸汽杀菌和用过热水杀菌两种。卧式加压杀菌锅和立式杀菌锅都可采用。

高温高压杀菌的降温过程分为两种，一种为自然降温，一种为强制降温。自然降温时间比较长，但不需加反压。强制降温时间较短，但必需加反压，否则会因杀菌釜内压力降低、与容器内形成较大的压差，将瓶盖冲掉或将包装爆破。高温高压杀菌，费力费时，产品质量不够理想，易引起脂肪析出及蛋白质沉淀。

超高温瞬时杀菌（UHT）是近年来在豆奶生产中日渐采用的方法。它是将未包装的豆奶在130℃以上的高温下，经数十秒的时间，然后迅速冷却、灌装。该法可以有效地杀灭豆奶中的所有微生物，既可以提高产品的储存性，又可以改善产品的风味和色泽。采用超高温瞬时杀菌技术与无菌灌装技术相配合，可使豆奶的保存期在常温下达到6个月以上。

超高温瞬时杀菌分为蒸汽直接加热法和间接加热法。目前我国普通使用的超高温杀菌设备均为板式热交换器间接加热法。其杀菌过程大致可分为三个阶段，即预热阶段、超高温杀菌阶段和冷却阶段，整个过程均在板式热交换器中完成。

### 7. 包装

豆奶从生产厂进入流通领域的形式有两种，一种是以散装的形式及时供给消费者，另一种是以一定的包装形式与消费者见面。

豆奶的包装形式很多，有玻璃瓶包装、复合袋包装、PE瓶包装和金属罐包装等。产品的包装方式决定成品保藏期，也影响质量和成本。在规划建厂时，就应根据计划产量、成品保藏期要求、包装设备费用的要求、杀菌方法等进行综合考虑，权衡利弊，做出决策。采用常压或高温高压杀菌一般只能选用玻璃瓶或复合蒸煮袋包装。

　　无菌包装是伴随着超高温杀菌技术而发展起来的一种新技术。瑞典利乐公司生产出第一台无菌包装设备以来，全世界已有 80 多个国家使用了这种包装技术。中型豆奶生产企业也都是采用无菌包装。无菌包装的优点是产品质量好，储存期长（常温下可达 6 个月以上），包装材料轻巧，减轻了运输负担，方便了销售与消费。

# 第二节　新型豆奶

　　目前，豆奶生产中主要的制浆工艺有三种：干法制浆、湿法生浆工艺、湿法熟浆工艺。干法制浆工艺最大的工艺特点在于黄豆在磨制之前经过烘干脱去了豆皮和胚芽，并无须经过浸泡直接粉碎。此工艺在欧美较为流行，由于脱去了豆皮和胚芽，极少豆腥味和涩味，适合对豆腥味极度敏感的欧美人饮用。但干法制浆最大的缺点在于没有煮浆的环节，只是简单地通过蒸汽与生浆混合使酶失活，这样得到的豆浆没有豆浆特有的豆香味，水味重而口味寡淡，无法达到水乳交融的口感，不适合亚洲人对传统豆浆的认识。湿法生浆工艺是现在国内企业使用的最广泛的一种工艺，工艺流程复杂，控制点过多，不利于控制产品品质和食品安全，但缺点也是显而易见的。湿法熟浆工艺的特点是经过浸泡的黄豆在磨制后连浆带豆渣一同煮熟，然后分离出熟豆浆。由于高温有利于黄豆中油脂、多糖、果胶等物质溶出，所以熟浆工艺所得的豆浆口感醇厚，香气浓郁，易于被国人接受。但由于豆渣煮熟后黏度增加，分离困难，因此设备造价高，而且产品得率较其他工艺要低，所以目前主要在日韩地区应用，国内豆制品企业较少采用。邵阳学院豆制品加工技术湖南省应用基础研究基地和北京康得利智能科技有限公司联合研制新工艺流程的豆奶针对湿法制浆的优缺点，对其改进，推出了最新的豆奶制浆前处理工艺——热水淘浆工艺，现在福建达利园集团采用了此工艺生产新型豆奶。

## 一、热水淘浆制浆的生产工艺流程

大豆预处理→浸泡→磨浆→浆渣分离 →（豆浆）微压煮浆→杀菌→灌装→包装

（豆渣）↓

热水冲洗

## 二、操作要点

### 1. 大豆的预处理　与传统豆奶基本一致。

（1）除尘和除杂　采用振动筛和旋风分离器除去大豆中的杂草、石头和玻璃等异物。

**（2）清洗**　采用符合 GB 5749—2006 水质要求的水清洗大豆原料，以除去灰尘、泥土和豆枝等。

### 2. 浸泡

浸泡水质满足 GB 14881—2013 和 GB 5749—2006 标准的要求。浸泡可使大豆吸水膨胀，降低硬度，使磨浆时子叶组织易破碎，蛋白质等营养成分更易游离出来。浸泡是豆奶生产的一道重要工序，其工艺研究较多，但各地原料、气候、水质均有所不同。泡豆的豆水比一般为 1∶2，最佳豆水比判断标准：浸泡终点时大豆未露出水面，并保持一定清水层。

### 3. 磨浆

磨浆是将浸泡适度的大豆，放入磨浆机料斗并加适量的水，使大豆组织破裂，蛋白质等营养物质溶出，得到乳白色浆液的操作。从理论上讲，减少磨片间距，大豆破碎程度增加，与水分接触面积增大，有利于蛋白质溶出；但在实际生产中，大豆磨碎程度要适度，磨得过细，纤维碎片增多，在浆渣分离时，小体积的纤维碎片会随着蛋白质一起进入豆浆中，影响蛋白质凝胶网络结构，导致产品口感和质地变差。同时，纤维过细易造成离心机或挤压机的筛孔堵塞，使豆渣内蛋白质残留含量增加，影响滤浆效果，降低出品率。该工艺中利用热水冲洗豆渣得到的高温二浆去磨浆，使浆糊温度升高，以利于黄豆中非蛋白质成分溶出，这样就保留了熟浆工艺中豆浆所具有的良好口感。但浆糊并没有如熟浆工艺中那样完全煮熟，因此黏度较低，后续浆渣分离更容易实现。同时，为了解决熟浆工艺产品得率不高的问题，引入了生浆工艺洗渣的概念，通过一次洗渣降低豆渣中蛋白质残留，提高了产品得率。最常用的磨浆机是砂轮磨，磨片极易磨损且磨浆颗粒度不好控制，而且也不能自动清洗。北京康得利与日本长泽公司合作研发了陶瓷与石英砂复合材质磨片，可以高温磨浆，使用寿命长，并有内部喷淋清洗装置，便于清洗和豆糊的流出，同时可以降低磨浆机的温度，减少大豆蛋白的热变性。

### 4. 浆渣分离

螺旋挤压分离采用锥形螺旋推进的方式挤压豆渣得到豆浆，此款设备可以使豆渣含水量降至 70%～75%，远低于离心分离 80% 以上的水分含量，提高豆浆的得率，同时减少豆渣的含水量，有利于豆渣的干燥和处理。同时，为了解决熟浆工艺产品得率不高的问题，引入了生浆工艺洗渣，通过一次洗渣降低豆渣中蛋白质残留，提高了产品得率。第一次分离的豆渣，用热水冲洗，热水洗渣获得的豆浆，直接回到磨浆机，参与磨浆。离心分离工艺不可避免会产生泡沫，而挤压工艺豆浆的泡沫明显下降甚至无泡沫，此外，螺旋挤压分离技术有利于 CIP 清洗，满足现代化工厂对食品安全的需求。

### 5. 微压煮浆和蛋白质稳定系统

在微压条件下，豆浆的香气成分被激发，不良气体充分排放，其中的蛋白质分子结构变小，基团更加稳定，且无须使用消泡剂。此款设备可以根据不同的产品需求设置不同的煮浆温度曲线，得到不同的豆浆风味。煮浆的温度为 105～108℃。

### 6. 产品配料

由于采用微压煮浆和蛋白质稳定系统，产品的蛋白质形成的乳浊液相对稳定，不需要添加稳定剂和乳化剂，利于改善产品的品质和消除食品添加剂引入的食品安全问题，从而简化产品质量控制环节，便于生产管理。

### 7. 杀菌、灌装和包装

与传统豆奶的工艺基本一致。一般采用无菌冷灌装技术，或采用利乐无菌灌装系统，将杀菌、灌装、封口三合一，减少人员、设备污染的概率，提升产品质量安全，同时提升产品的外观形象。

## 三、关键生产设备

### 1. 浸泡罐

浸泡罐见图 5-2。

图 5-2　浸泡罐

浸泡罐抛弃传统的泡豆槽，减少空气中微生物的污染，同时改善浸泡的环境，有利于生产清洁，符合现代清洁生产的管理理念。

### 2. 磨浆机

磨浆机见图 5-3。

磨浆机采用陶瓷与石英砂复合材质磨片，能耐高温，采用 120°磨槽，增加磨

图 5-3　磨浆机

浆的摩擦力，减少豆糊的粒径，有利于蛋白质的溶出。

### 3. 螺旋挤压分离机

螺旋挤压分离机见图 5-4。

图 5-4　螺旋挤压分离机

豆糊泵入圆锥体挤压室，螺旋挤压绞龙将含渣豆浆逐渐推向挤压室底部，同时不断提高水平方向的压力，迫使豆糊中的豆浆挤出筛网，经管道流入高目数滚筛得到生产用豆浆。挤压机的运作是自动连续的，随着物料不断泵入挤压室，前缘压力的不断增大，当达到一定程度时，将会突破卸料口抗压阈值，此时纤维素等不溶物从卸料口进入豆渣桶中，实现浆渣分离。

### 4.微压煮浆系统

微压煮浆系统见图 5-5。

图 5-5　微压煮浆系统

微压煮浆系统是利用密闭罐加热豆浆，豆浆泵入密闭罐时，排气孔打开，在常压下加热豆浆。煮浆温度由温度传感器测定，煮至设定温度后，指示电气元件做出打开放浆阀门和关闭排气阀门动作，使罐内形成密封高压，把豆浆全部压送出去，然后停止冲入蒸汽，完成一次煮浆。

通过多次煮浆，增加了纤维素的胀润度，使纤维素分子体积增大，大大减少进入豆浆中的粗纤维含量，使豆奶口感细腻；同时促进了多糖的溶出，增加豆浆中亲水物质的含量，这些亲水物质可作为蛋白质分子的空间障碍，有效防止大豆蛋白分子间的聚集，有利于大豆蛋白的稳定性。

## 第三节　酸　豆　奶

### 一、酸豆奶概述

酸豆奶是以豆浆为主要原料，添加或不添加果汁等其他风味物质，利用微生物发酵生产的一种饮品。由于营养丰富、风味独特、价格便宜、原料充足，所以，发展非常迅速。同时，酸豆奶的开发和利用，弥补了牛奶产量的不足，是东方人或牛奶过敏者理想的饮品。

## 二、酸豆奶常用微生物和发酵剂制备

### 1. 常用微生物

**(1) 保加利亚乳杆菌** 保加利亚乳杆菌属于革兰阳性菌，厌氧菌，属于化能异养型微生物。脱脂乳和乳清是保加利亚乳杆菌的最佳培养基，生长繁殖过程中需要多种维生素等生长因子。最适生长温度为 37～45℃，温度高于 50℃或低于 20℃则不能生长。该菌是乳酸菌中产酸能力最强的菌种，最高产酸量 2%，能利用葡萄糖、果糖、乳糖进行同型乳酸发酵产生 D 型乳酸（有酸涩味，适口性差），发酵可产生香味物质。

**(2) 嗜热链球菌** 嗜热链球菌单菌形态为圆形或椭圆形，嗜热链球菌的产酸性能主要表现在发酵初期，发酵初期原料乳 pH 值较高，有益于嗜热链球菌的生长。此阶段嗜热链球菌控制了发酵过程，酸奶在此期间酸度的下降主要是嗜热链球菌发酵乳糖产酸的结果。随着产酸量的增加，酸奶的 pH 值不断下降，嗜热链球菌的产酸性能逐渐降低，当 pH 值降至 4.2 时，嗜热链球菌基本停止产酸。总之，嗜热链球菌在酸奶发酵中不是主要的产酸菌，在混菌发酵中，其产酸能力明显低于保加利亚乳杆菌。但嗜热链球菌在发酵初期，主要起到了产酸作用，并且还可以产生少量的甲酸和丙酸，促进保加利亚乳杆菌的快速生长。

**(3) 嗜酸乳杆菌** 嗜酸乳杆菌为革兰阳性菌，厌氧或者兼性厌氧。最适生长温度为 35～38℃，20℃以下不生长，最高生长温度 43～48℃，耐热性差。最适 pH 值为 5.5～6.0，生长初始 pH 值为 5.0～7.0，耐酸性强，能在其他乳酸菌不能生长的环境中生长繁殖。它能利用葡萄糖、果糖、乳糖、蔗糖进行同型发酵，发酵产生 DL 型乳酸。研究发现，嗜酸乳杆菌有吸收胆固醇的潜能，也是其作为益生菌的一个重要特性。嗜酸乳杆菌是益生菌中最具代表性的菌属，它能改善调节肠道微生物菌群的平衡，增强机体的免疫力，降低胆固醇水平，缓解乳糖不耐症等。

**(4) 干酪乳杆菌** 干酪乳杆菌属于乳杆菌属，革兰阳性，兼性异型发酵乳糖，不液化明胶，接触酶阴性；最适生长温度为 37℃，G+C 含量为 45.6%～47.2%；菌体长短不一，两端方形，常成链；菌落粗糙，灰白色，有时呈微黄色；生化反应能发酵多种糖。干酪乳杆菌作为益生菌的一种，能够耐受有机体的防御机制，其中包括口腔中的酶、胃液中低 pH 值和小肠的胆汁酸等，所以干酪乳杆菌进入人体后可以在肠道内大量存活，可以起到调节肠内菌群平衡、促进人体的消化吸收等作用。

**(5) 植物乳杆菌** 植物乳杆菌属于乳杆菌属，常存在于发酵的蔬菜、果汁中，革兰阳性，不生芽孢，兼性厌氧，属化能异养菌。能发酵戊糖或葡萄糖酸盐，终产物中 85%以上是乳酸。通常不还原硝酸盐，不液化明胶，接触酶和氧化酶皆阴性。

15℃能生长，通常最适生长温度为 30～35℃。

### 2. 发酵剂的制备

**（1）菌种的复活和保存**　在专业的微生物试剂公司购买发酵专业的纯种乳酸菌种，菌种在 MRS 培养基上活化，然后，将转移至含有脱脂奶粉、乳清、肉汤等制成的母液发酵剂。关于菌种，一般采用复合菌种混合使用效果较好，也可单一使用某一种菌种。

**（2）生产发酵剂**　为了使菌种适应生产发酵，而不是急剧改变生长条件，进而影响菌种生长繁殖速度，生产发酵剂的配料应接近发酵液的成分。将复活的菌种按照一定的比例接种至生产发酵剂中培养。

## 三、生产工艺流程及操作要点

### 1. 生产工艺流程

0.02%KOH 溶液　　　蔗糖、纯牛奶　　　　　发酵剂
　　↓　　　　　　　　　↓　　　　　　　　　　↓
大豆→浸泡→磨豆 →豆浆→调配→高压均质→杀菌→接种→发酵→包装→冷藏后熟→成品

### 2. 操作要点

**（1）豆浆的制备**　挑选外观良好、颗粒饱满、无霉变的大豆，添加 0.02% KOH 溶液（豆液比为 1∶5）在 70℃浸泡 5h，沥水，再以 1∶5 的比例在 90℃磨豆，用 120 目纱布过滤，并将豆浆煮至 85℃后输入调配罐。豆浆的固形物含量 6%～8% 为宜。

**（2）调配**　将预处理好的豆浆与甜味剂、稳定剂和食用香精按一定的比例混合，并搅拌均匀。发酵液的调配是酸豆奶关键工序。

① 糖　糖的种类直接影响乳酸菌产酸量。乳酸菌能利用乳糖、葡萄糖、果糖、半乳糖和麦芽糖，而大豆中含有的低聚糖和高聚糖均不能被乳酸菌利用。此外，豆浆在制备过程中的浸泡、磨浆和分离等工序中会失去部分糖。所以，在发酵液中需要添加一定量的糖，以促进乳酸菌繁殖，提高乳酸菌的产酸能力，进而提升酸豆奶的品质。

② 稳定剂　酸豆奶在发酵过程产生大量的酸，况且豆奶本身是一个非常复杂的体系，大豆蛋白的稳定性极易变得不平衡，产品在运输或储存过程中易沉淀或结块，所以需要添加稳定剂。常见的稳定剂有琼脂、果胶、海藻酸钠、羧甲基纤维素钠（CMC）、卡拉胶、阿拉伯胶、明胶和黄原胶。一般情况，选用两种稳定剂混合使用，效果较好，也可单独使用一种稳定剂，但用量往往偏大。使用稳定剂，其使用范围和使用量应符合 GB 2760—2014《食品添加剂使用标准》中规定的要求。

③ 其他营养强化剂或风味物质　在发酵液的配制时，也可根据市场和顾客的需求，添加营养强化剂。营养强化剂的使用量和范围应符合 GB 14880—2012《食品营养强化剂使用标准》中规定的要求。此外，也可采用添加果汁、枸杞和蔬菜汁

等调节产品的风味。

**(3) 均质** 调配完成的豆浆经高压均质机均质。豆奶的均质温度控制在 70～80℃ 之间比较适宜，均质的压力为 10～18MPa。

**(4) 杀菌** 将均质完成的豆浆，不同的工艺选择不同的杀菌方式，一般采用 UHT135℃～140℃，时间为 3～5s，并迅速冷却至 45℃ 以下，送至发酵罐发酵。若添加其他风味物质，则根据风味物质的耐热性进行调整，也有采用 115℃/20min 进行杀菌处理。

**(5) 接种、发酵** 按照豆浆量 3%～5% 的比例接种发酵剂；发酵罐的温度 42℃，发酵时间控制在 4～6h。

**(6) 包装** 采用无菌纸盒包装。

**(7) 冷藏后熟** 将包装完成的发酵豆奶，放在 4℃ 的条件下进行冷藏 12h 左右，进行后熟。

**(8) 检测出库** 凝乳状态稳定，口感细滑，组织柔软。发酵豆奶的酸度、蛋白质、总糖和微生物应符合相关标准。

## 四、发酵的管理

酸豆奶的生产过程中，发酵是最为关键的工序，直接影响产品的成败。在乳酸菌发酵过程中进行代谢产生乳酸，使发酵液的 pH 值下降至 4.0 左右，发酵液中的蛋白质变成凝乳，同时还产生其他风味物质和活性物质。

### 1. 发酵剂添加

发酵的管理从加入发酵剂开始。在添加发酵剂之前，发酵剂罐与发酵罐之间连接的管道，需要彻底灭菌，一般采用蒸汽灭菌 20～30min。发酵剂添加后，需要混合均匀，因此，发酵罐需要安装搅拌浆或循环泵，以促使发酵剂与发酵液在发酵罐中充分混合均匀。发酵剂的添加量，一般情况下添加的比例为 3%～5%，实际生产时，需要依据企业的条件和发酵产品的特点确定添加量。发酵剂中微生物代际管理也非常重要，一般传代的次数不宜超过 5 代，否则微生物的代谢能力下降，产酸能力也下降，从而影响产品质量。

### 2. 发酵温度的管理

接种的微生物的生长需要在适宜的温度，因此，发酵液的温度控制十分关键，发酵罐的温度控制系统需要精准。一般情况下，以所接种的微生物最适宜的生长温度作为控制标准，但在实际生产时，常常采用复合菌种，所以，温度的选择应兼顾菌种生物学特性，同时考虑产品的特点进行精确管理。根据研究结果，一般温度控制在 40～43℃，但也有研究人员提出，先控制在 40℃，有利于嗜热链球菌生长，再将温度提升至 45℃，以促进保加利亚杆菌的生长。总体而言，温度的控制在适应产品的特点，最终以产品的标准作为衡量指标，确定最佳的发酵温度。

### 3. 酸度控制

发酵过程中检测产品酸度变化，通过观测酸度的变化，以判定发酵过程是否正常和发酵的终点。一般情况下，发酵剂接种4～6h后，开始抽样检测产品的发酵酸度，按照一定的频率进行连续监测酸度变化，直至达到发酵终点。微生物产酸时，温度稳定上升，若突然变慢，可能污染细菌，若突然加快，可能感染酵母菌。为了鉴定发酵是否正常，常常采用制定发酵曲线，通过曲线来判定。随着科学技术的发展，企业在发酵罐安装酸度在线监控仪，直接监控发酵酸度。

### 4. 后熟管理

当发酵达到终点后，将发酵的温度降低，产品进入后熟阶段。后熟对酸豆奶十分重要，在产品的后熟阶段，产品的风味物质增加，发酵过程产生的双乙酰中间体在后熟阶段转化成风味物质，使产品的风味更加丰满。此外，在后熟阶段，豆腥味可以完全除去，奶香味增加，使酸豆奶中的蛋白质膨润，产品黏度增加。后熟的温度需要注意，温度高，后熟快，但感染杂菌的机会大；温度低，后熟慢，品质稳定。一般情况，后熟的温度8～10℃，时间24～48h。

# 第六章

# 豆制品质量控制

## 第一节　微生物与豆制品的腐败变质

### 一、制品中主要腐败微生物类群

传统非发酵豆制品中污染微生物的种类和数量，因产品加工环境、加工方式及加工品质而异。

非发酵豆制品中常见的腐败菌为耐热性微生物，如芽孢杆菌属中的枯草芽孢杆菌和凝结芽孢杆菌。因为在煮浆及热杀菌过程可以杀死假单胞菌、大肠菌群、乳杆菌、无色杆菌及致病性金黄色葡萄球菌等绝大部分非耐热菌，而耐热的芽孢菌属可以存活下来。因此许多企业在遇到春夏、夏秋之交时，产品过十天半月颜色开始变浅，不胀气，再过段时间颜色更浅，手指一压产品就碎成豆腐乳样状态。这类微生物由于只产酸不产气又被称为平酸菌。

### 二、影响豆制品微生物生长的因素

豆制品在原料采集、储存过程和生产过程都可能污染微生物。微生物的生长需要一定的条件，如营养条件（充足的碳源、氮源）、适宜的氧含量（好氧的要振荡培养，厌氧的要厌氧培养，兼性的可以静置培养）、合适的 pH 值（一般指培养基的 pH 值）、合适的环境温度、水分等。由于豆制品营养丰富，水分含量高，非常适合微生物生长。

### 三、微生物对豆制品品质的影响

微生物污染是导致豆制品质量发生不良改变的主要因素。微生物对豆制品的品质影响是一个复杂的生物化学变化过程，它使食品中营养成分分解，导致食品的感官、理化性质发生各种变化，降低食用价值和安全性。我国的豆制品生产大多数是手工操作，自动化程度低，由于操作人员的卫生意识缺乏，环境卫生条件差，容易被微生物污染，而使豆制品发酵、枯干、变馊。微生物生长繁殖过程中产生的蛋白质分解酶，如肽链内切酶，将蛋白质首先分解为肽，再分解为氨基酸，氨基酸在相应的酶作用下，通过各种方式分解为有机酸、醇、胺、$H_2S$、氨、硫醇等物质；微生物促进豆制品中脂肪的氧化变质或水解，这是脂肪类食品特有的腐败变质现象。油脂的酸败变质可生成对人体有害的各种过氧化物、醛、醛酸、酮、酮酸及羧酸等多种化合物，使食品带有明显的特征，如哈喇味等；微生物分解碳水化合物，使产品酸度升高、产气和稍带有甜味、醇类气味等。

# 第二节　豆制品中微生物变化规律

## 一、豆腐生产过程中微生物变化规律

根据规律预测豆制品生产、销售和储藏期过程中微生物的变化，有助于对豆制品各个环节的微生物危害进行控制。

### 1. 制坯过程微生物变化规律

从大豆到豆腐坯需要经过原料采收、泡豆、磨浆、煮浆、点浆、压榨等工序，微生物在此期间存在不同的变化。

**(1) 原料采收、浸泡**　大豆在采收、浸泡过程中存在一些微生物安全隐患：①原料大豆中混有杂质和泥沙，且携带大量土壤中的微生物，微生物数量基数大；②大豆在仓库储藏期间温度太高，湿度大，易使微生物进一步繁殖，造成大豆霉烂变质；③黄豆生产量大，设备简单，人工清洗不易，清洗效果差，甚至有的生产企业没有大豆清洗这个工序，普遍采用浸泡后将浸泡大豆用的水倒掉的方法来对大豆进行处理，只是略微减少了附着在大豆表皮上的少量微生物；④豆腐生产厂房温度较高，原料营养丰富，大豆浸泡时间长，水分充足，导致微生物数量大量增加，夏季时情况更加严重；⑤生产环境潮湿，为微生物生长提供了良好的外部环境；生产人员卫生意识淡薄，设施用具清洗强度不够等。

**(2) 磨浆**　磨浆前后微生物总量变化不大或略有下降。磨浆需要加入大量生产用水，菌落总数的下降可能是加水稀释了的缘故。部分工厂为了节约用水，反复使用磨浆水，存在微生物增加的隐患。另一方面，磨浆机如果未及时清洗，留有死角或盲端，残留的豆糊易被微生物利用，发霉发臭，在下一次生产时，混入生豆浆中，不仅对豆浆感官产生影响，还会导致生豆浆的微生物数量增加。

**(3) 煮浆**　豆制品生产上起到热杀菌作用的工序主要有两个：一个是煮浆，另一个是杀菌。煮浆工艺是控制微生物的关键程序，也是保证产品质量安全的关键控制点。高温煮浆过程可以杀死假单胞菌、大肠菌群、乳杆菌、无色杆菌及金黄色葡萄球菌等绝大部分微生物，熟浆菌落总数一般会下降到 100CFU/mL 以下。但实际上此时的豆浆只是处于一个"亚安全"的状态，因为豆浆在经过 98～100℃煮沸 5～10min 时，普通营养细胞几乎被杀死，但是大豆原料中的耐热芽孢杆菌残存下来，呈休眠状态，所以在微生物检测时，不能被检测出来。而一旦条件成熟，芽孢就会转化为营养细胞，大量繁殖。

芽孢是细菌的休眠体，形成于产芽孢菌生长发育后期，为圆形或椭圆形。无芽孢的细菌在 55～60℃的液体中，经 30min 即可死亡。酵母菌的营养细胞及霉菌的菌丝体，在 50～60℃10min 即可杀死。芽孢对热的抵抗力很强，如枯草芽孢杆菌的芽孢在沸水中 1h 才全部死亡，肉毒杆菌的芽孢在 100℃时需 6h 才全部杀死。这主要是因为芽孢具有厚而致密的壁，而且芽孢内所含水分少。因此多数学者和研究者建议采用二次煮浆工艺。

二次煮浆，是利用芽孢转为营养细胞后耐热性下降，从而杀死芽孢。实验表明，一次煮浆工艺和二次煮浆工艺生产的豆浆在 37℃条件下培养 24h 后，细菌数的变化见表 6-1。

表 6-1　不同煮浆工艺豆浆菌落总数比较

| 煮浆工艺 | 一次煮浆 | 二次煮浆 | 三煮三滤 |
| --- | --- | --- | --- |
| 菌落总数/(CFU/mL) | $3.0 \times 10^6$ | $4.6 \times 10^4$ | $1.6 \times 10^3$ |

从表 6-1 可知，同样的时间，二次煮浆细菌数比一次煮浆细菌数降低了很多，保质期延长 15h 左右。但是二次煮浆也存在一定的缺点：时间比较长，设备利用率低；长时间的蒸煮会使豆浆中的半胱氨酸和甲硫氨酸受到破坏，因此还是应当选择合适的煮浆温度和时间。以邵阳为主的湘派豆干采用"三煮三滤"全熟浆法，菌落总数比二次煮浆更低，进一步延长了保质期。

**（4）点浆**　点浆是豆腐生产中关键的一步。凝固剂的选择是豆制品微生物控制非常重要的环节。有研究认为，凝固剂较少地带入微生物是减少豆制品二次污染的重要措施。北方豆腐凝固剂主要是盐卤，南豆腐凝固剂多用石膏。盐卤凝固剂开封后，储藏期间会产生大量的耐盐微生物，因此凝固剂带入的杂菌不可忽视。豆清蛋白发酵液作为凝固剂时，主要利用豆清液中微生物所产生的乳酸、醋酸和酶。豆清发酵液所含的菌落总数也高达 $10^5$CFU/mL。豆清蛋白发酵液中主要是乳酸菌、醋酸菌等耐酸性菌，因此，如采用豆清发酵液作为凝固剂，则上脑和蹲脑的温度应高于 70℃，以便将豆清发酵液中的乳酸菌和醋酸菌杀死。纵观点浆的工艺条件，点浆的温度基本大于 70℃，所以点浆形成的豆腐脑，微生物总数并不高，约为 $10^3$CFU/g，豆腐成品也不会进一步发酵变酸。

**（5）豆腐成品**　豆腐的含水率为 75%～85%，蛋白质含量为 9%～12%，是微生物喜好的生长环境，菌落总数经煮浆下落后又达到一个新的高峰，为 $10^5 \sim 10^6 CFU/g$。豆腐经过压榨，需要剥掉包布，将形成的白坯直接盛放于豆腐板上，然后经过一个从热豆腐（60℃）到凉豆腐（15℃）的缓慢降温过程，没有任何遮挡，充分地暴露于空气中。压榨框、包布和豆腐板中残存的豆渣、豆花不易洗净，残留死角的豆腐屑污染了豆腐。同时由于分割切块的工人少，同时兼顾其他工作，手和刀具不可避免地存在交叉污染隐患。从豆腐到豆腐块间隔的时间甚至达到 30min 以上，此时大豆原料中带入的耐热性芽孢杆菌，经过以上时间度过了休眠期，也开始迅速增殖，导致豆腐坯菌落总数又骤升。

### 2. 豆制品深加工过程微生物变化规律

**（1）豆腐干** 豆腐白坯变成豆腐干可以通过晾干和烘烤等。许多厂家对厂房设计不规范，晾干车间与普通车间混在一起，室内温度、湿度都特别大，既不能起到良好的晾干效果又易引起二次污染。晾干车间最好单独分开，设计简单，不存在死角，定时消毒杀菌，安装通风设备，保持室内环境干燥。

如果是热风烘干，为了保证表皮不能过干过硬，烘烤的温度不能太高（60～65℃），烘烤后豆腐中水分含量减少 15%～25%，同时改变产品的色泽。微生物的增长主要是来自烘烤工具设备和生产工人，但菌落总数基本维持在与前一工序差不多的水平。

**（2）清洗** 建议工厂在实际生产过程中，深加工之前，豆腐干应经过热水清洗，只需 3～5min，就能起到很好的清洁效果。因为经过前面一系列工序，豆腐干中的微生物已达到一定基数，当天生产的豆腐干不一定全部加工完成打包杀菌，工人随意地搬运和堆放，空气中的灰尘与微生物都落在豆腐干表面。此时经过热水搅动清洗或者是强力曝气清洗菌落总数能下降 2～3 个数量级，起到一定的杀菌作用。

**（3）卤制** 卤汁成分复杂，盐分含量高，渗透压大，细菌易失水死亡；卤汁中的部分香辛料，不仅可以提高产品风味，同时还起到防腐杀菌作用；加上无论余碱卤制还是浸渍卤制都是采用高温加热煮制，所以，此阶段菌落总数并不高，但会有些反复，在每次卤制的间隔期菌落总数会有所上升。

第一次卤制后的豆腐菌落总数为 $10^3 \sim 10^4 CFU/g$，企业为了产品风味更佳，多采取 2～3 次卤制，每次卤制后需要经过摊凉冷却或者是风干冷却，能够适当地降低卤豆干的水分含量和水分活度，这个过程的污染主要来自空气、输送带、提升设备、摊凉设备和人员的二次污染。加上摊凉和提升设备的振动，物料易掉落在地和卤汁洒落影响了车间的美观和清洁卫生。如果是三次卤制，部分企业由于工作时间的安排，第一次卤制后，卤豆干直接放置于潮湿的卤制车间长达 8～12h，微生物利用卤豆腐中营养物质迅速繁殖。这么多细菌虽然在第三次卤制和包装灭菌后大部分能被杀死，但经过一个晚上的细菌增殖，豆腐干表面、内部的某些成分已经开始分解，质构、口感都受到一定影响，使成品品质变差。因此，卤制后的豆干在摊凉时，应注意环境卫生条件。

**(4) 油炸** 油炸豆制品的温度一般达到160~180℃。高温油炸时，微生物数量很易降到食用安全的指标之内，但坯子放置时间仍不宜过长，应及时地调味、包装、杀菌。油炸过程中的主要危害因素是用油不符合食品安全的要求，比如使用不合格的食用油脂或者反复油炸的陈油等。如果油炸温度过高易导致油炸过程中产生热氧化和热聚合反应，产生丙烯醛和环状聚合体等有毒有害物质。

**(5) 调味、拌料** 调味、拌料时由于物料长时间放置，各种调味料、调味汁含有丰富的脂肪和营养物质，利于微生物生长，加上拌料机械等器具污染，环境空气的二次污染，造成豆腐干半成品的微生物含量超标，增加了产品的杀菌难度。因此应严格控制调味、拌料车间的卫生及原辅料的卫生情况，并且尽量缩短豆腐干半成品的滞留时间。

**(6) 包装** 豆制品多采用真空包装技术，该技术是通过减少包装袋中氧气含量，抑制好氧菌的繁殖来达到保鲜目的。包装工序的污染主要来源于以下两个方面：一是包装盒、包装袋的二次污染。包装材料未经过合理的清洗、消毒和杀菌；包装封口时包装材料密封性不好，封口不严导致细菌进入造成二次污染。不符合安全标准的包装材料会在食品保存过程中游离出有害物质，所以必须使用符合国家安全标准的包装材料。二是包装员工不戴头套、手套和口罩等，易导致豆制品受到二次污染。

**(7) 杀菌** 目前豆制品的传统杀菌方法主要有三种，即巴氏杀菌、高温高压杀菌和超高温瞬时杀菌。无论采用哪种杀菌方式，杀菌后及时迅速冷却是控制豆制品的微生物非常重要的环节。如果冷却时间过长，致使豆腐内微生物很快繁殖而影响产品质量。多数豆制品企业采用高温高压杀菌，121℃灭菌15min；或者是0.15MPa，105℃，30min。以邵阳为代表的湘派豆干多采用高温巴氏杀菌工艺：90℃，30min，极大地保留了豆干的原有风味和品质。此外，杀菌只是一种减少微生物的手段，并非消灭所有的微生物。因此，如果之前的工序，不注意各方面清洁卫生，生产的豆腐不及时进行加工、包装和杀菌，都会导致产品的微生物数量积累，基数过大，即使经过杀菌，残留的微生物数量仍然较高，即使残存的微生物不会对人们的身体健康产生影响，仍然大大缩短了产品的货架期，为货架期内因微生物繁殖而造成的胀包埋下隐患。

## 二、豆制品储藏过程中微生物变化规律

在实际的食品加工和保藏过程中，对于物理和化学因素一般在加工过程中将其限制到最小的程度，所以，真正影响食品保藏效果的主要是微生物的活动，食品的保藏主要以杀灭和抑制微生物的活动为目的。

豆制品腐败与其物理性质和杀菌残存的微生物有关，如屎肠球菌、片球菌、乳杆菌、恶臭假单胞菌、产气杆菌、阴沟肠杆菌等。部分产品还受到霉菌和酵母菌污染，由于这些菌种的不耐热性，因此很可能是由设备带入，或者由生产环境以及与

制作后期的豆腐相接触的人员引起。此类微生物引起的豆制品腐败变质的主要现象是胀包、恶臭等。

非发酵豆制品中还有一类常见的腐败菌为耐热性微生物，如芽孢杆菌属中的枯草芽孢杆菌和凝结芽孢杆菌。许多企业在春夏、夏秋之交时，产品过十天半月颜色开始变浅，不胀气，再过段时间颜色更浅，手指一压产品就碎成豆腐乳样状态。

## 第三节　微生物控制方法

### 一、原料中微生物控制

#### 1. 大豆微生物的控制

首先要把好原辅材料的进料关，关键是做好来料检验，来料检验是制止不良物料进入工厂生产环境的首要控制点，是提高产品品质的基本前提。对原辅材料的包装进行检查，外包装要完好，无破损。包装袋上应印有正规的产品名称、产地、批号、净重、生产日期等。大豆表皮应完整、黄色有光泽，无味变现象，无霉变粒，破碎粒低，其他各检测指标符合大豆的食品安全标准。

大豆应分批储藏，每批大豆均有明显标志，离地、离墙并与屋顶保持一定距离，物料与物料之间有适当间隔。先进先出，及时剔除不符合卫生质量标准的原料，防止交叉污染。

#### 2. 香辛料微生物的控制

香辛料按照品种分类，同一库内不得储存相互影响风味的材料，也要离地放置，整齐堆放。打开包装后应尽快用完，每次使用后要及时密封，放在干燥干净的地方。包装袋或容器的材质应无毒无害，不受污染。香辛料检查应无生虫、发霉、变质的情况。

#### 3. 水的微生物控制

生产用水的卫生质量不仅是影响食品卫生质量的关键因素，也是生产高品质产品的重要保证。生产企业应保证与食品接触的生产用水符合国家 GB 5749—2006《生活饮用水卫生标准》规定的要求。一般来讲，不使用井水和多次重复使用的磨浆水、缸内水等，如使用储水池，要定期清洗消毒，或者是消毒杀菌后再用，以免生产用水被污染。

### 二、生产过程和设备中微生物控制

生产过程上可考虑用中性或偏碱性水来泡豆，既可以减少泡豆时间，提高豆腐的蛋白质溶出率，改善豆腐的品质，又可减轻因为微生物污染而导致的泡豆水发酸现象。浸泡后的大豆要洗去杂质、砂石，多次用流水清洗，并增大冲洗力度，对大豆表面进行重点冲洗，减少大豆表面黏附的物质。适当延长豆浆煮沸时间，使细菌的繁殖体减少到最低限度。凝固剂盐卤水可煮沸杀菌以减少凝固剂对豆腐的污染。物料和半成品在每道工序上停留的时间应尽可能短，缩短微生物生长时间。豆渣等废弃物应认真处理，以防豆渣的变质引来苍蝇等有害物种导致产品二次污染。生产过程中各项原始记录应妥善保存，便于日后检查。

豆制品加工过程中主要加工设备、器具、管道必须用无毒、无味、抗腐蚀、不吸水、不变形的材料制作，表面要清洁，边角圆滑，无死角，不易积垢，不漏隙，便于拆卸、清洗和消毒。如输送带、磨浆机、输送管道、包布、豆腐盒、豆腐板、拌料机、刀具等每班使用前后都应及时洗净，避免死角和盲端，防止堵塞。大型设备生产前应通入热蒸汽进行消毒。磨浆机内部、包布等清洗困难，存在死角，易残留豆渣，应特别注意。不同加工环节的工具应彻底分开，减少相互污染的可能性。已经清洗消毒的设备、器具应放置于能防止食品接触面再受污染的场所，并保持适用状态。为保证豆制品的卫生质量，应尽量采用机械化、连续化密闭生产。建立健全维修保养制度，定期检查、维修，杜绝隐患，防止食品污染。设备和生产用器具是控制微生物的重点监控对象，管理人员需定期检查，督促生产人员确保卫生水平。

选择合格的包装材料供应商，建立包装材料供应商档案，定期对供应商进行考察。选择合适的包装袋，休闲豆制品建议使用铝箔复合包装袋，该包装袋避光、耐油、密封性好、无臭无毒，卫生安全性优，符合包装袋卫生标准。油炸豆制品包装材料还要求低脂溶性，以防单体溶出而影响口味。包装袋应设立专库单独存放，不得与外包装物料和其他物品混放，避免可能的交叉污染。印刷用油墨必须为食用级。

## 三、生产环境的微生物控制

生产环境对产品品质的重要性不言而喻。豆制品生产企业80%为小作坊式生产，历次国家监督抽查和国内各省份的抽查数据显示，由于小企业、小作坊生产条件简陋，出厂检验控制不严，产品不合格率一直居高不下，因此对豆制品小作坊的食品安全监管是一项长期、艰巨、复杂的系统工程，需要全社会的关注和政府各职能部门的通力合作，最大程度减少豆制品潜在的质量安全隐患。个体小作坊多数混乱不堪，布局不合理，设备简陋，以手工操作为主，机械化程度低，生产环境差，从原料加工到最后的包装无明显的空间分隔。这类的加工场所难以避免原料、半成品、成品之间的交叉污染。小企业和手工作坊与品牌企业同时存在，是我国豆制品产业在较长的发展阶段中必然存在的现象。对于小企业和遍布农村乡镇的手工作坊，不可能一律封杀，政府有关部门要把这部分生产者纳入监管范围，消灭监管盲点，通过积极引导和奖优惩劣，使小企业和手工作坊走上安全、卫生、规范的生产道路，填补大中企业销售未能覆盖的市场空间。即使是部分机械化程度较高的厂家，其卫生条件也远不如肉制品和乳制品厂，对卫生问题重视不够。大中型豆制品企业的环境提倡采用良好操作规范标准（GMP）。工厂布局要有独立的原料储存间、生产车间和成品车间等。车间地面使用不渗水、不吸水、无毒、防滑材料（如耐酸砖、水磨石、混凝土等）铺砌，豆制品生产耗水大，注意污水排放，要有适当坡度，在地面最低点设置地漏，以保证不积水。地面平整、无裂隙、略高于道路路面，便于清扫和消毒。屋顶或天花板选用不吸水、表面光洁、耐腐蚀、耐高温、浅色材料涂覆或装修，要有适当坡度，在结构上减少凝结水滴落，防止虫害和霉菌滋生，以便于洗刷消毒。生产车间进口处和车间内适当地点设置洗手设施和工作靴鞋消毒池。门窗严密不变形，安装有窗纱、门帘等防蝇、防尘设施。定时对每个生产车间进行空气杀菌，如每班下班后紫外杀菌 1h，车间空气质量达到十万级。上班前后对地面进行彻底冲刷，采取有效措施控制鼠害和昆虫等。

## 四、人员的微生物控制

对生产人员而言，微生物的控制最首要的是培训从业人员认识良好生产环境对食品卫生的重要性。从业人员上岗前的培训，不应只关注工作技术与技能，还应定期进行从业人员的健康检查，每年至少一次。没有取得卫生监督机构颁发的体检合格证者，一律不得从事食品生产工作。

生产人员进车间前，穿戴整洁划一的工作服、帽、鞋、靴，工作服应盖住外衣，头发不得外露于帽外，双手洗净，直接与原料、半成品和产品接触的人员不准佩戴耳环、戒指、手镯、项链、手表，不准化妆、涂抹指甲油、喷洒香水进入食品加工区，并戴好发帽、手套和口罩，以防生产过程中碎屑、头发掉入食品中。手接触不洁物、进洗手间、吸烟、用餐、处理食品原料或其他任何被污染的材料后，都要用清洁剂将手彻底清洗干净方可进行工作。禁止操作人员在食品车间内吸烟、吐痰、咀嚼或吃东西，在无保护食品前打喷嚏或咳嗽。不准穿工作服、工作鞋进厕所或离开生产加工场所。工作服包括工作衣、裤、发帽、鞋靴、口罩、围裙、套袖等卫生防护用品，直接接触食品的工作人员必须每日更换，其他人员也应定期更换，保持清洁。工作人员受伤或疾病影响到食品安全时，应立即调离与食品接触的相关岗位，并及时向有关部分报告。进入食品生产、加工和操作处理区的参观人员，也应该戴防护性工作服并遵守个人卫生要求和工厂安排。如果有员工手上有感染，要包扎好，暂时避免接触食品。员工时刻注意个人清洁卫生，管理人员明确各车间工序个人的岗位职责，定期对生产人员进行检查和考核。食品安全常记心间，产品品质才能有保证。

## 第四节　高端检测仪器在豆制品中的应用

### 一、核磁共振设备

核磁共振（Nuclear Magnetic Resonance，简称 NMR）是指具有固定磁矩的原

子核，如 $^1H$、$^{13}C$、$^{31}P$、$^{19}F$、$^{15}N$、$^{129}Xe$ 等，在恒定磁场与交变磁场的作用下，以电磁波的形式吸收或释放能量，发生原子核的跃迁，同时产生核磁共振信号，即原子核与射频区电磁波发生能量交换的现象。核磁共振波谱法是将具有非零自旋量子数的任何核子放置到磁场中，通过产生核磁共振信号得到核磁共振谱。根据分辨率的差异，可以分为高分辨率（高场）和低分辨率（低场）两种不同的类型。高场核磁共振主要对样品的化学性质进行探测；低场核磁共振是指磁场强度在 0.5T 以下，检测对象一般针对样品的物理性质。目前应用较多的是以氢核（$^1H$）为研究对象的核磁共振技术。氢原子具有固定磁矩，而且广泛存在于脂肪、水、天然产物以及碳氢化合物等食品原料及成品中，在交变磁场的作用下，以电磁波的形式吸收或释放能量，发生原子核的跃迁，能够产生很强的核磁共振信号，通过得到的核磁共振谱检测食品中 $^1H$ 的存在状况及其量的变化，进而得到水分、脂肪或糖等分子在食品内部变化的信息，且具有易于检测、便于观察、稳定存在的特点，这为食品安全分析检测提供了理论依据。

核磁共振脉冲序列是各种参数测量技术的总称。质子密度、T1/T2 弛豫时间等都是组织的本征参数。在医学诊断和研究中，通过这些参数变化成像，可以突出感兴趣的组织，进而可以推知组织结构和功能状态，甚至可以对组织病变做出预测，对疾病、治疗提供参考依据。基于同样道理，将核磁共振技术引入到食品科学的研究中，通过对不同参数的测量，希望能够对食品的组织结构以及功能状态有一个深入的了解。结合储藏实验，对不同贮藏期食品的质量、质构，进行跟踪，建立储藏过程中的核磁共振参数对食品品质、质构的关系，并进而对食品保藏期作出预测，这对于耐储藏食品的开发将具有很好的指导意义。这也是将核磁共振技术引入食品科学领域的初衷。

低场核磁共振测定指标主要为弛豫时间。$^1H$ 核以非辐射的方式从高能态转变为低能态的过程称为弛豫。NMR 弛豫不是自发形成的，而是受到分子运动和相互作用控制。因此，它可以提供核内部的物理化学环境等有价值的信息。低场核磁共振主要通过对纵向弛豫时间 T1（自旋-晶格），横向弛豫时间 T2（自旋-自旋）和自扩散系数的测量，反映出质子的运动性质。T1 和 T2 分别测量的是自旋和环境及自旋之间的相互作用。在休闲豆干研究中，弛豫时间测量多用 T2 来表征，因为 T2 变化范围较大，而且 T2 比 T1 对多种相态的存在更加敏感。通过检测 T2 的变化规律，能够有效获取水分分布的全部信息，当水与底物结合稳固时，T2 值降低；当水流动性好时，T2 值较高。它可以区分不与固体颗粒或其他溶剂作用的自由水和结晶水，以及结合水和不可移动水，还可以反映自由水和水化水之间的化学渗透交换。同时，氢核的弛豫时间会随着食品的组成成分、保存温度、储藏时间、水分流动性等因素的变化而变化，这个参数能够提供与水分子的结合力和移动相关的重要信息。因此，低场核磁共振可以很好地适用于豆制品，进行多种指标的测定。

NMR 技术与其他测量方法相比较，具有很多显著的优点：①分析迅速，增加检测频率，提高工作效率；②样品用量少，检测过程无损伤，可重复测量；③一般不受样品状态、形状和大小的限制；④能够实时在线测量，获得样品在时间和空间上的信号信息；⑤操作简单规范，稳定性好，结果准确可靠；⑥样品只要预热就可测量，无须其他处理。近年来，科研工作者利用低分辨核磁共振技术对食品中水分分析做了大量的研究。

低场核磁共振分析仪需要设置两类参数：系统参数和序列参数。系统参数只与仪器的硬件有关，一般不会随序列的改变而发生变化；而序列参数则与所选择的序列及使用目的密切相关，需要根据测试样品的特性及选用的序列随时进行调整。

系统参数主要包括射频信号频率主值 $SF$、射频信号频率偏移量 $O1$、$90°$射频脉宽 $P90$、$180°$射频脉宽 $P180$、射频线圈死时间 $T_{DEAD1}$ 以及接收机死时间 $T_{DEAD2}$。射频的中心频率由 $SF$ 和 $O1$ 两部分组成，由于磁体温度微小的变化，都能使磁场强度发生略微的偏移，测试前必须调整中心频率与磁体频率一致；$SF$ 的大小由设备的磁体系统决定，为常量，该设备的 $SF=23.4MHz$；通过调整 $O1$ 使射频中心频率与磁体频率保持一致，故在每次开始实验前都要重新调整 $O1$，由系统自动进行调整。$P90$ 和 $P180$ 的大小由射频线圈及射频功率的大小共同决定，而与样品本身无关，实验所用仪器的 $P90=3.3\mu s$，$P180=6.6\mu s$。由于射频脉冲结束后，其能量不会瞬间消失，而是一个短时间震荡衰减的过程，该过程被称为零荡，在这段时间不能采集到有效的 NMR 信号，因此在正式采集有效信号之前，有两段等待时间，即射频线圈死时间 $T_{DEAD1}$ 以及接收机死时间 $T_{DEAD2}$，实验所用仪器 $T_{DEAD1}=10\mu s$，$T_{DEAD2}=32\mu s$。

### 1. 序列参数的选择

**（1）重复采样等待时间 RD**　　$RD$ 是指前一次采样结束到后一次采样开始的这段时间。$RD$ 值大小的选择是以使体系核子弛豫完全为标准，只有选择合适的 $RD$ 才能保证在最短时间内采集到样品信号的最大幅值。一般 $RD$ 的大小为样品 T1 值的 5 倍，如纯水的 $RD$ 为 10s 以上，油的 $RD$ 为 1s 左右。

由于休闲豆制品为固体样品，因此本实验从 1000ms 开始，每次以 100ms 的增幅来增大 $RD$ 值并观察采样信号最大幅值，当信号的幅值不再继续增大，则表明此时的 $RD$ 已经可以让样品恢复到平衡状态了。通过多次采样后发现，当 $RD$ 值增大到 2000ms 时，信号的幅值已不再增大，因此将重复采样等待时间 $RD$ 值设为 2000ms。

**（2）接收机带宽 SW**　　$SW$ 是用来反映信号采样频率的，如设置 $SW$ 为 100kHz，则仪器每隔 $10\mu s$ 采集一次信号。一般情况下，$SW$ 最好不小于 100kHz，若 $SW$ 太小，采样频率就会降低，则有可能丢掉样品的部分有效信号；若信号弛豫速度很快（如固体）则应增大 $SW$。在检测休闲豆制品时，设置 $SW$ 为 100kHz。

**（3）半回波时间 TAU（$\tau$）**　　$\tau$ 是指在 CPMG 脉冲序列中 $90°$脉冲与相邻 $90°$脉

冲之间的时间间隔，而 90°脉冲与相邻 180°脉冲之间的时间间隔恰好是 $\tau$ 的 2 倍。改变 $\tau$ 值会影响到弛豫图谱信号的形状。当 $\tau$ 值较小时，形成的弛豫峰较为平缓；当 $\tau$ 值较大时，形成的弛豫峰较陡，顶点较尖；经过多次实验，认为当 $\tau = 150\mu s$ 时，形成的峰形符合 CPMG 序列的回波形状。

**（4）回波个数 NECH**　NECH 是指信号采样得到的回波数量，也是施加 180°脉冲的个数。回波个数与回波时间的乘积为回波采集的总时间，反映在 CPMG 实验界面图上即为弛豫曲线的长度。在信号采集时，要求横坐标的时间长度略大于或等于弛豫曲线的长度。即 $TD/SW \geqslant 2\tau \times NECH \times 10^{-3}$。因此，确定了其他参数后，回波个数可通过计算得到。在本次实验中所选择的回波个数 NECH 为 4096 个。

**（5）重复采样次数 NS**　NS 必须是偶数且不应少于 4 次。NS 越大，采样信号的信噪比越高，需要进行采样的时间也越长。由于休闲豆制品体系内水分含量较高，信号较强，因此选用的重复采样次数 NS 为 8 次，既提高了信噪比，又不会使采样的时间过长。

### 2. 休闲豆制品 CPMG 脉冲序列的检测结果

用 CPMG 脉冲序列检测休闲豆制品样品的横向弛豫时间 $T2$，得到样品的横向弛豫曲线如图 6-1 所示。

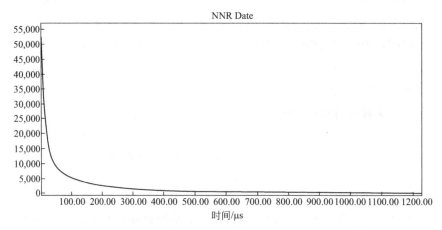

图 6-1　休闲豆制品的横向弛豫曲线图

但是利用 CPMG 脉冲序列测得的弛豫信号是物质内部具有不同自由度的氢质子产生的弛豫信号的总和，无法直接用于数据分析。要得到不同自由度氢质子的弛豫情况，要将采集到的 $T_2$ 衰减曲线代入弛豫模型 $g_i = \sum_{j=1}^{m} f_j e^{-ti/Tj}$ 中拟合并反演可以得到样品的 $T_2$ 弛豫信息，包括弛豫时间及其对应的弛豫信号分量。图 6-2 是休闲豆制品样品经 Win-DXP 软件处理后的 $T_2$ 反演图谱。

样品组分的弛豫时间（$T2$）与其流动性成正比，流动性强的组分弛豫比较慢，

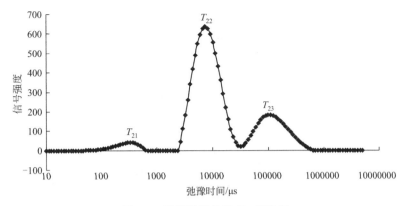

图 6-2 豆腐干样品的 $T_2$ 反演图

需要较长的时间达到平衡状态，因此弛豫时间较长。由图 6-2 可以看出，样品经反演处理后，$T_2$ 图谱出现了 3 个峰，分别记为 $T_{21}$、$T_{22}$、$T_{23}$（$T_{21} < T_{22} < T_{23}$），它们代表了休闲豆制品中 3 种不同氢质子组分。$T21$ 弛豫时间最小，其弛豫面积比例也最小，$T23$ 弛豫面积比例也相对较小，而 $T22$ 弛豫面积比例最大。

## 二、质构仪

### 1.质构仪的概述

质构测定仪（Texture Analyzer）或称物性测定仪，是根据胡克定律与牛顿流体力学的理论研发而成的物性测定设备，通过模拟人的触觉将食品的感官评价和模糊的口感量化，同时检测食品的多种性质，如硬度、脆性、黏着性、弹性、耐咀嚼性、内聚性、胶着性、回复性、延展性、松弛性、坚实度、拉伸强度、抗压强度、穿透强度、破坏强度等。它的主要结构就是能够使物体产生形变的机械装置，在这种装置上安装各种极为灵敏的传感器，在计算机程序设定的速度下，机械装置上下移动，当传感器与样品接触达到触发力时，计算机开始根据力学、时间和形变之间的关系绘制曲线。由于传感器是在设定的速度向样品匀速移动，因此，横坐标时间和距离可以自动转换，并可以进一步计算出被测物体的应力和应变关系。质构仪功能强大、检测精度高、性能稳定，是常用的测量食品质地的经典仪器。

质构仪可以配备不同量程的传感器，因此可以检测食品多方面的物理特征参数，并可以和感官评定参数进行比较。测试模式主要有质构剖面分析（TPA，Texture Profile Analysis）、拉伸测试、稠度测试、剪切测试、穿刺测试、挤压测试、三点弯曲测试等。其中，TPA 是一种基于模拟牙齿的咀嚼功能，通过对试样进行两次往复压缩而采集数据，通过力-时间关系曲线，计算出反映样品质构的各项参数，具有较高的灵敏度和客观性。TPA 测试能够较全面地反映食品质构特性，因此试验中多采用 TPA 模式测试食品的质构变化。TPA 测定特征曲线见图 6-3。

硬度（Hardness）：第一次压缩时的最大峰值，指食品达到最大形变时保持其

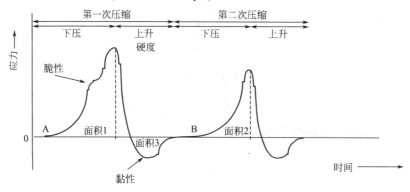

图 6-3　TPA 测定特征曲线

形状的内部结合力。

脆性（Fracturability）：样品压缩后容易破碎的性质，不是所有的压缩过程都产生破碎，在 TPA 特征曲线图中的第一次压缩曲线中若是出现两个峰，则第一个峰为脆性，第二个峰为硬度；只有一个峰时，则判断样品只有硬度，无脆性。

黏性（Adhesiveness）：第一次压缩曲线回到零点与第二次压缩曲线开始之间曲线的面积，反映因样品的黏着作用而使探头消耗的功。

弹性（Springiness）：样品经过第一次压缩后恢复至原来状态的程度，根据第二次压缩可以测得样品恢复的高度。由此可知，两次压缩测试之间的间隔时间对弹性测定的影响极大，停隔的时间越长，恢复的高度越大。弹性的表示方法有几种，最典型的是用样品第二次压缩恢复高度与第一次测量高度的比值。

黏聚性（Cohesiveness）：样品经过第一次压缩变形后所表现出来的对第二次压缩的相对抵抗能力，在 TPA 特征曲线上表现为两次压缩所做正功之比（即面积2/面积1）。

胶黏性（Gumminess）：仅用于描述半固态样品的黏性特征，用硬度和黏聚性的乘积表示。

咀嚼性（Chewiness）：即消费者称的咬劲，仅用于描述固态的样品，用胶黏性和弹性的乘积表示，它反映食物对咀嚼的持续抵抗性。

## 2. 应用实例

卜宇芳等研究休闲豆干的质构变化，结果见表 6-2。表 6-2 中，随着储藏时间的增加，豆腐干硬度和咀嚼性变化趋势一致，0～150 天一直在增大（60 天时出现下降），且 90 天后变化幅度增大，180 天时略有下降。豆腐干是高蛋白质凝胶食品，水分含量下降，蛋白凝胶强度增大，引起豆腐干的硬度和咀嚼性增大，表 6-3 相关性分析显示蛋白质和硬度、咀嚼性都高度相关，$r$ 分别为 0.802、0.848。随着硬度和咀嚼性增大，咀嚼豆腐干更费力，超过一定程度，口感上不可接受。

表 6-2　豆腐干储藏过程质构特性变化

| 储藏天数/d | 硬度/N | 咀嚼性/N | 回复性 | 黏聚性 | 弹性 |
|---|---|---|---|---|---|
| 0 | $1.87\pm0.16^a$ | $1.60\pm0.31^a$ | $0.6325\pm0.0070^b$ | $1.2631\pm0.0347^{ab}$ | $0.9695\pm0.0214^{ab}$ |
| 30 | $2.53\pm0.36^b$ | $2.27\pm0.23^b$ | $0.6096\pm0.0283^{bcd}$ | $1.2707\pm0.0328^a$ | $0.9729\pm0.0170^b$ |
| 60 | $2.39\pm0.22^{ab}$ | $2.10\pm0.14^{ab}$ | $0.6260\pm0.0025^{bc}$ | $1.2683\pm0.0248^a$ | $0.9600\pm0.0187^{ab}$ |
| 90 | $2.59\pm0.41^b$ | $233\pm0.27^b$ | $0.6546\pm0.0084^a$ | $1.1912\pm0.0248^b$ | $0.9641\pm0.0154^{ab}$ |
| 120 | $4.27\pm0.37^c$ | $3.72\pm0.23^c$ | $0.6023\pm0.0209^{cd}$ | $1.2279\pm0.0143^{ab}$ | $0.9546\pm0.0032^a$ |
| 150 | $4.80\pm0.30^c$ | $4.26\pm0.34^d$ | $0.5753\pm0.0180^e$ | $1.2304\pm0.0324^{ab}$ | $0.9594\pm0.0130^{ab}$ |
| 180 | $465.00\pm45.00^c$ | $374.00\pm37.00^c$ | $0.5323\pm0.0272^f$ | $1.4280\pm0.0656^c$ | $0.9672\pm0.0171^{ab}$ |

注：同一列中不同字母表示数值差异显著（$P<0.05$）。

　　回复性反映了食品快速恢复形变的能力。豆腐干中的回复性主要是受碳水化合物的影响，$r=0.753$。黏聚性是消费者咀嚼时，样品抵抗受损并紧密连接使其保持完整的性质，它反映了豆腐内部结合力的大小。60 天内回复性和黏聚性均较稳定，90 天时分别出现最大值和最小值。其中黏聚性总体变化不显著，最小值的出现可能是水分含量增高暂时性地导致其与蛋白质间的内部结合力下降。但回复性和黏聚性变化趋势恰好相反的原因还有待研究。弹性在储存过程中出现波动性变化但显著性差异小（$P<0.05$），对豆腐干口感品质影响不大，与王春叶研究结果一致。综合感官、主要成分含量和质构变化结果，推测 60～90 天是豆腐干内部品质变化初期，90～180 天为品质变化显著时期，豆腐干质构特性的改变与主要组分含量的变化有着密切的关系。

表 6-3　豆腐干质构特性与主要成分相关性分析

| 营养组分 | 水分 | 蛋白质 | 脂肪 | 碳水化合物 |
|---|---|---|---|---|
| 硬度 | —0.578 | 0.802 | 0.409 | —0.960 |
| 咀嚼性 | —0.636 | 0.848 | 0.468 | —0.948 |
| 回复性 | 0.320 | —0.536 | —0.317 | 0.753 |
| 黏聚性 | 0.247 | —0.094 | —0.164 | —0.283 |
| 弹性 | 0.501 | —0.450 | —0.153 | 0.381 |

注：在 0.05 水平（双侧）上显著相关，在 0.01 水平（双侧）上极显著相关。

## 三、电子鼻

　　电子鼻也称人工嗅觉系统，是模拟生物鼻的工作原理进行工作的。电子鼻的工作可简单地归纳为传感器阵列→预处理电路→神经网络和各种算法→计算机识别。

　　电子鼻由样品处理系统、气体传感器阵列和模式识别系统三部分组成。第一部分是样品处理系统。有气味物样品通过管子由真空泵吸入到由一阵列传感器所组成的一个小腔室中。第二部分是气体传感器阵列。气体传感器相当于人的嗅觉神经元，是电子鼻的关键部分。当有气味物暴露于一组传感器阵列时，有气味物（混合气味物）将和一阵列传感器相互作用，并产生瞬间响应，依据传感器的种类和特征，会在几秒或几分钟内达到稳定状态。在一阵列传感器中，每一种传感器都有自己的灵敏度。例如一种有气味物也许会对某一种传感器产生较高的响应，但却对另一种传感器不太敏感；而另一种有气味物也许会对多数传感器产生较高的响应。传感器的响应模式对不同的有气味物是截然不同的，这一点相当重要。如此的分辨率使这一系统能从气体传感器的响应模式中检定出未知的有气味物。阵列传感器中的每一个传感器对有气味物均有唯一的响应图谱，单个气体传感器对气体的响应可用强度表示，当由多个气体传感器组成传感器阵列同时测量某以多种成分组成的气味时，就会在多维空间中形成响应模式。电子鼻中第三部分是信号处理系统，也被称为模式识别系统。由气味传感器阵列所获得的气味信息，要经过预处理电路并进行特征提取。

常规的气味浓度检定及模式识别方法是在已知嗅敏传感器的响应方程和数学模型的前提下进行的。但由于目前的嗅敏传感器的响应机理及其模型比较复杂，非线性严重，以及数学模型难以建立，上述方法的实现面临较大的困难。

电子鼻系统可根据食品的气味对食品的品质进行分级，检测食品的新鲜度，进行饮料识别、酒识别、烟草识别等。电子鼻还可以判断原料质量的变化；对不同加工工艺的产品的气味进行分析判断，选择其中气味和口感最佳的产品的加工工艺，提高生产效率；还可以应用在产品品质的在线监控中，保证产品感官品质的稳定性。

由于电子鼻响应时间短、检测速度快，样品预处理简便，测定评估范围广等优点，已被广泛地应用于各个行业。电子鼻可对气味的客观描述弥补了人类感官描述的不准确性和气相色谱的繁杂性的缺点，使得它在未来的应用中更具潜力。

电子鼻检测的是休闲豆制品常温下储藏过程中气味的变化，0～180 天的休闲豆制品电子鼻数据 PCA（Principal Component Analysis，PCA）分析，见图 6-4。样品中第一主成分（Principal Component 1，PC1）和第二主成分（Principal Component 2，PC2）的贡献率越大，主要成分越具有代表性。图 6-4 中 PC1 贡献率为 94.2%，PC2 贡献率 2.5%，总贡献率达到 96.7%，能够代表样品的整体信息。但 DI（Discrimination Index，DI）值为－35.6%。判断 PCA 和 LDA（Linear Discriminant Analysis，LDA）模型的区分能力主要是依靠 DI 值大小，DI 值越大，越接近 100% 则区分效果越好，DI 值越小或者为负值表示不能较好地区分待测样品。图 6-4 中 30 天和 60 天的豆干图谱发生部分重叠，所以 DI 值为负值；随储藏时间的变化，图谱分布变化趋势也不明显，说明 PCA 不是区分不同储藏时间豆干最好的方法。但 150 天和 180 天平行样构成的图谱范围面积较其他组明显增大，可能反映了这两个时期个体之间气味的变化差异也增大。

图 6-5 是 LDA 分析以上相同样品的电子鼻数据结果。PCA 分析中储藏时间

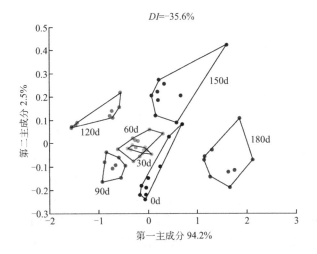

图 6-4　电子鼻对不同储藏时间豆干的 PCA 分析图

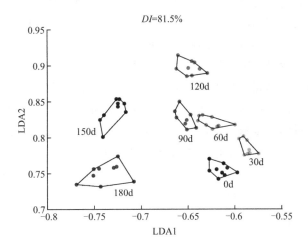

图 6-5　电子鼻对不同储藏时间豆干的 LDA 分析图

发生重叠了的图谱，在 LDA 分析模式下，能够完全区分，*DI* 值 81.5％，而且随着储藏时间的变化呈现一定趋势：储藏 0 天、30 天、60 天、90 天和 120 天的图谱相距较近，说明 0～120 天内豆干的主要气味特征相似；这一时期内随着储藏时间的延长，样品构成的图谱沿着 LDA2 连续性上移。而 150 天和 180 天图谱与其他组相距较远，说明这两个时期气味与前期区别大。由于食品气味的改变一定发生了质量的改变，再结合感官评价结果，可以推断 150～180 天豆干品质已发生明显的劣变。因为 LDA 模型能细致地区分不同样品的气味差异，模型特征是同类数据集中度更高，组间距离更大，所以 LDA 比 PCA 更适合不同储藏时间豆干样品的区分。

## 四、电子舌

电子舌技术作为近年来发展起来的一种新型的食品分析、检测、评价技术，是将仿生学、传感技术、信号处理技术、模式识别和计算机科学等多种学科综合应用的一种功能系统。目前电子舌技术已经广泛应用于食品工业、石油化工、包装材料、环境监测等领域。与传统的方法如色谱法、光谱法、毛细管电泳法不同，电子舌技术获得的不是被测样品中某一种或几种成分的具体性质和含量信息，而是这种被测样品的所有组分的一个整体的综合信息，如同食品的"指纹图谱"。

电子舌是一种利用多阵列传感器获取样品特征响应信号，通过信号处理系统和模式识别系统对样品进行定性或定量分析的新型分析测试技术。类脂膜作为滋味物质换能器的滋味传感器，它能够以类似人的滋味感受方式检测出滋味物质。电子舌系统主要可分为三部分：传感器阵列、信息处理、模式识别。传感器阵列相当于人类的舌头，构成传感器阵列的每个传感器就相当于舌头上味蕾中的滋味细胞，具有交互敏感性，可以同时感受不同类别的化学物质。传感器阵列是由具有非专一性、弱选择性、对溶液中不同组分（有机和无机、离子和非离子）具有高度交叉敏感性的传感器单元组成，传感器的敏感膜是一种类似于生物系统的材料，当类脂薄膜的一侧与滋味物质接触时，膜电势发生变化，从而产生响应，检测出各类物质之间的相互关系。信息处理单元就相当于滋味系统中的神经感觉系统，对采集到的信号做滤波、变换、放大以及传递等处理，并传入到计算机。而模式识别单元就模拟人类的大脑，对所获得的信号数据进行综合的处理和分析，从综合信息里提取特征值，建立识别模式，用于对样品进行整体的评估和分析。

电子舌检测豆干常温下储藏过程中滋味的变化，图 6-6 为不同储藏时间的豆干样品主成分分析图，第一主成分和第二主成分的总贡献率仅为 54.5%，电子舌不

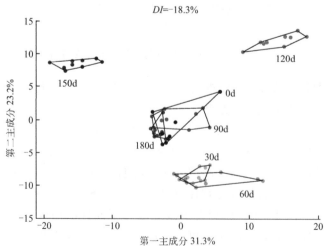

图 6-6　电子舌对不同储藏时间豆干的 PCA 分析图

能较完全检测出不同储藏时间豆干的特征性信息。图 6-7 为电子舌 LDA 分析图，虽然 $DI$ 值为 $100\%$，能够完全区分不同时间的豆干，但在分布趋势上没有明显的随时间延长而呈现的规律。综上所述，电子舌对不同储藏时间的豆干不能较好地进行区分与鉴别。

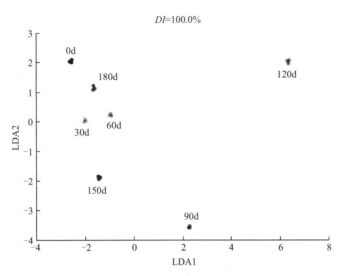

图 6-7　电子舌对不同储藏时间豆干的 LDA 分析

# 第五节　豆制品感官评定方法——以双盲法为例

　　双盲实验最早是科研人员在对研制的新药进行测试时用的一种方法。在这种双盲实验中，作为实验对象的病人和作为实验参与者（或观察者）的医务人员都不知道谁被给予了新药，谁没有被给予新药。这样，医务人员对病人服药以及服新药这两种结果的观察就会更加客观，因而对新药实际效果的解释也就会更准确、更科学。这种"双盲"的实验设计能使研究人员进一步从其他一些变量中孤立出新药的效果来。双盲在实验中是一种基本的工具，用以在实验中排除参与者有意识的或者下意识的个人偏爱。比如，在双非盲实验中检验受试者对不同品牌食品的偏爱，受试者往往选择他们偏爱的食品，但是在双盲实验中，即品牌不能被辨认的情况下，受试者可以真正排除个人品牌偏好而进行实验。在食品感官试验中，越来越多科研工作者采用双盲法，以期得到较严谨的结果。

## 一、感官评价与仪器分析结合

　　感官评价是对食品进行综合评定，带有很大的主观性，由其所得的结果可能会由于个人之间的感觉差异所限制，这种差异与评定人员个体的解剖学、生理学以及评定人员的文化背景差异有关系。而仪器测定具有结果重现性好,易于操作,误差小等优点。在对食品进行质地检测时,通常将两种方法结合起来。如果质地是影响食品美味的重要因素,则应该参照质地多剖析的方法确定哪项质地特征是关键,然后针对这些特征按照分析和嗜好评价进行相应的感官评定。同时按照评价的内容选择确定相应的质地检测仪器和条件,测得各项数据。最后将感官评定与仪器测定结果进行相关统计分析。根据相关性统计分析结果,可以确定可代替感官评定的、准确性和相关性好的客观评定(仪器检测)方法。

目前,越来越多的研究表明,将两种分析方法结合起来可以达到很好的效果。一些研究在对产品的质地进行检测时,将仪器测量结果与感官评分进行相关性分析,结果证明:质构分析仪测定结果与感官评分有较好的相关性,赵延伟等采用质构仪测试和感官评价法研究休闲豆干的质构与感官评分的相关性,得到不同工艺条件加工后的豆腐干,质构评价指标中的回复性、弹性、黏附性分别与感官评价指标中的结构、韧性、可接受性存在相关性,为豆腐干质地特征的量化提供了依据。

## 二、感官评价在休闲豆制品品质研究中的实例

### 1. 实验

参考王春叶实验所建立的豆腐干感官品质系统中消费者接受性的关键指标,以及DB43/160.5—2009《湘味熟食豆腐干(皮)熟食》的感官要求,确定休闲豆干的总体接受性感官指标为色泽、质地和风味。对 4℃、室温、30℃ 三个温度储藏时间分别为 0 天、30 天、60 天、90 天、120 天、150 天、180 天的休闲豆干样品进行密码编号,采用双盲法进行测评。邀请 10 名食品专业的学生(5 名男性、5 名女性)组成感官评定小组。参考感官评定要求,从颜色描述、风味描述、质构描述等方面对评定人员进行培训。感官评价实验室要求宽敞明亮、洁净、无异味,温度为 25℃,并提供评单、牙签、漱口水、笔等相关用品。感官评定人员在评定过程中,应重点辨别不同温度下样品的品质区别,相互间不能评论与交流。感官评分标准采用 10 分权重制,色泽的权重为 20%,质地权重为 40%,风味权重为 40%。休闲豆干的感官评分标准见表 6-4。

表 6-4    休闲豆干的感官评分标准

| 色泽 | 质地 | 风味 | 评分 |
|---|---|---|---|
| 呈酱红色或深褐色,淡黄色或黄色,有光泽,色泽相对一致 | 形态完整,厚薄均一,口感细腻,软硬适宜,质地紧实,有弹性和韧性,有一定嚼劲 | 味道鲜美,有卤制香气和滋味,有回味,咸淡适中,香辣协调,无哈败等异味 | 好 8.0~10 |
| 颜色稍微加深,光泽度下降 | 口感变差,弹性和韧性一般,硬度增大 | 鲜美味稍微下降,卤制香味下降,风味比较淡 | 中 6.0~8.0 |
| 颜色变黑,失去光泽,色泽不均一 | 口感粗糙,质地松散,失去弹性,硬度太大 | 不鲜美,风味很平淡,卤制香味很少,或有哈败味 | 差 <6.0 |

## 2. 结果与讨论

储藏 0 天的样品呈深褐色，口感细腻，软硬适宜，质地紧实，味道鲜美，有卤制香气和滋味。经过 30 天储藏后的感官评分与对照组相比有所下降，但是变化并不明显。经过 30℃储藏 60 天和室温储藏 120 天后，多数评员认为样品的品质低于好的品质范围，且 30℃储藏 90 天后品质不可接受。从图 6-8 中看，储藏温度越高，样品感官分值下降的速度越快。随着储藏时间延长，样品卤制香味变淡，颜色加深，失去光泽，组织松散，口感变硬，失去弹性，表明储藏会对休闲豆干的风味、颜色和口感造成较大的影响。而 4℃样品在储藏 150 天内的感官评分结果均在 8 以上，均可以被评员接受。

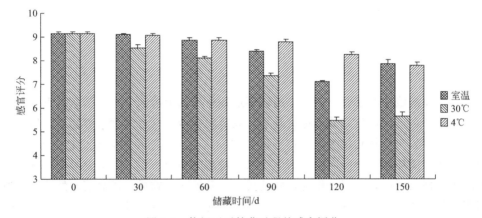

图 6-8　休闲豆干储藏过程的感官评分

# 第七章

# 豆清发酵液生产

豆清发酵液来源于豆腐压榨、制坯等过程析出的上清液,在自然条件下发酵而成,因其颜色呈淡黄色,故又称黄浆水。豆清发酵液中含有多种营养物质,但是目前我国大多数工厂将其作为废弃物直接排放,这不仅不能将其营养价值充分利用,而且极其污染环境,对产品的清洁生产以及增加附加值不利。豆清发酵液一部分作为凝固剂回收利用,一部分作为发酵基质生产其他活性物质。以豆清发酵液作为凝固剂,生产的豆腐制品具有特殊的醇香,同时还含有一些特殊的生物活性物质。

豆制品企业生产豆腐产生大量的豆清液,直接排放会造成严重的环境污染。目前,通过对豆清发酵液进行厌氧和好氧生物处理,来降低废水的COD(化学需氧量)和BOD(生物需氧量),这样处理虽然达到了国家排放标准,但是大量的水资源以及生物活性物质被浪费掉。回收利用豆清发酵液,不只是减少了废弃物排放,还能得到生物活性物质,资源得到合理利用。

## 第一节　豆清发酵液中的微生物

### 一、豆清发酵液微生物多样性

目前,从豆清发酵液中已分离出白地霉、产香酵母、嗜酸乳杆菌、植物乳杆菌等。嗜酸乳杆菌是人体肠道益生菌,通过抑制肠道腐败微生物的增殖维护肠道菌群平衡,有助于人体免疫力的提升,被认为最具开发价值的乳酸菌之一。

### 二、豆清发酵液微生物分离

豆清发酵液中的微生物情况一直不清楚,有何种微生物产酸以及微生物的具体代谢情况尚不明确，所以难以实现工业化生产，产品质量难以控制。微生物分离鉴定方法有很多，通过传统分离培养方法从豆清发酵液中分离得到乳酸菌，通过产酸量等指标筛选出优势产酸菌，再经过菌体菌落特征、生理生化实验以及 16S rDNA 分子生物学鉴定，进一步确定产酸菌。

### 1. 分离纯化、鉴定

**（1）分离纯化**　用已灭菌的移液枪吸取 1mL 的豆清发酵液样品，使用无菌的生理盐水分别对其进行 $10^{-1}$、$10^{-2}$、$10^{-3}$ 梯度的稀释处理，不同稀释度悬液分别吸取 1mL 进行涂布并将其接种于 MRS 固体的培养基上，等菌液渗入培养基后，倒置于 37℃恒温培养 24h。

挑取菌落特征不同的单菌落在固体培养基上进行划线分离，分离纯化多次，直至划线培养得到单菌落。

**（2）鉴定**　分别挑取分离纯化后的菌株接种于改良 MRS 固体培养基上，置于 37℃恒温培养箱静置培养 48h 后，观察是否有溶钙圈。如果没有溶钙圈，不是目标菌株。

通过纸层析法检测分离得到的菌株发酵产物中是否产生乳酸（用乳酸作对照）使用甲酸正丁醇∶水＝2∶10∶1 的展开剂展开，紧接着用甲基红-溴酚蓝显色剂（0.04％溴甲酚紫酒精溶液）进行显色，若层析纸上的斑点显现黄色，则此菌株为阳性，进一步确定 $R_f$ 值，若 $R_f$ 值与乳酸的值相近，可确定检测菌株为乳酸菌。

测定比较菌种在不同发酵时期的产酸量与 pH 值，筛选出产酸能力强的菌株。

① 酸量的测定　将产乳酸的纯种菌株接入 MRS 液体培养基中，于 37℃的培养箱中摇瓶培养，分别在 0h、4h、8h、16h、20h、24h 时取出测定摇瓶内培养液的乳酸量。乳酸含量测定用总酸测定方法，用标定后的 NaOH 标准溶液（约 0.10mol/L）进行滴定测量。

② pH 值的测定　采用 EL20 pH 计测定。

观察细菌的菌落形态、菌落颜色、形状、透明度、有无芽孢，并挑取单菌落进行革兰染色后镜检，蓝色或紫色为革兰阳性菌，红色则为革兰阴性菌。

对筛出的优势菌株进行生理生化特性实验，用 Sensititre（先德）微生物鉴定仪进行鉴定。

① 富集培养　将分离纯化后的菌种接种到营养琼脂培养基上，划线培养，于 37℃的恒温培养箱中培养 18～24h。

② 浊度调整　取标准浊度管，在浊度仪上进行调整直到显示灯亮绿色就表示可以了，再用灭菌棉签挑取培养 24h 的细菌菌落，在无菌状态下接到浊度管中，振荡摇匀，再将浊度管放在浊度仪上测量，直到调至显示灯亮绿色。

③ 接种鉴定板　将浓度调好之后的菌悬液在无菌操作台下倒入到 V 形加样槽中，然后用 $50\mu L$ 的移液枪吸取已调好的菌悬液滴加到标准的鉴定板上，再于制定

的孔中滴加石蜡油，然后贴好膜后置于恒温培养箱中于35℃条件下培养。

④ 读取数据　开启鉴定系统，将已培养 16～24h 的微生物鉴定板放到先德（Sensititre）微生物自动鉴定仪的读数仪上，点击读板操作，之后仪器根据反应情况，按照概率值得出该菌株的名称。

最后通过分子生物学方法来鉴定，方法如下。

收集 100mg 菌体，加液氮研磨充分；加入 400μL DNA 提取缓冲液，充分混匀；65℃水浴，10min。再加入 130μL 3mol/L 醋酸钾（KAc），冰浴 5min；加入 400μL 氯仿：异戊醇（24：1），充分混匀；13000g 离心 10min；移取 400μL 上清液加入新的 1.5mL 离心管，并加入等体积的异丙醇，室温放置 10min；弃去上清液，加入 1mL 75% 乙醇，13000g，2min；弃净上清液，加入 20～30μL ddH$_2$O，溶解沉淀。EX Taq 酶（TaKaRa），dNTP（TaKaRa），引物（Invitrogen 合成）。反应条件：95℃预变性 5min，95℃变性 30s，55℃退火 2min，72℃延伸 1min 30s，共 24 个循环；72℃总延伸 10min。将扩增片段进行测序。根据测序结果与 NCBI 网站已有序列进行 BLAST，进而确定其分类地位。根据 BLAST 结果，搜索该菌种相关报道，确认其形态特征是否吻合。如果尚且不能确定，进行相应的实验来证明。

**2.豆清发酵液微生物分离结果**

**（1）样品富集**　在无菌条件下，对 4 个自然发酵的豆清发酵液样品进行富集，得到 4 种富集菌液备用，见图 7-1。

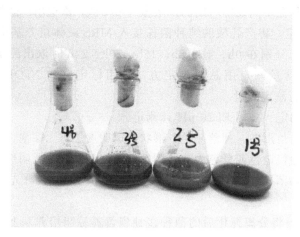

图 7-1　不同豆清发酵液样品富集样

以样品 1 中乳酸菌的分离、纯化及鉴定为例说明。

利用 MRS 选择性培养基对稀释后的样品 1 富集菌液在 37℃下培养 48h，分离出 2 株产乳酸菌种，编号为 M-3、M-6，经菌落、菌体形态观察，两株菌种的菌落形态和菌体特征见图 7-2 和图 7-3，其形态描述结果见表 7-1。

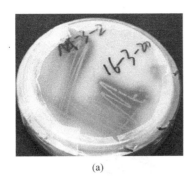 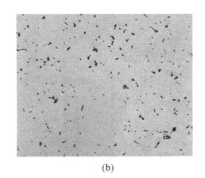

(a)　　　　　　　　　　　　　　　　(b)

图 7-2　乳酸菌 M-3 的菌落（a）及革兰染色（b）结果（×1000）

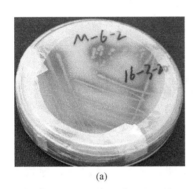 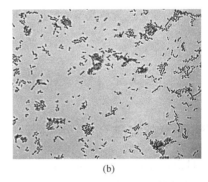

(a)　　　　　　　　　　　　　　　　(b)

图 7-3　乳酸菌 M-6 的菌落（a）及革兰染色（b）结果（×1000）

**表 7-1　菌株 M-3、M-6 菌落特征和菌体形态特征**

| 菌株编号 | 形态特征 | 菌体特征 |
|---|---|---|
| M-3 | 圆形灰白色菌落，表面湿润光滑，不透明，边缘整齐，有明显的溶钙圈 | 菌体为革兰阳性双球杆菌，不运动，不形成芽孢，单个或成链排列 |
| M-6 | 圆形灰白色菌落，表面湿润光滑，不透明，边缘整齐，有明显的溶钙圈 | 菌体为革兰阳性双球杆菌，不运动，不形成芽孢，成链或单个排列 |

**（2）鉴定结果**　菌株 M-3、M-6 的 16S rDNA 的鉴定由菌株 M-3、M-6 的 16S rDNA PCR 产物电泳图（图 7-4）可知，目的条带在 1000～2000bp 之间，约为 1400bp，经 16S rDNA 测序结果可知，菌株 M-3 序列长度为 1371bp，菌株 M-6 序列长度为 1375bp。将上述序列输入 NCBI 经序列比对及同源性分析，可得到最相似的物种名、登录号及其相似率。根据 BLAST 序列比对结果，菌株 M-3 与 *Leuconostoc mesenteroides* subsp. *mesenteroides strain*（KU207096.1）的核苷酸序列同源性为 100%，菌株 M-6 与 *Leuconostoc mesenteroides* subsp. *mesenteroides strain*（KX289522.1）的核苷酸序列同源性为 100%，再利用 MEGA5.0 软件构建系统发育树，根据结果可将 M-3、M-6 鉴定为肠膜明串珠菌（*Leuconostoc mesenteroides*）。

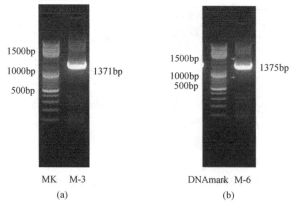

图 7-4　乳酸菌 M-3（a）、M-6（b）DNA 的 PCR 产物电泳图

# 第二节　豆清发酵液生产技术

## 一、豆清液发酵工艺

　　传统自然发酵的豆清发酵液，由于菌群不明，杂菌污染严重，导致发酵结果不可控，用于豆腐点浆存在一定的安全隐患，而通过纯菌种发酵豆清夜制备豆腐凝固剂可以尽量避免杂菌污染而引起的豆腐品质安全问题。本试验欲利用从湖南邵阳传统点浆用豆清发酵液中分离筛选得到的高产乳酸菌株为发酵菌种，进行纯乳酸菌菌种发酵制备新型豆腐凝固剂，通过考察其菌种配比、接种量、发酵时间、发酵温度、初始 pH 值等因素对产乳酸量的影响，并通过响应面设计对其发酵工艺进行优化。纯菌种制备豆腐凝固剂对指导豆制品生产企业进行有效的技术改进和凝固剂纯种发酵工艺现代化的改造具有非常重要的现实意义，同时为进一步提升豆制品的品质奠定良好的基础，有利于实现豆制品生产的规模化、机械化和安全化。

## 二、豆清液发酵工艺试验优化

### 1. 菌种配比对产乳酸量的影响

　　由图 7-5 可知，当混合乳酸菌中干酪乳杆菌、鼠李糖乳杆菌、玉米乳杆菌的菌种配比为 1∶1∶1 时，乳酸量最高。由于鼠李糖乳杆菌的生长能力最强，干酪乳杆菌次之，在一定时间内快速繁殖产酸，使得培养基环境 pH 值迅速降低，抑制了其他乳酸菌的生长，因而当鼠李糖乳杆菌的比例减小时，乳酸量反而增加，当干酪乳杆菌的比例增大时，其乳酸量减少，因此选择 1∶1∶1 为较好菌种配比。

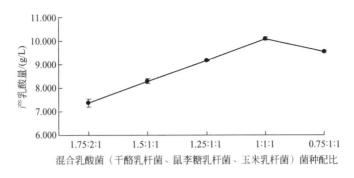

图 7-5　混合乳酸菌菌种配比对产乳酸量的影响

### 2.接种量对产乳酸量的影响

由图 7-6 可知,当接种量为 $3 \times 10^8 CFU/mL$ 时,乳酸量最高,当接种量低于 $3 \times 10^8 CFU/mL$ 时,随接种量的增加,由于培养基中营养充足,乳酸量逐渐增大,当接种量高于 $3 \times 10^8 CFU/mL$ 时,由于培养基中的营养物质有限,随着乳酸菌的大量加入,前期乳酸菌大量繁殖,营养消耗速度加快,待一定时间后,营养消耗殆尽,乳酸菌会出现大量死亡,另外前期乳酸量急剧增长,会降低培养基的 pH 值,抑制乳酸菌的生长,故而乳酸量会有下降趋势。因此选择 $3 \times 10^8 CFU/mL$ 为较好接种量。

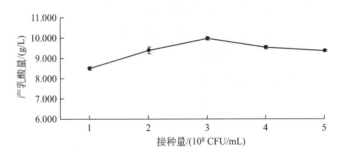

图 7-6　混合乳酸菌接种量对产乳酸量的影响

### 3.发酵时间对产乳酸量的影响

由图 7-7 可知,当发酵时间为 48h 时,乳酸量最高,当发酵时间低于 48h 时,随发酵时间的延长,乳酸量逐渐增加,当发酵时间超过 48h 时,由于营养物质已被消耗,且环境 pH 值降低,会抑制乳酸菌的生长,因而乳酸量会趋于平缓或略有降低,因此选择 48h 为较好发酵时间。

### 4.发酵温度对产乳酸量的影响

由图 7-8 可知,当发酵温度为 37℃ 时,产乳酸量最高。当温度低于 37℃,随发酵温度的升高,合适的温度有利于乳酸菌的生长,因而产乳酸量逐渐增大,当温

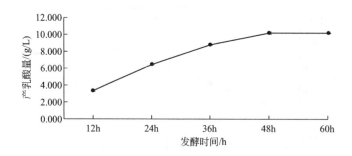

图 7-7　发酵时间对产乳酸量的影响

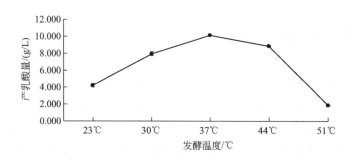

图 7-8　发酵温度对产乳酸量的影响

度高于37℃时，由于高温会影响乳酸菌的生长活性，造成乳酸菌因高温而死亡，乳酸量也会呈下降趋势。故选择37℃为较好发酵温度。

### 5. 初始 pH 值对产乳酸量的影响

由图 7-9 可知，当初始 pH 值为 7.2 时，乳酸量最高，当 pH 值低于 7.2 时，乳酸量随 pH 值的增大而增大，当 pH 值高于 7.2 时，乳酸菌随 pH 值的增大而呈减小趋势，故此可知，乳酸菌的最适 pH 值为 7.2。

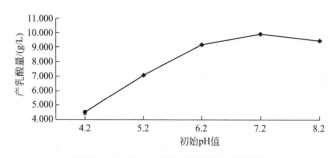

图 7-9　初始 pH 值对产乳酸量的影响

### 6. 响应面试验

试验因素编码水平表见表 7-2。响应面优化设计见表 7-3。

表 7-2　试验因素编码水平表

| 编码水平 | 单因素 | | | | |
|---|---|---|---|---|---|
| | A 菌种配比[①]<br>（v/v/v） | B 接种量<br>/（CFU/mL） | C 发酵时间<br>/h | D 发酵温度<br>/℃ | 初始 pH 值 |
| −1 | 0.75 | $2\times10^8$ | 36 | 30 | 6.2 |
| 0 | 1 | $3\times10^8$ | 48 | 37 | 7.2 |
| 1 | 1.25 | $4\times10^8$ | 60 | 44 | 8.2 |

① 菌种配比为干酪乳杆菌∶鼠李糖乳杆菌∶玉米乳杆菌的比值。

表 7-3　响应面优化设计

| 试验号 | 菌种配比 | 接种量 | 发酵时间 | 发酵温度 | 初始 pH 值 | 产乳酸量/（g/L） |
|---|---|---|---|---|---|---|
| 1 | 0 | 0 | −1 | −1 | 0 | 5.3019 |
| 2 | 0 | 1 | 0 | 0 | −1 | 9.2658 |
| 3 | 0 | 0 | 0 | 0 | 0 | 10.0802 |
| 4 | −1 | −1 | 0 | 0 | 0 | 9.5952 |
| 5 | 0 | 0 | 0 | 0 | 0 | 9.9318 |
| 6 | 0 | 0 | 0 | −1 | 1 | 8.3378 |
| 7 | −1 | 0 | 0 | 0 | −1 | 8.0655 |
| 8 | −1 | 0 | 1 | 0 | 0 | 8.5982 |
| 9 | 0 | 0 | 0 | 0 | 0 | 9.5940 |
| 10 | 0 | 1 | 1 | 0 | 0 | 9.1477 |
| 11 | 1 | 0 | 0 | 0 | −1 | 9.5599 |
| 12 | 0 | 0 | 1 | 1 | 0 | 7.7406 |
| 13 | 1 | 0 | 1 | 0 | 0 | 9.5404 |
| 14 | 0 | 1 | 0 | 1 | 0 | 7.0969 |
| 15 | −1 | 1 | 0 | 0 | 0 | 8.9987 |
| 16 | 0 | 0 | 1 | 0 | −1 | 9.5211 |
| 17 | 1 | −1 | 0 | 0 | 0 | 9.194 |
| 18 | 0 | 0 | 0 | 0 | 0 | 9.6578 |
| 19 | 0 | 0 | 0 | −1 | −1 | 8.5694 |
| 20 | 0 | 1 | 0 | −1 | 0 | 8.2316 |
| 21 | 0 | 0 | −1 | 0 | −1 | 6.6122 |
| 22 | 1 | 0 | 0 | 1 | 0 | 7.4117 |
| 23 | 1 | 0 | 0 | 0 | 1 | 9.3568 |
| 24 | 0 | 1 | 0 | 0 | 1 | 9.5641 |
| 25 | 0 | −1 | 0 | 0 | 1 | 9.6768 |

| 试验号 | 菌种配比 | 接种量 | 发酵时间 | 发酵温度 | 初始 pH 值 | 产乳酸量/ (g/L) |
|---|---|---|---|---|---|---|
| 26 | 0 | 0 | 0 | 0 | 0 | 9.9403 |
| 27 | 0 | 0 | −1 | 0 | 1 | 6.8100 |
| 28 | 0 | −1 | 1 | 0 | 0 | 9.6641 |
| 29 | 0 | 0 | 1 | 0 | 1 | 9.4578 |
| 30 | −1 | 0 | 0 | 0 | −1 | 9.2885 |
| 31 | −1 | 0 | 0 | 1 | 0 | 7.2756 |
| 32 | 0 | 0 | 0 | 1 | 1 | 8.2021 |
| 33 | −1 | 0 | 0 | 0 | 1 | 9.1929 |
| 34 | 0 | −1 | 0 | 0 | −1 | 9.9177 |
| 35 | 1 | 0 | −1 | 0 | 0 | 6.4739 |
| 36 | 0 | 0 | 0 | 1 | −1 | 7.4444 |
| 37 | 0 | 0 | 1 | −1 | 0 | 7.9888 |
| 38 | 0 | 1 | −1 | 0 | 0 | 6.2276 |
| 39 | −1 | 0 | −1 | 0 | 0 | 6.1838 |
| 40 | 1 | 0 | 0 | −1 | 0 | 8.5130 |
| 41 | 0 | 0 | −1 | 1 | 0 | 5.1662 |
| 42 | 0 | −1 | 0 | −1 | 0 | 8.5099 |
| 43 | 0 | −1 | −1 | 0 | 0 | 6.7355 |
| 44 | 1 | 1 | 0 | 0 | 0 | 9.5131 |
| 45 | 0 | 0 | 0 | 0 | 0 | 9.9690 |
| 46 | 0 | −1 | 0 | 1 | 0 | 7.4427 |

**(1) 回归模型的建立与显著性分析**　运用 Design-Expert 响应面设计软件对表 7-4 进行多元回归拟合，得到产乳酸量（$Y$）对自变量混合菌（干酪乳杆菌、鼠李糖乳杆菌、玉米乳杆菌）菌种配比（$A$）、接种量（$B$）、时间（$C$）、温度（$D$）、初始 pH 值（$E$）的多元回归方程：$Y = 9.92 + 0.15A - 0.16B + 1.38C - 0.36D + 0.033E + 0.23AB + 0.16AC - 0.078AD - 0.027AE - 0.002125BC - 0.017BD + 0.11BE - 0.025CD - 0.065CE + 0.25DE - 0.42A^2 - 0.026B^2 - 1.72C^2 - 1.71D^2 - 0.096E^2$。用 Box-Behnken Design 响应面分析法对试验结果拟合的模型进行方差分析和显著性检验，由回归方程的方差分析中概率 $P$ 值判定各个变量对产乳酸量 $Y$ 影响的显著性，由表 7-4 可以看出，该二次多项式模型的 $P$ 值$<0.0001$，模型极显著，失拟项的 $P$ 值为 0.1492 大于 0.05，失拟项不显著，表明该回归方程拟合度较好，误差小，与实际预测值能较好地拟合；该模型的复相关系数为 $R^2 = 0.9865$，校正决定系数 $R^2_{adj} = 0.9756$，说明建立的模型能够解释 97.56% 的响应值变化，可用来进行混合乳酸菌发酵条件对产乳酸量 $Y$（响应值）的预测；由显著性检验可知，一次项 $A$、$B$、$C$、$D$，二次项 $A^2$、$B^2$、$C^2$、$D^2$，对产乳酸量（$Y$）均极显著，交互项 $AB$、$DE$ 对产乳酸

量（$Y$）影响显著；而一次项 $E$、交互项 $AC$、$AD$、$BC$、$BD$、$CD$、$CE$ 的交互作用影响不显著，由此可知，各试验因素对响应值的影响不是简单的线性关系；另外，通过 $F$ 值大小，可判定各因素对感官评分影响的重要性，$F$ 值越大，重要性越大，所以各因素对乳酸量的影响大小为：$C>D>B>A>E$，即发酵时间＞发酵温度＞接种量＞菌种配比＞初始 pH 值。

表 7-4　混合乳酸菌发酵条件对产乳酸量影响的方差分析

| 方差来源 | 平方和 | 自由度 | 均方 | $F$ 值 | $P$ 值 | 显著性 |
|---|---|---|---|---|---|---|
| 模型 | 80.10 | 20 | 4.00 | 91.08 | <0.0001 | ＊＊ |
| $A$ | 0.35 | 1 | 0.35 | 7.95 | 0.0093 | ＊＊ |
| $B$ | 0.42 | 1 | 0.42 | 9.48 | 0.0050 | ＊＊ |
| $C$ | 30.66 | 1 | 30.66 | 697.26 | <0.0001 | ＊＊ |
| $D$ | 2.06 | 1 | 2.06 | 46.80 | <0.0001 | ＊＊ |
| $E$ | 0.017 | | 0.017 | 0.40 | 0.5348 | ns |
| $AB$ | 0.21 | 1 | 0.21 | 4.77 | 0.0386 | ＊ |
| $AC$ | 0.11 | 1 | 0.11 | 2.42 | 0.1325 | ns |
| $AD$ | 0.19 | 1 | 0.19 | 2.02 | 0.4647 | ns |
| $AE$ | 2.889E-003 | 1 | 2.889E-003 | 0.066 | 0.7998 | ns |
| $BC$ | 1.806E-005 | 1 | 1.806E-005 | 4.108E-004 | 0.9840 | ns |
| $BD$ | 1.139E-003 | 1 | 1.139E-003 | 0.026 | 0.8734 | ns |
| $BE$ | 0.046 | 1 | 0.046 | 1.05 | 0.3144 | ns |
| $CD$ | 3.164E-003 | 1 | 3.164E-003 | 0.072 | 0.7907 | ns |
| $CE$ | 0.017 | 1 | 0.017 | 0.39 | 0.5392 | ns |
| $DE$ | 0.24 | 1 | 0.24 | 5.56 | 0.0264 | ＊ |
| $A^2$ | 1.55 | 1 | 1.55 | 35.25 | <0.0001 | ＊＊ |
| $B^2$ | 0.60 | 1 | 0.60 | 13.64 | 0.0011 | ＊＊ |
| $C^2$ | 25.84 | 1 | 25.84 | 587.42 | <0.0001 | ＊＊ |
| $D^2$ | 25.52 | 1 | 25.52 | 580.42 | <0.0001 | ＊＊ |
| $E^2$ | 0.080 | 1 | 0.080 | 1.82 | 0.1892 | ns |
| 残差 | 1.10 | 25 | 0.044 | | | |
| 失拟项 | 1.00 | 20 | 0.050 | 2.57 | 0.1492 | ns |
| 纯误差 | 0.097 | 5 | 0.019 | | | |
| 总和 | 81.20 | 45 | | | | |
| $R^2$ | 0.9865 | | | | | |
| $R^2_{adj}$ | 0.9756 | | | | | |
| $C.V\%$ | 2.48 | | | | | |

注：“＊”表示差异显著（$P<0.05$），“＊＊”表示差异极显著（$P<0.01$），“ns”表示差异不显著（$P>0.05$）。

**（2）响应面分析**　响应面图形是响应值（产乳酸量 $Y$）对各个试验因素所构成的三维曲面图，从图上可以找出最佳参数以及各个参数之间的相互作用。由多元回归线性方程和由图7-10~图7-19可知，方程的二次项系数均为负值及响应面图形是凸起、开口朝下的曲面，说明响应值Y（产乳酸量）存在极大值，该值为响应面的最高点，各个试验因素的最佳作用点都位于试验设计值范围内，能够进行最优分析。等高线的疏密程度和响应曲面的陡峭程度均可判断不同因素对响应值影响的大小，等高线越密、响应曲面越陡峭，对响应值的影响越大，反之，则越小。由图可知，$C$（发酵时间）对应的响应曲面最陡峭，说明发酵时间对响应值的影响最大，菌种配比、接种量、发酵温度、初始pH值对响应值的影响相对次之，并由图可知各因素对响应值的影响大小顺序依次为$C>D>B>A>E$，即发酵时间>发酵温度>接种量>菌种配比>初始pH值，这与回归方差分析的结果是一致的。

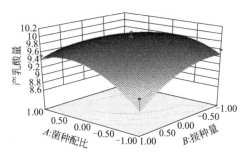

图7-10　$Y=f(A, B)$ 的响应面图

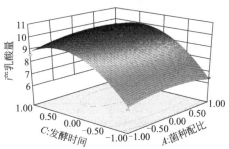

图7-11　$Y=f(A, C)$ 的响应面图

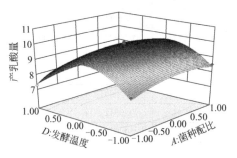

图7-12　$Y=f(A, D)$ 的响应面图

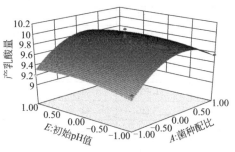

图7-13　$Y=f(A, E)$ 的响应面图

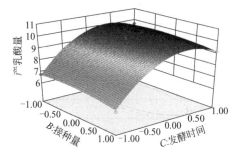

图7-14　$Y=f(B, C)$ 的响应面图

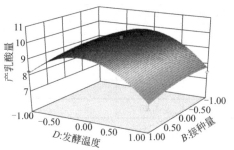

图7-15　$Y=f(B, D)$ 的响应面图

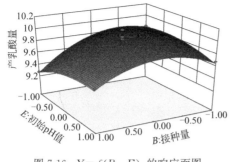

图 7-16 $Y=f(B,E)$ 的响应面图

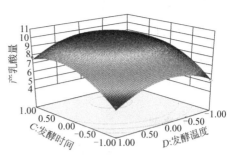

图 7-17 $Y=f(C,D)$ 的响应面图

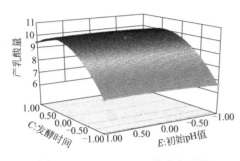

图 7-18 $Y=f(C,E)$ 的响应面图

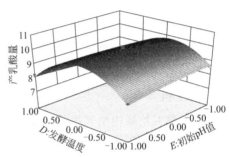

图 7-19 $Y=f(D,E)$ 的响应面图

通过软件分析，预测出混合乳酸菌最佳发酵条件：菌种配比 1.05：1：1，接种量 $2.7×10^8$ CFU/mL，发酵时间为 53.03h，发酵温度为 36.05℃，初始 pH 值为 6.87，此时模型预测最佳发酵条件的产乳酸量为 10.2632g/L。考虑到实际生产条件，现调整发酵条件：菌种配比 1：1：1，接种量为 $3×10^8$ CFU/mL，发酵时间为 53h，发酵温度为 36℃，初始 pH 值为 6.9，经过 3 次验证试验得出在此条件下产乳酸量为 $(10.1532±0.0228)$g/L，与预测值接近，说明此模型可用于最佳发酵条件高产乳酸量的理论预测。

## 三、豆清液发酵设备

### 1. 发酵罐

有夹套，用于发酵过程的主要容器，内胆设计压力 0.3MPa，温度 121℃，夹套设计压力 0.3MPa，温度 121℃。

### 2. 搅拌器

对罐内进行搅拌，电动机为 0.4kW 交流机，搅拌转速为 35～350r/min 变频可调。

### 3. 视镜灯

便于进行罐内观察的光源，采用 12W 灯泡，由触摸屏进行开关。注意当视镜灯开启一定时间后，视镜灯本身将会升温。

#### 4.消泡电极

用于检测泡沫，当消泡过程中罐内产生的泡沫接触到电极，电气系统会收到这一信号，若消泡功能为自动状态，此时系统自动启动蠕动泵按设定的速度往罐内加消泡剂。

#### 5.电加热器

电加热器用于发酵过程的控温时使用，当罐内低于设定温度时，若已开启动控温功能，由 PID 计算结果控制电加热器和循环泵的运行。电加热器不可干烧，蒸汽灭菌后，需先让设备有一个 1min 以上的冷却过程，便于罐夹套内注满自来水。

#### 6.蠕动泵

设备共有 4 个蠕动泵，分别用于加碱、加酸、消泡、补料。其中前三通道均有关联控制功能，第四通道补料通道，可任意使用。

#### 7.空压机

提供发酵时给罐内增氧用的气源，经过滤器后手动控制进罐，气管进罐后的出口位于罐底部。空压机输出压力建议调整为 0.2～0.3MPa 即可。

#### 8.蒸汽发生器

提供设备灭菌需要的蒸汽，输出蒸汽压力 0.3～0.4MPa，功率 9kW 或 18kW 可选择。

蒸汽发生器有三个接口，分别为自来水进口、蒸汽出口、排水/污口。

## 四、豆清发酵液控制技术

### 1.豆清发酵液总酸含量对豆腐品质的影响

由图 7-20 可知，不同的豆清发酵液总酸含量对豆腐的感官评分和持水率影响显著。随着总酸含量的增加，感官评分呈现先上升后下降的趋势。持水率呈现先增加

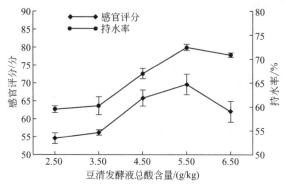

图 7-20　豆清发酵液总酸含量对豆腐感官评定和持水率的影响

后趋于稳定的趋势。总酸含量为 2.5g/kg 和 3.5g/kg 时，氢离子浓度太低，大豆蛋白分子之间不能充分反应，胶凝效果差，脑花呈糊状，豆腐压榨后成型效果差，持水性差，豆腐外观不完整，感官评分较低。随着豆清发酵液总酸含量的增加，凝胶效果变好，豆腐感官评分和持水率不断增加，总酸含量达到 5.5g/kg 时，豆腐感官评分和持水率均达到最大值，总酸含量继续增大，豆腐变酸，感官评分开始下降，但是持水率趋于稳定。

图 7-21 显示，不同豆清发酵液总酸含量对豆腐的质构影响显著。

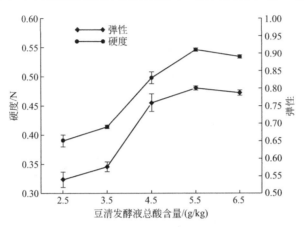

图 7-21　豆清发酵液总酸含量对豆腐质构的影响

随着豆清发酵液总酸含量的不断增大，豆腐的硬度和弹性呈现先升高后趋于稳定的趋势。主要原因是，豆清发酵液总酸含量为 2.5~3.5g/kg 时，豆浆凝固不充分，大豆蛋白凝胶网络结构疏散不稳定，胶凝强度较小，所以弹性和硬度都较小。豆清发酵液总酸含量达到 5.5g/kg 后，大豆蛋白凝胶网络结构紧密，凝胶强度最大，弹性和硬度达到最大。继续增大豆清发酵液总酸含量，豆腐弹性和硬度趋于稳定，变化不大。

综合考虑，豆清发酵液总酸含量为 5.5g/kg 时，豆腐品质最佳。

### 2.豆清发酵液添加量对豆腐品质的影响

由图 7-22 可知，不同豆清发酵液添加量对豆腐感官评分和持水率影响显著。

随着豆清发酵液添加量的增大，豆腐感官评分和持水率呈现先增大后下降的趋势。豆清发酵液添加量为 20% 时，豆浆未充分凝固，呈现稀糊状，胶凝效果差，持水性较差，豆腐质地柔软，粘牙，感官评分较低。增大豆清发酵液添加量时，豆腐凝胶效果越来越好，持水性和感官评分越来越高，到 30% 时，均达到最大。继续加大豆清发酵液的添加量，豆腐质地变硬，酸味过重，感官评分下降。同时，过高的氢离子浓度破坏蛋白质分子之间的平衡作用力，胶凝的网络结构变稀疏，蛋白凝胶的持水能力下降。

图 7-23 显示，不同的豆清发酵液添加量对豆腐质构影响显著。

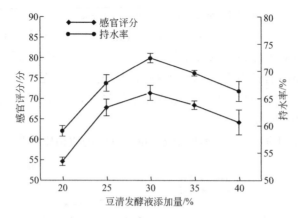

图 7-22　豆清发酵液添加量对豆腐感官评分和持水率影响

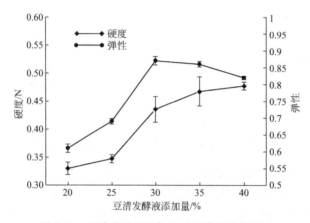

图 7-23　豆清发酵液添加量对豆腐质构的影响

　　豆清发酵液添加量在 20％～30％ 之间时，随着添加量的增大，豆腐的弹性和硬度不断增大，到 30％ 时，豆腐弹性最佳。主要是因为，此添加量下豆清发酵液中的氢离子刚好中和大豆蛋白分子的负电荷，使得 pH 值刚好降低到大豆蛋白的等电点，豆浆反应充分，凝胶效果最佳，所以豆腐弹性最好，硬度也最大。继续加大豆清发酵液添加量，点浆后形成的豆腐结构松散，口感粗糙，质地较硬。所以，虽然豆腐硬度继续上升，但是弹性开始下降。

　　综合考虑，豆清发酵液添加量为 30％ 时，豆腐品质最佳。

### 3. 点浆温度对豆腐品质的影响

　　由图 7-24 可知，不同点浆温度对豆腐感官评分和持水率影响较大。

　　随着点浆温度的提高，豆腐感官评分先快速升高后急剧下降，其中到达 75℃ 时，豆腐感官评分最高。温度过高，会使蛋白质分子内能跃升，一遇到酸性的豆清发酵液，蛋白质就会迅速聚集，弹性变小，硬度变大，豆腐口感变粗糙，豆腐感官评分下降。同样，随着点浆温度的升高，豆腐持水率先升高，达到 75℃ 时豆腐持水率达到最大，但是继续升高点浆温度，豆腐持水率慢慢趋于稳定，变化较小。主要是因为在一定温度范围内，温度的升高可以加速蛋白质的凝集，形成完善的凝胶网络结构，有利于提高豆腐的持水率。但是温度过高，会造成蛋白质过度变性，不利于豆腐持水率的提高。

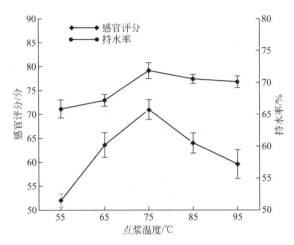

图 7-24　点浆温度对豆腐感官评分和持水率影响

图 7-25 显示，不同的点浆温度对豆腐的质构影响显著。

当点浆温度从 55℃ 上升到 75℃ 时，豆腐硬度和弹性不断增大，到达 75℃ 时，豆腐硬度和弹性达到最大值，继续升高点浆温度，豆腐弹性开始降低，但是豆腐硬度却继续增大。主要是因为过高温度导致豆腐失水严重后硬度变大。

综合考虑，点浆温度为 75℃ 时，豆腐品质最佳。

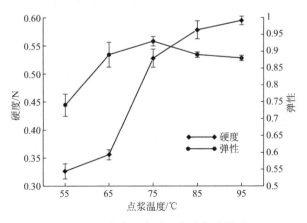

图 7-25　点浆温度对豆腐质构的影响

## 4. 蹲脑时间对豆腐品质的影响

由图 7-26 可知，不同蹲脑时间对豆腐感官品质和持水率影响较小。

蹲脑又称养脑，是在豆浆里添加完豆腐凝固剂后，让大豆蛋白继续凝固的过程，只有经过一定时间的静置，凝固才能完成。蹲脑时间过短，豆腐凝胶网络结构结合不够紧密，豆腐弹性和硬度不足，感官评分和持水率较低，随着蹲脑时间的延长，豆腐感官评分和持水率逐渐上升，当蹲脑时间达到 35min 时，豆腐的感官评分和持水率趋于稳定，变化不再明显。

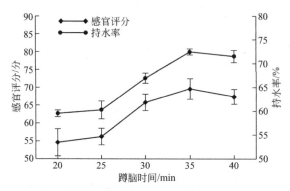

图 7-26　蹲脑时间对豆腐感官评分和持水率影响

由图 7-27 可知，蹲脑时间对豆腐质构影响不太显著。

随着蹲脑时间的延长，豆腐的硬度和弹性都呈现上升趋势，当蹲脑时间达到 35min 时，豆腐的硬度和弹性趋于平缓，不再明显变化。蹲脑时间如果过短，大豆蛋白沉淀成凝胶的量较少且结构松散，从而导致得到的豆腐硬度和弹性都较差。蹲脑时间太长，蹲脑温度容易下降，不利于凝胶形成，而且蹲脑时间过长也不利于工厂自动化高效率生产。

综合考虑，当蹲脑时间控制在 35min 时，豆腐品质最佳。

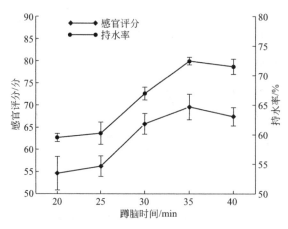

图 7-27　蹲脑时间对豆腐质构的影响

## 五、响应面法优化豆清发酵液点浆工艺

在单因素实验的基础上，根据 Box-Behnken 试验设计原理，以感官评价总分（$Y_1$）和弹性（$Y_2$）为响应值，选取 $A$（豆清发酵液总酸含量）、$B$（豆清发酵液添加量）、$C$（点浆温度）等 3 个对豆腐品质影响较大的因素进行响应面优化实验，共 17 个试验点，Box-Behnken 试验因素编码水平表见表 7-5，响应面试验设计及结果见表 7-6。

表 7-5　Box-Behnken 试验因素水平表

| 编码水平 | 因素 | | |
|---|---|---|---|
| | $A$<br>豆清发酵液总酸含量/(g/kg) | $B$<br>豆清发酵液添加量/% | $C$<br>点浆温度/℃ |
| −1 | 4.5 | 25 | 65 |
| 0 | 5.5 | 30 | 75 |
| 1 | 6.5 | 35 | 85 |

表 7-6　响应面试验设计及结果

| 试验号 | $A$<br>豆清发酵液总酸含量<br>/(g/kg) | $B$<br>豆清发酵液添加量<br>/% | $C$<br>点浆温度/℃ | 感官评分 | 弹性 |
|---|---|---|---|---|---|
| 1 | 0 (5.5) | 0 (30) | 0 (75) | 75.25 | 0.95 |
| 2 | 0 (5.5) | 0 (30) | 0 (75) | 75.44 | 0.96 |
| 3 | −1 (4.5) | 0 (30) | −1 (65) | 66.42 | 0.94 |
| 4 | 1 (6.5) | 0 (30) | −1 (65) | 59.20 | 0.88 |
| 5 | 0 (5.5) | −1 (25) | 1 (85) | 68.23 | 0.95 |
| 6 | 0 (5.5) | 1 (35) | 1 (85) | 61.60 | 0.89 |
| 7 | 0 (5.5) | 0 (30) | 0 (75) | 76.87 | 0.96 |
| 8 | 1 (6.5) | 1 (35) | 0 (75) | 52.20 | 0.86 |
| 9 | 0 (5.5) | −1 (25) | −1 (65) | 62.65 | 0.89 |
| 10 | 0 (5.5) | 1 (35) | −1 (65) | 60.41 | 0.88 |
| 11 | −1 (4.5) | 0 (30) | 1 (85) | 65.25 | 0.91 |
| 12 | 1 (6.5) | −1 (25) | 0 (75) | 66.48 | 0.87 |
| 13 | 1 (6.5) | 0 (30) | 1 (85) | 64.20 | 0.92 |
| 14 | −1 (4.5) | −1 (25) | 0 (75) | 65.45 | 0.93 |
| 15 | 0 (5.5) | 0 (30) | 0 (75) | 76.10 | 0.97 |
| 16 | 0 (5.5) | 0 (30) | 0 (75) | 75.68 | 0.95 |
| 17 | −1 (4.5) | 1 (35) | 0 (75) | 67.52 | 0.89 |

## 1. 回归模型的建立与显著性分析

运用 Design-Expert 8.0.5 对表 7-8 进行多元回归拟合，得到豆腐感官评分 ($Y_1$) 对自变量 A（豆清发酵液总酸含量）、B（豆清发酵液添加量）、C（点浆温度）的多元回归方程 $Y_1 = 75.87 - 2.82A - 2.63B + 1.33C - 4.09AB + 1.54AC - 1.10BC - 6.21A^2 - 6.75B^2 - 5.90C^2$。

用 Box-Behnken Design 响应面分析法对试验结果拟合的模型进行方差分析和显著性检验，由回归方程的方差分析中概率 P 值判定各个变量对感官评分分值 Y 影响的显著性，结果见表 7-7。

表 7-7　豆腐感官评分响应面方差分析结果

| 方差来源 | 平方和 | 自由度 | 均方 | F 值 | P 值 | 显著性 |
|---|---|---|---|---|---|---|
| 模型 | 773.29 | 9 | 85.92 | 69.43 | <0.0001 | * * |
| A | 63.62 | 1 | 63.62 | 51.41 | 0.0002 | * * |
| B | 55.55 | 1 | 55.55 | 44.88 | 0.0003 | * * |
| C | 14.05 | 1 | 14.05 | 11.35 | 0.0119 | * |
| AB | 66.83 | 1 | 66.83 | 54.00 | 0.0002 | * * |
| AC | 9.52 | 1 | 9.52 | 7.69 | 0.0276 | * |
| BC | 4.82 | 1 | 4.82 | 3.89 | 0.0891 | ns |
| $A^2$ | 162.13 | 1 | 162.13 | 131.00 | <0.0001 | * * |
| $B^2$ | 191.86 | 1 | 191.86 | 155.02 | <0.0001 | * * |
| $C^2$ | 146.33 | 1 | 146.33 | 118.24 | <0.0001 | * * |
| 残差 | 8.66 | 7 | 1.24 | | | |
| 失拟项 | 7.00 | 3 | 2.33 | | 0.0641 | ns |
| 纯误差 | 1.66 | 4 | 0.41 | | | |
| 总和 | 781.95 | 16 | | | | |
| $R^2$ | 0.9889 | | | | | |
| $R_{adj}^2$ | 0.9747 | | | | | |
| $C.V\%$ | 1.66 | | | | | |

注：* 表示差异显著（$P<0.05$）；* * 表示差异极显著（$P<0.01$）；ns 表示差异不显著（$P>0.05$）。

由表 7-7 可以看出，该二次多项式模型 P 值<0.0001，模型极显著，失拟项 P 值为 0.0641 大于 0.05，失拟项不显著，表明该回归方程拟合度较好，误差小，与实际预测值能较好地拟合；该模型的复相关系数为 $R^2 = 0.9889$，校正决定系数 $R_{adj}^2 = 0.9747$，说明建立的模型能够解释 98.89% 的响应值变化，可用来进行豆腐的感官评分 $Y_1$（响应值）的预测。

由显著性检验可知，一次项 A、B，交互项 AB，二次项 $A^2$、$B^2$、$C^2$，对感官评分影响均极显著，一次项 C，交互项 AC 对豆腐的感官评分影响显著；而交互

项 $BC$ 对豆腐感官评分影响不显著，由此可知，各试验因素对响应值的影响不是简单的线性关系。另外，通过 $F$ 值大小，可判定各因素对感官评分影响的重要性，$F$ 值越大，重要性越大，所以各因素对豆腐感官评分的影响大小为 $A>B>C$，即豆清发酵液总酸含量＞豆清发酵液添加量＞点浆温度。

### 2. 响应面分析

响应面图形是响应值（感官评分 $Y_1$）对各个试验因素所构成的三维的曲面图，从图上可以找出最佳参数以及各个参数之间的相互作用。由图 7-28～图 7-30 可知，响应面图形是凸起、开口朝下的曲面，说明感官评分 $Y_1$ 存在极值，该值为响应面的最高点，各个试验因素的最佳作用点都位于试验设计值范围内，在点浆温度一定的条件下，随着豆清发酵液总酸含量和豆清发酵液添加量的增大，感官评分呈先上升后下降趋势，由此可见适当调整豆清发酵液总酸含量和豆清发酵液添加量可以优化豆清发酵液点浆工艺。

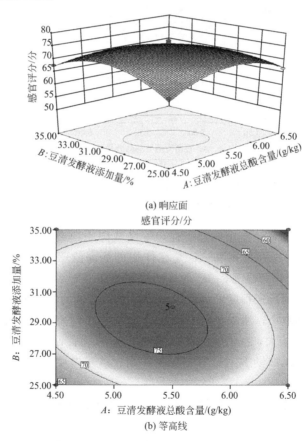

(a) 响应面

(b) 等高线

图 7-28　豆清发酵液总酸含量和豆清发酵液添加量及其相互作用
对豆腐感官评分的响应面（a）和等高线（b）

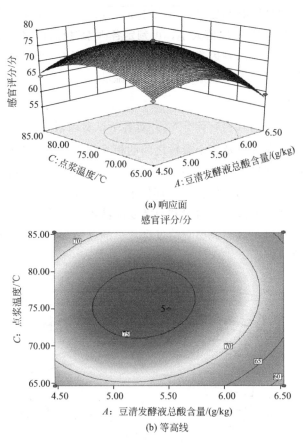

(a) 响应面

(b) 等高线

图 7-29　豆清发酵液总酸含量和点浆温度及其相互作用
对豆腐感官评分的响应面（a）和等高线（b）

　　等高线图可判定交互作用的显著性，等高线图趋向椭圆，交互作用显著。反之，则不显著。AB 交互作用和 AC 交互作用的等高线图呈椭圆形，说明 AB 之间、AC 之间的交互作用显著，BC 的等高线图趋于圆形，说明 BC 之间的交互作用不显著。等高线的疏密程度可判定各因素对感官评分的影响大小，等高线越密，影响越大，反之则越小，所以豆清发酵液总酸含量 A 对感官评分的影响比豆清发酵液添加量 B 的影响大，豆清发酵液总酸含量 A 对感官评分的影响比点浆温度 C 的大，豆清发酵液添加量 B 对感官评分的影响比点浆温度 C 的影响大，这与方差分析的结果是一致的。

　　综上所述，豆清发酵液总酸含量对豆腐感官评分的影响最为显著，豆清发酵液添加量其次，点浆温度最小。

### 3. 豆清发酵液点浆最佳工艺参数的确定

　　利用 Design-Expert 8.0.5b 软件对工艺条件进行优化，预测出豆清发酵液点浆的最佳工艺参数为豆清发酵液总酸含量 5.34g/kg，豆清发酵液添加量 29.23%，点

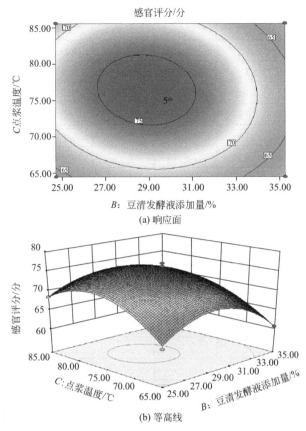

感官评分/分

（a）响应面

（b）等高线

图 7-30　豆清发酵液添加量和点浆温度及其相互作用
对豆腐感官评分的响应面（a）和等高线（b）

浆温度 76.05℃，此时模型预测豆腐感官评分为 76.37 分。

为了进一步验证响应面法优化豆清发酵液点浆工艺的可靠性，采用优化后的点
浆工艺参数进行验证实验，考虑到实际生产条件的可操作性，将工艺参数调整为豆
清发酵液总酸含量 5.40g/kg，豆清发酵液添加量为 29%，点浆温度 76℃，在此条
件下进行 3 次重复试验，测得的豆腐感官评分的均值为（76.33±0.47）分，与理
论预测值较为接近。

### 4. 豆清发酵液点浆工艺对豆腐弹性的影响

**（1）回归模型的建立与显著性分析**　运用 Design-Expert 8.0.5 对表 7-8 进行
多元回归拟合，得到弹性值（$Y_2$）对自变量 $A$（豆清发酵液总酸含量）、$B$（豆
清发酵液添加量）、$C$（点浆温度）的多元回归方程 $Y_2 = 0.96 - 0.018A - 0.015B + 0.010C + 0.0075AB + 0.017AC - 0.012BC - 0.030A^2 - 0.040B^2 - 0.015C^2$。用
Box-Behnken Design 响应面分析法对试验结果拟合的模型进行方差分析和显著性
检验，其结果见表 7-8。

表 7-8　豆腐弹性响应面方差分析结果

| 方差来源 | 平方和 | 自由度 | 均方 | F 值 | P 值 | 显著性 |
|---|---|---|---|---|---|---|
| 模型 | 0.020 | 9 | 0.00221 | 15.81 | 0.0007 | ＊＊ |
| $A$ | 0.00245 | 1 | 0.00245 | 17.50 | 0.0041 | ＊＊ |
| $B$ | 0.00180 | 1 | 0.00180 | 12.86 | 0.0089 | ＊＊ |
| $C$ | 0.00080 | 1 | 0.00080 | 5.71 | 0.0481 | ＊ |
| $AB$ | 0.00023 | 1 | 0.00023 | 1.61 | 0.2454 | ns |
| $AC$ | 0.00123 | 1 | 0.00123 | 8.75 | 0.0212 | ＊ |
| $BC$ | 0.00063 | 1 | 0.00063 | 4.46 | 0.0725 | ns |
| $A^2$ | 0.00385 | 1 | 0.00385 | 27.52 | 0.0012 | ＊＊ |
| $B^2$ | 0.00682 | 1 | 0.00682 | 48.72 | 0.0002 | ＊＊ |
| $C^2$ | 0.00098 | 1 | 0.00098 | 6.99 | 0.0332 | ＊ |
| 残差 | 0.00098 | 7 | 0.00014 | | | |
| 失拟项 | 0.00070 | 3 | 0.00023 | 3.3 | 0.1376 | ns |
| 纯误差 | 0.00028 | 4 | 0.00007 | | | |
| 总和 | 0.021 | 16 | | | | |
| $R^2$ | 0.9531 | | | | | |
| $R^2_{adj}$ | 0.8929 | | | | | |
| $C.V\%$ | 1.29 | | | | | |

注：＊表示差异显著（$P<0.05$）；＊＊表示差异极显著（$P<0.01$）；ns 表示差异不显著（$P>0.05$）。

由表 7-8 可以看出，该二次多项式模型 $P$ 值＝0.0007＜0.01，模型极显著，失拟项 $P$ 值为 0.1376 大于 0.05，失拟项不显著，表明该回归方程拟合度较好，误差小，与实际预测值能较好地拟合；该模型的复相关系数为 $R^2$＝0.9531，校正决定系数 $R^2_{adj}$＝0.8929，说明建立的模型能够解释 95.31% 的响应值变化，可用来进行豆腐的 T 弹性值 $Y_2$（响应值）的预测。

由显著性检验可知，一次项 $A$、$B$，二次项 $A^2$、$B^2$ 对弹性影响均极显著，一次项 $C$，交互项 $AC$，二次项 $C^2$ 对豆腐的弹性影响显著；而交互项 $AB$、$BC$ 对豆腐弹性影响不显著，由此可知，各试验因素对响应值的影响不是简单的线性关系。另外，通过 $F$ 值大小，可判定各因素对豆腐弹性影响的重要性，$F$ 值越大，重要性越大，所以各因素对豆腐弹性的影响大小为 $A>B>C$，即豆清发酵液总酸含量＞豆清发酵液添加量＞点浆温度。

**（2）响应面分析**　响应面图形是响应值（弹性 $Y_2$）对各个试验因素所构成的三维的曲面图，从图上可以找出最佳参数以及各个参数之间的相互作用。由图 7-31～图 7-33 可知，响应面图形是凸起、开口朝下的曲面，说明弹性 $Y_2$ 存在极值，该值为响应面的最高点，各个试验因素的最佳作用点都位于试验设计值范围内，在点浆温度一定的条件下，随着豆清发酵液总酸含量和豆清发酵液添加量的增大，弹性值呈先上升后下降趋势，由此可见适当调整豆清发酵液总酸含量和豆清发酵液添加量可以优化豆清发酵液点浆工艺。

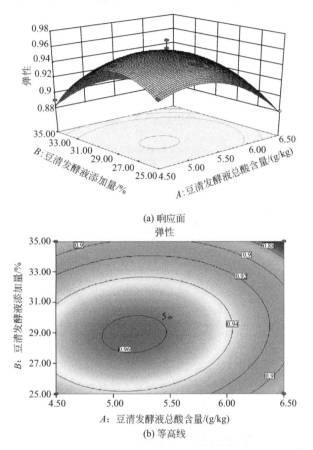

(a) 响应面

(b) 等高线

图 7-31　豆清发酵液总酸含量和豆清发酵液添加量及其相互作用
对豆腐弹性的响应面（a）和等高线（b）

等高线图可判定交互作用的显著性，等高线图趋向椭圆，交互作用显著，反之，则不显著，$AC$ 交互作用的等高线图呈椭圆形，说明 $AC$ 之间的交互作用显著（图 7-33），$AB$、$BC$ 的等高线图趋于圆形，说明 $AB$、$BC$ 之间的交互作用不显著（图 7-31，图 7-33）。等高线的疏密程度可判定各因素对感官评分的影响大小，等高线越密，影响越大，反之则越小，所以豆清发酵液总酸含量 $A$ 对豆腐弹性的影响比豆清发酵液添加量 $B$ 的影响大（图 7-32），豆清发酵液总酸含量 $A$ 对豆腐弹性的影响比点浆温度 $C$ 的大，豆清发酵液添加量 $B$ 对豆腐弹性的影响比点浆温度 $C$ 的影响大（图 7-33），这与方差分析的结果是一致的。

综上所述，豆清发酵液总酸含量对豆腐弹性的影响最为显著，豆清发酵液添加量其次，点浆温度最小。

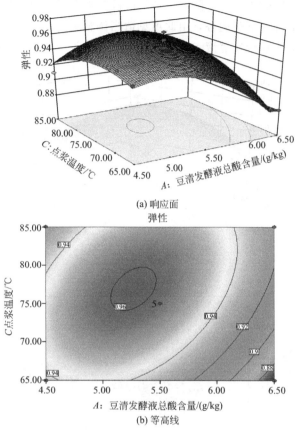

(a) 响应面

弹性

(b) 等高线

图 7-32　豆清发酵液总酸含量和点浆温度及其相互作用
对豆腐感官评分的响应面（a）和等高线（b）

### 5.豆清发酵液点浆最佳工艺参数的确定

利用 Design-Expert 软件对工艺条件进行优化，预测出豆清发酵液点浆的最佳
工艺参数为：豆清发酵液总酸含量 5.27g/kg，豆清发酵液添加量 28.73%，点浆温
度 77.97℃。此时模型预测豆腐弹性值为 0.96。

为了进一步验证响应面法优化豆清发酵液点浆工艺的可靠性，采用优化后的点
浆工艺参数进行验证实验，考虑到实际生产条件的可操作性，将工艺参数调整为：
豆清发酵液 5.30g/kg，豆清发酵液添加量 29%，点浆温度 78℃。在此条件下进行
3 次重复试验，测得豆腐弹性均值为（0.95±0.01），与理论预测值较为接近。

结合豆清发酵液点浆工艺对豆腐感官评分和弹性的响应面结果分析，综合考
虑，得出豆清发酵液点浆工艺的最佳参数为：豆清发酵液 5.30g/kg，豆清发酵液
添加量 29%，点浆温度 76℃。按照此工艺制得的豆腐品质良好，其相关的理化指
标和质构指标如表 7-9 所示。

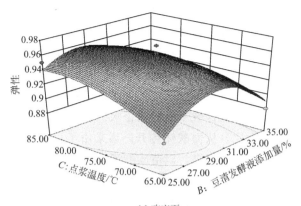

(a) 响应面

弹性

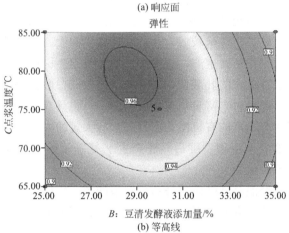

(b) 等高线

图 7-33　豆清发酵液添加量和点浆温度及其相互作用
对豆腐感官评分的响应面（a）和等高线（b）

表 7-9　豆腐理化指标和质构指标

| 理化指标 | | | | 质构指标 | |
| --- | --- | --- | --- | --- | --- |
| 感官评分/分 | 蛋白质含量 / (g/100g) | 持水率/% | 得率/% | 弹性 | 硬度/gf[①] |
| 76.20±0.36 | 7.50±0.08 | 75.09±0.29 | 171.67±1.23 | 0.95±0.01 | 51.78±1.09 |

① $1gf = 1×10^{-3}kgf = 0.0098N$。

# 第三节　豆清酸汤和酸汤饮料

　　贵州气候潮湿，流行腹泻、痢疾等疾病，嗜酸不但可以提高食欲，还可以帮助消化和止泻，故有"三天不吃酸，走路打串串"之说。

　　酸汤是贵州黔东南地区的苗族一种传统的发酵型产品，分红酸汤和白酸汤两种。其中白酸汤是苗族人常食用的，是以米汤为基质，由酵母、乳杆菌、醋酸菌及明串珠菌等微生物参与共同发酵而成的天然产品。苗族酸汤已有上千年的历史，以其酸鲜纯正、气味芳香、清爽可口的特性享有盛誉，具有清热解暑之功效，有益菌群及丰富的营养成分可调节人体肠道微生态平衡，增进人体健康及预防消化道疾病，具有营养保健功效。据考究，过去苗族人常将豆腐的豆清液和淘米水，保留待用，一个偶然的机会，发现保存数十天的混合水，变成有特殊风味的酸水，于是将其用于煮鱼，气味鲜美无比，从而酸汤传开。后来由于豆清液难以收集，渐渐地，酸汤变成以米汤发酵为主。近年来，以苗族酸汤为主要调味料的酸汤鱼火锅风靡全国，消费范围不断扩大，其他城市需求量大增。酸汤走出苗岭深山，在许多大中城市成为一道独特的饮食风景线，使得酸汤成为一种极具有开发前景的民间风味特色食料。然而长期以来，传统的酸汤制作方式都是采用自然发酵法，发酵底物浓度低，发酵缓慢，周期较长，酸味较弱，并且受环境影响大，产品质量不稳定，大多属民间手工操作，家庭作坊式生产，规模小，质量及卫生标准难以控制。因此，以豆清液为主要原料接种适宜的乳酸菌，发酵成贵州苗族白酸汤是豆清液综合利用极为有用的途径之一，同时对丰富贵州苗族酸汤的种类也具有极其重要的意义。

豆清酸汤不仅含有丰富的有机酸，而且还含有大量的大豆异黄酮、大豆低聚糖和多肽，同时豆清液经微生物发酵后，还产生 $\gamma$-氨基丁酸，所以，豆清酸汤具有较高营养价值和保健价值。

此外，将豆清液经混合乳酸菌发酵后的豆清酸汤，用适量的果汁和白砂糖等原料，调配成益生菌发酵的乳酸饮料，也是豆清酸汤利用的途径，值得研究。

# 第八章

# 豆纤维休闲食品生产

## 第一节　豆渣的营养价值

### 一、豆渣的组成成分

豆渣是生产豆浆、豆奶、豆腐等豆制品主要的副产物。豆渣占全豆质量的 16%～25%，粗纤维的含量高达 55%。因此，豆渣口感粗糙，消费者较难接受，一般情况下，豆渣被当作废物直接作饲料或生产发酵饲料，在民间，用豆渣做成"霉豆渣"或"豆渣丸子"，总体上，豆渣的利用和开发程度比较低。随着科学技术的发展，经现代科学研究表明：豆渣营养价值较高，含有丰富的蛋白质、脂肪、纤维素、维生素、微量元素、磷脂类化合物、甾醇类化合物、大豆多糖和大豆异黄酮等，具有较高的保健价值。不仅如此，近年来研究还发现，发酵豆渣具有抗氧化、降低血液中胆固醇含量、减少糖尿病患者对胰岛素的消耗等功效，是不可多得的好食品原料或食品。在当今时代，人们对健康的高度关注，豆渣将会获得社会高度的认同，蕴含巨大的开发利用潜力。

豆渣的组成成分取决于大豆品种、豆制品加工工艺、豆制品种类等多个方面，大豆品种的组成成分，是决定豆渣组成成分的基础因素。一般来说，大豆品种不同，豆渣的组成成分存在较大差别。而豆制品的加工工艺是决定豆渣组成成分最主要的因素。如豆腐生浆工艺（先分离豆渣再煮浆）与豆腐熟浆工艺（先煮浆再分离豆浆）得到的豆渣组成成分存在明显的差异。

据报道，100g 干豆渣含粗蛋白 13～20g、粗脂肪 6～19g、碳水化合物及粗纤维 60～70g、可溶性膳食纤维 5～8g、灰分 3～5g、锌 2.263mg、锰 1.511mg、铁

10.690mg、铜 1.148mg、钙 210mg、镁 39mg、钾 200mg、磷 380mg、维生素 B$_1$ 0.272mg、维生素 B$_2$ 0.976mg。100g 豆渣蛋白中含赖氨酸 5.86g、苏氨酸 3.94g、缬氨酸 4.72g、亮氨酸 9.25g、异亮氨酸 4.68g、甲硫氨酸 1.24g、色氨酸 1.48g、苯丙氨酸 5.97g、精氨酸 7.57g、组氨酸 2.91g。

通过对豆渣蛋白氨基酸组成的分析看出，豆渣蛋白的氨基酸比值与世界粮农组织提出的参考值接近。联合国粮食及农业组织提出的最佳蛋白模式，是评价蛋白质营养价值的方法之一，即必需氨基酸总量 $E$ 和非必需氨基酸总量 $N$ 之比值应达 0.6，必需氨基酸总量 $E$ 与总氨基酸量 $E+N$ 之比值应接近 0.4。豆渣的必需氨基酸总量 $E$ 和非必需氨基酸总量 $N$ 之比值为 0.58，必需氨基酸 $E$ 与总氨基酸 $E+N$ 之比值为 0.37，均与参考值接近，同时支链氨基酸（亮氨酸、异亮氨酸、缬氨酸）含量较高，而芳香氨基酸（苯丙氨酸、酪氨酸、色氨酸）含量较低，刚好与动物蛋白的氨基酸组成互补，所以豆渣的蛋白质的使用价值较高。

## 二、豆渣的生理功能

大豆豆渣具有良好的生理调节功能，可作为高纤维、高蛋白、低脂膳食摄入。特别是较高含量的膳食纤维，已成为研究的热点。由于其特殊的结构性质，如疏松多孔、含有大量—OH、—COOH 等亲水基，使其具有良好的保健功能，包括促进肠道蠕动、增加排便、降低血液胆固醇和调节血糖等。

# 第二节　豆渣干燥方法及设备

我国是豆制品的生产和消费大国，随着豆制品消费量的增加，每年产生大量豆渣。据不完全统计，每年湿豆渣产量已超过 2000 万吨。这些豆渣除部分被当作饲料和肥料利用外，大多作为废物丢弃，利用率很低，既浪费资源，又污染环境。究其原因，豆渣口感粗糙，口味差，不为消费者喜爱。随着人们生活水平的提高和保健意识的增强，豆渣的营养价值逐渐为人所知，豆渣作为膳食纤维源也被消费者所认可。目前，普遍认为，豆渣是一个尚未开发的资源，而制约豆渣深加工、提高利用率的主要原因是鲜豆渣含水量较高（通常 80% 左右），且营养丰富，是微生物的良好栖身地，极易腐败变质，必须在生产过程中直接加工成食品或同步干燥才能保存。如果鲜豆渣生产量大，直接加工，加工产能远远达不到处理量，且工厂调度生产难度大。因此，豆渣干燥是豆渣利用的首要问题。

## 一、豆渣常见的干燥方法

干燥方法包括自然干燥、热风干燥、冷冻真空干燥、气流干燥、微波真空干燥、电渗透脱水、旋转闪蒸干燥等。不同的干燥方式，豆渣的风味物质发生不同的变化，总体而言，豆渣经自然晾晒后豆腥味物质的种类与含量远远多于其他干燥方式的豆渣，热风干燥和真空冷冻干燥是产生豆腥味成分最少的干燥方式。

### 1. 自然干燥

自然干燥就是在自然环境条件下干燥豆渣，包括晒干、晾干、阴干等方法，简单、便捷，不需设备投资，费用低廉，不受场地局限，但是干燥过程中管理较粗放，干燥过程缓慢，时间长，还需不定时地上下翻动，大部分产品品质较差。自然干燥在 20～25℃时干燥成本较低，但干制品的各种感官品质和组织结构等都较差，且营养损失较严重，不易被粉碎。一般情况下，采用自然干燥的豆渣用于低端食品原料或动物饲料。

### 2. 热风干燥

热风干燥就是通过循环风机吹进热风，鼓风机吹出水蒸气，保证干燥箱内温度平衡。在干燥过程中，随着水分降低，豆渣黏附性增强，极易结成团，在表面收缩形成隔热膜，阻碍水分蒸发，需人工不停地上下翻动，否则表层温度过高，豆渣所含膳食纤维等营养物质物性发生改变，烧焦味取代了原有的豆香味，豆渣的利用大大降低；内部温度则较低，容易腐败变味。热风干燥产品营养损失过多，劳动强度大，干燥时间长，生产效率低，消耗能量大。

### 3. 气流干燥

气流干燥的传热面积大，传热系数高，干燥时间短，具有热风温度高而豆渣温度不高的特点，适合于干燥豆渣，可以保留大部分热敏性成分，并使成品呈乳白色。为了降低干燥管道长度，先后出现了倒锥式、脉冲式、套管式等结构，用于降低其高度。搅拌型闪蒸干燥工艺干燥豆渣被国内一些企业采用，通过原料输送机将湿豆渣送入搅拌罐，搅拌罐提供 500℃左右的热风，通过搅拌叶对搅拌罐内的豆渣进行搅拌，使容易结块的豆渣疏松，提高介质空气和物料的接触面积，提高干燥效率。水分靠排风机排向大气，干豆渣经旋风集料筒收集，该工艺使得原料在搅拌桨的打击下悬浮于空气中并与热风进行热量交换，所得豆渣含水量 10%左右。气流干燥由于具有工业化程度高、生产高效、产品品质可靠等特点，在工业上使用较为广泛。

### 4. 冷冻真空干燥

冷冻真空干燥是将物料在较低的温度下（-50～-10℃）凝结成固态，继而在真空状态下通过升华脱除水分的一种干燥方法。真空冷冻干燥的产品色香味均好，营养成分破坏最少，产品组织结构呈疏松多孔状，复水性良好，可用来生产冲饮式豆渣粉。总体上说，冻干设备和冻干产品成本高，所需时间较其他方法长，运转费用高，目前主要应用于生物制品的保存。

### 5. 微波真空干燥

微波是指频率为 300MHz～300GHz 的电磁波，可产生高频电磁场，介质材料中的水等极性分子在快速变化的高频电磁场中随着电磁场的变化而不断改变极性取向，使极性分子来回振动，产生摩擦效应，使物料内部瞬时产生摩擦热，导致内外温度同时升高，使大量的水分子从物料中蒸发逸出，从而达到干燥的目的。微波真空干燥在真空状态下利用微波的强穿透力对物料从内到外同时进行均匀加热干燥，该方式兼具微波加热和真空干燥的优点，能在较低温度条件下快速蒸发水分，有效保存食品原有的风味和维生素等营养成分，防止物料的氧化反应，产品品质好，设备体积小，对豆渣而言是一种有潜力的干燥技术。

### 6. 电渗透脱水

中国农业大学的李里特、李修渠等对豆渣的电渗透脱水工艺也进行了较深入研究。他们通过试验发现豆渣采用电渗透脱水不仅可以提高脱水速度，滤饼的最终水分也比较低。可见，电渗透脱水的方法在食品加工业中的应用有着良好的前景。但是，由于实际生产中食品物料情况比较复杂以及一些其他方面的问题，该技术还未得到广泛应用。

### 7. 旋转闪蒸干燥

旋转闪蒸干燥是一种将固态物料搅拌分散，采用高速热气流使之流态化进行干燥的一种气流干燥技术，具有快速、高效、可靠等特点，已被广泛应用于化工、食品、医药等行业。与热风循环干燥相比，旋转闪蒸干燥提高了干燥速率和干燥物料粒度均匀性。目前，关于旋转闪蒸干燥用于豆渣鲜有报道。

## 二、豆渣的干燥流程及其案例

### 1. 豆渣的干燥流程（热风干燥为例）

**（1）豆渣的干燥流程** 豆渣→豆渣脱水→滤饼→粉碎机→干燥塔→旋风分离器→干豆渣

**（2）工艺要点**

① 豆渣脱水 用脱水机对豆渣连续压榨过滤脱水，以减少干燥能耗和减少焦煳粒。

② 滤饼粉碎 用粉碎机将滤饼粉碎，以解决在干燥过程中豆渣的黏结问题。粉碎后的豆渣经钢网排出，进入干燥塔。

③ 热风制备 热风炉采用高效热风炉，热风效率75%～80%，用鼓风机将热风送入热风炉中。风量20000m³/h以上，风压3kPa，热风温度300～400℃，热风经粉碎机进入干燥塔。

④ 干燥 干燥塔采用气流干燥方法，用国内最新的旋转闪蒸干燥塔。干燥塔为圆柱形，物料随热风由塔底侧面入塔，沿塔壁螺旋式通道螺旋上升至塔顶干燥完成，随风进入旋风分离器。干燥塔出风温度控制85～92℃。

⑤ 旋风分离器 采用旋风分离器回收系统，操作简便，投资少。

### 2.国内外的案例

日本九川食品公司组织开发生产了日处理新鲜豆渣20t的干燥装置。根据该装置系统的工艺流程，豆渣先用压榨机压榨除去水分，然后由输送机转送到干燥机，通过管道式干燥机110～180℃约30min的高温干燥，水分减少到约8%。干燥豆渣由干燥机出来后经由螺旋式传送带转入料斗，并由料斗出料进行计量分装，整个过程完全无人操作。干燥用蒸汽是生产豆腐用锅炉的余汽，运转费用极小，已引起业界注意。

日本静冈油化公司参考了丹麦引进的鱼粉干燥机的组成原理，独自开发了豆渣干燥机，含水量约85%的豆渣由螺旋式运转装置转送到主轴式干燥机，作为燃料的废油在干燥机入口温度达到520℃，出口温度120℃，物料在干燥机内滞留时间约10min。干燥好的豆渣再由螺旋式传送器送到振动器上振动，然后进入粉碎机粉碎后即为含水分约10%的干燥豆渣成品。每天处理能力为新鲜豆渣40～50t，可制得干燥品约5t。

日本宫平食品公司用陶瓷球滚筒干燥机与豆乳压榨机同直接压送泵连接，由豆乳压榨机向干燥机连续转送新鲜豆渣，从而成功地实现了短时间干燥豆渣。在此干燥系统内，新鲜豆渣由空气压送装置传送到料斗后，从投料斗定量转送到旋转式加料机，并进入滚筒干燥机干燥。

国内一些企业也采用了搅拌型豆渣干燥工艺，即通过原料输送机将原料湿豆渣从原料箱送入搅拌罐，搅拌罐由热风炉提供（500±10）℃的热风，通过搅拌罐内的搅拌叶片搅拌投入的豆渣，水分靠排风机排向大气。干燥的豆渣由旋风集料筒回收，并通过旋阀及粉体取出螺旋输送装置将干燥豆渣排出。该工艺可使原料湿豆渣在搅拌叶片高速打击下，抛撒于搅拌罐中，与热空气进行充分热交换，干豆渣含水量可达10%左右。

## 第三节　豆纤维焙烤食品

### 一、豆纤维饼干

饼干是焙烤类的方便食品，品种和花式极其繁多，消费量大，已经形成了大规模工业化生产。豆渣不仅营养丰富，而且富含大豆纤维，具有较高的保健功能，所以豆纤维饼干，不仅有效增加豆渣的消费量，而且能给消费者带来新的体验和享受。

相对面包而言，饼干对原料面粉中的面筋数量与质量的要求相对较低，因此，豆渣可以大量地添加在饼干（包括酥性与韧性饼干）中，不影响其生产性能。研究表明，当添加量达到20%时，对饼干工艺操作和产品质量没有表现出显著的影响，但是对面粉筋力的要求增加，同时由于豆纤维的持水性大，在调制面团时，需适当多加水并延长和面的时间。

## 1.豆纤维粉在饼干中的作用

**（1）强化饼干的营养和功能** 高纤维、低糖、低油、低能量，可预防"三高"（高血脂、高血压、高血糖）、肥胖等现代文明病。

**（2）面团的特性** 较多量的豆纤维粉的加入，使面团的可塑性增加，弹性降低，因而面团易成型，且模纹清晰；同时，产品的咀嚼感好，酥脆性增加。

**（3）影响饼干的风味** 在焙烤过程中由于豆纤维粉中的一些成分会发生变化，产生挥发性的物质，因而增进饼干的风味，使之具有特有的豆香味。

**（4）影响饼干的色泽** 豆纤维粉的添加提高了面团中的蛋白质含量，饼干中的含糖量较多，在烘烤时由于美拉德反应会使产品表面的色泽加深。

## 2.豆纤维饼干生产实例

**（1）豆纤维曲奇饼干**

① 配方 黄油 750g，糖粉 300g，中筋面粉 864g，豆纤维粉 180g。

② 工艺流程 原料处理→面糊调制→挤浆成型→烘烤→冷却→包装→成品

③ 操作要点

A.原料处理 黄油放常温下软化，糖粉、面粉过筛处理，蛋液充分搅散后，过粗筛网处理备用。

B.面糊调制 将糖粉加入黄油拌和，至颜色发白，约 4min；然后分次加入蛋液，每次搅拌均匀后再加入下一次蛋液，全过程约 1.5min；最后将筛后的粉料（面粉和豆渣粉）加入拌匀，约 0.5min，即成面糊。

C.挤浆成型 将面糊装入裱花袋，裱挤成型，要求大小、厚薄均匀，且间距合适。也可使用曲奇饼干自动成型机。

D.烘烤、冷却、包装 入炉以设定温度（面火 180℃、底火 160℃）烘烤 12min，冷却，包装。

**（2）豆纤维酥性饼干**

① 配方 豆纤维粉和弱力面粉的用量比为 2:5，以豆纤维粉和面粉的总量为基数，油 50%，糖 40%，水 10%，小苏打 1.0%，碳酸氢铵 0.6%，葡萄糖酸内酯 2.0%，CSL/SSL（硬脂酰乳酸钙/硬脂酰乳酸钠）0.3%，食盐 0.3%。

② 工艺流程 原辅料预处理→面团调制→辊印成型→焙烤→喷油→冷却→包装→成品

③ 操作要点

A.原辅料预处理 将小苏打、碳酸氢铵用少量冷水溶解，过滤，滤液备用。鸡蛋搅拌均匀，熔化人造奶油，加入以上辅料搅匀，乳化成乳浊液，可再加入香精。

B．面团调制　将辅料和豆纤维粉、面粉混合，控制温度 20～26℃，即采用冷粉工艺调粉。为降低温度，可加冰水调制，调制时间约 10min。调制时间不宜过长，防止面筋过度形成。另外要注意的是，酥性面团调制时，加水不能过多，加水量太多，面筋蛋白质会大量吸水，容易形成较大的弹性。最好在开始调粉时，一次加水适当，不要在调粉中间特别是在调粉结束时加水，以免面团起筋或黏附工具。

C．辊印成型　采用辊印成型机成型，饼坯厚度以 2～3mm 为宜。

D．焙烤　200℃下焙烤 8min。也可采用分段式焙烤，入炉采用 250℃高温焙烤 2min，迫使其凝固定型。在烘炉的后半部分，饼坯处于脱水上色阶段，由于酥性饼干面团调制时加水量很少，烘烤失水不多，因此烤炉后半段多采用低温 200℃焙烤 4min。

**（3）豆纤维咸香饼干**

① 配方　豆渣添加量为 25％，食盐添加量为 1.6％，酵母添加量为 0.5％，其余以辅料（标准面粉、海苔、蜂蜜、鸡蛋、起酥油、脱脂奶粉、砂糖、柠檬酸、香料、水、小苏打）补充至 100％。

② 工艺流程　同豆纤维酥性饼干。注意的是，添加酵母不能与糖和盐直接接触，以免失活。

**（4）发酵豆纤维饼干**

① 配方　豆渣粉 40％，小麦粉 35％，食用植物油 14.6％，酵母 2.5％，食盐 0.3％，水 7.6％。

② 操作步骤　将粉碎的豆渣粉、小麦粉、食盐、6％水进行充分搅拌混合均匀，用 1.6％水将酵母在容器中彻底溶化好，倒入上述混合均匀的物料中进行充分搅拌，均匀转入发酵容器内，放置在温度 28℃、湿度 70％恒定的发酵室发酵 6～8h。第一次发酵后取出物料放入搅拌机内加入食用植物油进行充分搅拌达到各物料能充分黏合在一起，手握成团即可，然后在温度 28℃、湿度 75％恒定的发酵室进行第二次发酵，发酵 2～4h 后成型，入炉烘烤得到豆渣饼干。

## 二、豆纤维面包

作为一种方便食品，面包具有多种营养强化的潜力，添加豆纤维粉的面包即是强化了膳食纤维的优质食品。

### 1.豆纤维粉对面包品质的作用

**（1）强化面包的营养与功能特性**　将大豆纤维粉添加到面包中，不仅可强化面包中的膳食纤维含量、改善面包的营养品质，而且可以赋予面包以良好的功能特性。据报道，食用大量的强化膳食纤维的面包可使体内胆固醇下降 12％～17％。

**（2）延缓面包陈化速率**　面包在储存的过程中发生的最显著的变化是"老化"。老化以后，面包风味变劣、由软变硬、易掉渣、消化吸收率降低等，大大地降低面包的食用价值。面包的老化是面包中所有成分共同作用的结果。据研究，豆纤维粉可以有效地延缓面包的老化速率，主要是因为纤维具有高的持水力，可以增加面团的含水量，起到延缓老化的作用；大豆纤维中的凝胶体能形成稳定的、具有三维结构的凝胶网络，同时含有的不溶性戊聚糖能通过酚酸的活性双键与面粉蛋白质结合成更大分子的网络结构，包围部分淀粉和水，减少可以回生的淀粉数量，从而延缓淀粉凝胶的老化速率，延缓面包的老化速率。

**(3) 对面包体积的影响** 对以富强粉为原料制作的面包，添加少量的大豆纤维粉能增加产品体积。如添加量为 3% 时，能使面包体积增加 7.5%；但当添加量超过 4% 时，面包比体积开始下降。因此，在不考虑使用其他品质改良剂的情况下，在以富强粉为原料的面包生产中，大豆纤维粉添加量不宜超过 4%。对高筋力的面包粉来说，添加大豆纤维粉可能会造成负面影响。

为了不使面包品质因纤维粉的大量添加而大幅度下降，在使用纤维粉的同时，可适当添加一些品质改良剂，如可溶性纤维（胶质）来改善粗糙的质感和咀嚼时的砂粒感。另外可溶性纤维（胶质）的添加还能增加制品弹性，延长货架期。

### 2. 生产实例

**(1) 推荐配方** 面包基础配方：面粉 100g、干酵母 1.5g、盐 2g、糖 5g、油脂 2g，水的添加量可以视面团的吸水力酌情加入。使用高筋面包粉为原料时，以 2% 的大豆纤维粉为替代面粉；使用富强粉为原料时，添加量为 5%。

**(2) 工艺流程（以二次发酵法为例）** 面粉（30%～70%）、全部酵母液、40% 左右水→第一次调制面团→第一次发酵→加入剩余原辅料→第二次调制面团—第二次发酵→分块、搓圆→静置→整形→醒发→烘烤→冷却→包装→成品

**(3) 操作要点**

① 第一次调制面团与第一次发酵 把 30%～70% 的面粉、40% 左右的水和全部酵母液加入调粉机，搅拌混合均匀。于 28℃ 左右、湿度 80% 的环境中开始第一次发酵，时间为 2～3h。其目的是使酵母扩大培养，完成种子面团的制备。

② 第二次调制面团与第二次发酵 将第一次发酵成熟的面团和 4% 左右的大豆纤维粉及剩余的除油脂以外的原辅材料在调粉机内搅拌，混合均匀后再加入油脂，继续搅拌，直到面团温度合适、不粘手、均匀有弹性，进行第二次发酵，时间为 2～3h，使面团充分膨胀、面筋充分扩散并增加面包中的香味物质。

③ 分块、搓圆、静置 将发酵好的大块面团分切成一定重量的小块，进行撒粉、搓圆、静置。撒粉的目的是排出过剩的二氧化碳，供给新鲜的空气以利于进一步的发酵和防止产酸。搓圆的目的是使面团表面光滑、组织均匀，能保住内部气体。静置的目的是使面团在 27～30℃ 的温度、70% 左右相对湿度的环境中轻微发酵，使面包坯恢复弹性。

④ 整形 将静置后的圆形面团按照要求，制成各种形状。

⑤ 醒发 整形后的面包坯在醒发室内，于 38～40℃、85%～90% 湿度下醒发发酵，使面包坯膨大到适当的体积，具有松软的海绵状组织。

⑥ 烘烤　分为三个阶段进行，第一阶段炉温宜低，底火在 250～260℃，使面包体积迅速增加，面火在 120～160℃，以避免面包表面很快固结造成体积不足。第二阶段炉温宜高，面火为 250℃，底火为 270℃，使面包坯定型。第三阶段炉温中等，面火降至 180～200℃，底火 140～160℃，使有利于表皮上色，增加面包香味。

⑦ 冷却、包装　冷却的作用是减少面包表皮的破裂和压伤，并防止霉变。面包冷却以后应及时包装，以防止内部水分的散失而引起面包老化和满足卫生的要求。

在实际生产时，可用低能量及与胰岛素代谢无关的甜味剂代替蔗糖，这样就可更大限度地发挥大豆纤维粉的生理功能。可选用的甜味剂包括低甜度甜味剂，如纯结晶果糖、木糖醇、低聚糖和帕拉金糖（异麦芽酮糖）；强力甜味剂，如甜菊苷、二肽甜味剂和三氯蔗糖等。

## 三、豆纤维桃酥

桃酥是高糖、高油的传统糕点食品，消费者较为喜欢，但与当代人们的健康饮食要求不相适应。降低桃酥中的油糖量，添加豆纤维粉，增加蛋白质和膳食纤维的量是必要的。

### 1. 配方

面粉 85g，豆纤维粉 15g，糖粉 24g，花生油 17g，起酥油 18g，发酵粉 4g，单甘酯 0.5g，饴糖 10g，核桃仁 10g，水适量。

### 2. 工艺流程

原辅料调配→乳化→调粉→模具成型→烘烤→冷却→包装→成品

### 3. 操作要点

（1）**原辅料调配**　将发酵粉、单甘酯、面粉、糖粉、饴糖、豆纤维粉混合，搅匀。

（2）**乳化**　花生油、起酥油和水，混合搅拌 10min，使油乳化。

（3）**调粉**　将搅匀的粉倒入乳化油中，揉搓 3～5min。

（4）**模具成型**　将搅拌好的面团分成 40g，按模具压制成各种形状，撒上核桃仁。

（5）**烘烤、冷却、包装**　170～220℃，烘烤 15～20min，冷却后再包装。

## 四、豆纤维蛋糕

蛋糕是一种大众化的方便食品，以其良好的口感和风味赢得市场，但传统蛋糕是一种高糖、高能量的食品，长期食用或过量摄入会诱发肥胖症、心血管系统疾病，对人体健康造成威胁。针对以上情况，本着"功能明显、价格低廉、食用方便、易于接受"的原则，将蛋糕作为大豆纤维的载体，生产大豆纤维蛋糕。

**1. 配方**

面粉 100g，豆纤维粉 30g，蛋糕油 1.9g，泡打粉 0.7g，白糖 25g，鸡蛋 35g，香精适量。

**2. 工艺流程**

原辅料处理→打发→搅拌→入模成型→烘烤→冷却→成品

**3. 操作要点**

**(1) 打发** 鸡蛋、白糖放入打蛋机内，用高速挡打发，并加入蛋糕油、水、香精等，打发约 50min，体积膨胀至原来的 3 倍左右，蛋液呈淡乳白色蓬松泡沫状，此刻达到"最适状态"。

**(2) 搅拌** 将豆纤维粉、泡打粉和面粉混合均匀加入打蛋机内，慢速挡打至起发均匀，面糊细腻而不起筋。

**(3) 入模成型** 调糊后应立即入模成型，浇注入烤模，浇模量为烤模体积的 3/5 左右。浇模前先将烤模内壁均匀涂上植物油。

**(4) 烘烤** 浇模后应立即进行烘烤。一般初入炉时温度应控制在 180℃ 左右，先用底火升温，当面糊上涨到成品要求的体积后再加面火，保持 2～5min，去底火，烘烤至表面呈金黄色至棕红色为止。

# 五、豆纤维糕点

**1. 配方 1**

豆纤维粉 100g，白砂糖 15g 及芝麻 5g 混合粉碎，与奶油 2g、苹果果酱 10g、面粉 20g、小颗粒花生 10g、玉米粉 10g、植物油 10g、酵母粉或食用苏打 0.2g、蜂蜜 3g 混合，再加入适量的水调和搅拌成面团，进行加工制作成特定形状，放入烤箱进行烘烤形成蓬松类甜食糕点。

**2. 配方 2**

豆纤维粉 100g，白砂糖 10g 及芝麻 5g 混合粉碎，与奶油 2g、玉米粉 10g、小颗粒花生 10g、凤梨果酱 10g、植物油 10g、糯米粉 20g、蜂蜜 3g 混合，加入适量的水调和，倒入蒸箱蒸制，蒸熟后再搅拌和打磨，增强其韧性，加工制作成甜食糕点。

**3. 配方 3**

豆纤维粉 100g 与经过炒熟后的玉米粉 10g、小颗粒花生 10g、芝麻 5g 和草莓果酱 10g、植物油 5g 进行调和，将白砂糖 20g 在锅中加热熔化，加入蜂蜜 3g，与调和好的原料在锅中搅拌均匀后，出锅整形成长方体或正方体，当白砂糖凝固后，切开成型，形成甜食类糕点。

**4. 配方 4**

豆纤维粉 100g 和食盐 3g 混合粉碎，与奶油 2g、植物油 10g、小颗粒花生

10g、芝麻 5g、面粉 20g、小颗粒玉米 10g、酵母粉或食用苏打 0.2g、葱 5g、辣椒粉或海鲜粉 0.5g 混合，加入适量的水调和搅拌成面团，进行加工制作成特定形状，放入烤箱烘烤，形成咸食蓬松类糕点。

# 第四节　豆纤维膨化食品

由于豆渣含有大量的纤维素，并有豆腥味，用普通方法加工的食品可食性差，采用膨化方法，把豆渣与淀粉一起膨化，可得到口感很好的膨化食品。

## 一、工艺一

### 1. 原料

豆渣 30%～70%，淀粉 30%～70%，调味品及食油适量。

### 2. 工艺流程

淀粉
↓
豆渣 → 蒸熟 → 粉碎 → 配料 → 高压蒸 → 低温冷却 → 切片 → 干燥 → 破渣 → 调节水分 → 膨化 → 调味 → 干燥 → 装袋 → 成品

### 3. 操作要点

先蒸豆渣，蒸熟后加入适量的水，用胶体磨粉碎三遍，拌入淀粉、食油后放入压力锅中蒸 30min，蒸后，把其倒入平盘中，晾凉后放入冰箱的冷藏室中冷却 8～12h，待其完全硬化时，从冰箱中取出，切片。切好的片放到网盘上，用烘箱烘干，烘箱的温度控制在 105℃，烘 5～6h。烘干后，用不加罗的粉碎机破碎，将水分含量调整到 15% 左右，加入适量的香精，待 2h 后，用膨化机膨化，然后调味、烘干，立即装袋封口。

## 二、工艺二

### 1. 配方

豆纤维粉 20%，玉米粉 30%，大米粉 50%，调味料适量。

### 2. 工艺流程

原料粉碎 → 混料 → 调配 → 预垫 → 喂料 → 挤压膨化成型 → 冷却 → 包装 → 成品

### 3. 操作要点

（1）原料粉碎　豆渣干燥、粉碎、过筛制成豆纤维粉，大米粉、玉米粉粉碎过筛。

（2）混料和调配　按照豆纤维粉 20%、玉米粉 30%、大米粉 50% 为主料进行混合，根据要求的口味添加调味料，用搅拌机混匀，然后加入主料含量 14% 的水分。

调味料占主料的质量百分含量如下。

① 香甜风味　白糖 40%，奶粉 10%，食盐 2%。

② 五香风味　食盐 32%，白糖 20%，五香粉 25.3%，味精 2%。

③ 麻辣风味　食盐 32%，白糖 15%，五香粉 7.4%，味精 1.7%，花椒粉 13.8%，辣椒粉 11.9%。

**(3) 预热与喂料**　喂料前先预热膨化机腔体三个区域的温度分别为 1 区 80℃，2 区 115℃，3 区 150℃，调整膨化机螺杆的转速为 130r/min，然后将混合好的物料均匀连续地送入进料口。

**(4) 挤压膨化成型**　物料在双螺杆挤压膨化机中熔融后被挤压至常温常压下，水分迅速蒸发，经过不同的模具口，体积迅速膨胀后，即可得到球形、圆柱形、米粒形等形状的膨化产品。

**(5) 冷却、包装**　对定型后的膨化产品在鼓风机下冷却 10～20min，装袋，进行密封、防潮包装，入库储存。

# 第五节　豆纤维发酵食品

发酵豆渣是一种传统食品，中国、印度尼西亚、日本等国均有较多的发酵豆渣食品。我国典型的传统发酵豆渣是霉豆渣。霉豆渣是武汉的传统产品，它是以豆渣为原料，在一定工艺条件下发酵而制成的一种副食品，其发酵菌种是毛霉菌。霉豆渣游离氨基酸含量高，味道鲜美，是营养丰富的风味豆制品。将霉豆渣切成 1cm 见方的小块，置热油锅中煎炒，适当蒸发水分。然后按食用的习惯加入佐料，配上食盐或辣椒等，炒后即可食用。另外，还可用豆渣发酵制成调味品。

## 一、豆渣发酵调味品

### 1. 原料

豆渣、花生饼、面粉、麸皮、小茴香、八角、蒜、胡椒、桂皮、香菇、米曲霉 As3951 各适量。

### 2. 工艺流程

**(1) 原料处理和制曲**

```
豆渣   ┐
花生饼 ┝→混合→蒸熟            种曲
                              ↓
面粉→炒熟┘→ 混合 → 冷却 →接种 → 通风培养 → 成曲
```

**(2) 发酵**

① 固态无盐发酵　成曲→粉碎→入容器→加温开水→加盖面料→保温发酵→

成熟酱醅

② 固态低盐发酵　成曲→粉碎→入容器→拌入盐水→保温发酵→成熟酱醅

**（3）后发酵**

成熟酱醅→制醪→后发酵→成熟→烘干→成型→包装→成品

食盐→混合←香菇浸提液与香辛料浸出液

### 3.操作要点

**（1）原料处理**　将豆渣与适量花生饼充分混匀，在 121℃ 下蒸 40min。取面粉适量，将其炒成黄色，有浓香味即可。

**（2）制曲**　取约 1/10 已炒熟的面粉，按原料总重的 1/100 加入事先用麸皮培养基制好的 As3951 曲种，混匀并捣碎。

取已蒸熟的豆渣、花生饼混合料放在盘中，待品温降至 40℃ 时，加入炒面粉混匀，然后再加曲种混匀，铺成约 2cm 厚，再划几条小沟，使其通气放入培养箱，箱温 28℃，经 10～12h，曲霉孢子萌发开始，菌丝逐渐生长，曲温开始上升。进曲 16h 后，菌丝生长迅速，呼吸旺盛，曲温上升很快，此时要保持上、中、下层曲温大体一致。到 22h 左右曲温上升至 38～40℃，白色菌丝清晰可见，酱曲结成块状，有曲香，此时可进行第一次翻曲。翻曲后，曲温下降至 29～32℃。第一次翻曲后，将曲盘叠成"X"形，经 6～8h，品温又升到 38℃ 左右，此时可进行第二次翻曲，此期菌丝继续生长，并开始着生黄色孢子。全期经 60h 左右，酱曲长成黄绿色、有曲香味即可使用。

**（3）发酵**（固态低盐发酵）　将酱曲捣碎，表面扒平并压实，自然升温至 40℃ 左右，再将准备好的 12°Brix 热盐水（60～65℃）加至面层，其加入量为干曲质量的 90%，拌匀，面层用薄膜封闭，加盖保温。在发酵期中，保持酱醅品温 45℃ 左右。发酵 10 天后，酱醅初步成熟。

**（4）制醪**　在发酵完成的酱醅中，加入香菇浸提液、香辛料浸出液。酱醅：香辛料浸出液：香菇浸提液为 40：6：12。另外加入酱醅质量 5% 的食盐，充分拌匀，于室温下后发酵 3 天即成酱。

香菇浸提液、香辛料浸出液的配制方法如下。

① 香辛料浸出液的配制　小茴香 7g，八角 8g，胡椒 4g，桂皮 6g，蒜 5g，加水 500mL，熬煮 1h，补水至 500mL 煮沸，过滤，置阴凉处备用。

② 香菇浸提液的配制　香菇 50g，加 500mL 水浸渍 3h 后，熬煮 1h，补水到 500mL 煮沸，过滤，置阴凉处备用。

**（5）烘干、成型、包装**　将酱平铺于瓷盘上于 75℃ 烘箱中烘 12h 后，用模具成型，再烘 12h，冷至室温，最后用食品袋抽真空包装。

## 二、霉豆渣

霉豆渣在湖南和湖北等地均有制作，但文献只有武汉霉豆渣的介绍。武汉霉豆渣的生产始于何时，无史可查，但从传统的师傅那里得知，霉豆渣的历史比较悠久，生产工艺也无文字记载，它是一代代言传身教传下来的。它的霉制过程跟腐乳前期发酵基本一致，由此可以推测，可能是先有腐乳的生产而后有霉豆渣的生产。

### 1. 原料

新鲜豆渣。

### 2. 工艺流程

豆渣→清浆→压榨→蒸料→摊晾→成型→霉制→霉豆渣

### 3. 操作要点

**(1) 清浆** 取新鲜豆渣100g约加水200g，并加少量做豆腐的黄浆水，在木桶或大缸中搅拌均匀，使呈糨糊状，置常温浸泡（酸化），直至豆渣表面出现清水纹路，挤出水来不浑浊为止。浸泡时间、浸泡用水量与气温有关，气温高，时间短；气温低，时间长。一般在24h左右。气温高，加水多；气温低，加水少，一般为豆渣质量的2倍左右。

**(2) 压榨** 将已清浆的豆渣装入麻袋中，进压榨设备，压榨出多余水分。经过压榨的豆渣，用手捏紧，可见少量余水流出。

**(3) 蒸料** 将经过压榨的豆渣放入蒸锅，底锅水沸腾后，将豆渣搓散，疏松地倒在箅子上，加盖，用旺火蒸料。开始，蒸汽有轻微酸味逸出，上大汽后酸味逐渐消失。从上大汽算起，再蒸20min，直至有热豆香味逸出为止。

**(4) 摊晾** 熟豆渣出锅，置干净竹席上摊晾至常温。

**(5) 成型** 将散豆渣装入木制小碗（碗需用桐油浸刷过）。呈凸尖状，手工加压至碗口平止，然后碗口朝下，轻轻扣出。

**(6) 霉制** 霉箱大小形状如腐乳霉箱。霉箱无底，每隔3～5cm有固定竹质横条，横条上竖放干净稻草一层，再将豆渣把排列在稻草上，每块间距2cm左右，每箱装80～90个豆渣把，霉箱重叠堆放，每堆码10箱，上下各置空霉箱一只，静置霉房保温发酵。早春、晚秋季节，在霉房常温中霉制；冬天霉房里生炉火保温。室温在10～20℃。从发酵算起，隔1～3天（室温高，时间短；室温低，时间长）堆垛上层的豆渣把，隐约可见白色茸毛。箱内温度上升到20℃以上，进行倒箱。倒箱是将上下霉箱颠倒堆码。豆渣把全部长满纯白色茸毛，箱温如再上升，可将霉箱由重叠堆垛改为交叉堆垛，以便降温。再过1～2天茸毛由纯白变成淡红黄色，可出箱，即制成霉豆渣。霉制周期：冬季5～6天，早春、晚秋3～4天。

## 三、红油豆纤维酱

### 1. 原料

豆渣、五花肉、大蒜、辣椒面。

## 2. 工艺流程

豆渣→清浆→压榨→蒸料→摊凉→成型→霉制→霉豆渣→煎炒→调味→装罐→
杀菌→豆纤维发酵酱

# 第六节　豆纤维其他食品

## 一、豆渣饮料

### 1. 原料

水、豆渣、白砂糖、维生素 C、柠檬酸、低甲氧基果胶、羧甲基纤维素钠
（CMC）、纤维素酶、食用香精。

### 2. 工艺流程

新鲜豆渣→漂洗→碱液蒸煮→脱色→水洗→调 pH 值→酶解→干燥→粉碎→混
合调配→均质→灌装→杀菌→检验→成品

### 3. 操作要点

（1）**碱液蒸煮**　按 2% 的比例加入氢氧化钠，加热至沸腾，保持 10min。

（2）**脱色**　在 47℃ 下用 4% 的 $H_2O_2$ 溶液进行漂白 5h。

（3）**水洗**　将脱色处理后的豆渣水洗，并用 $H_2SO_3$ 溶液滴定到 pH5 左右，抽
滤得湿豆渣。

（4）**酶解**　湿豆渣加水并加热到 40～50℃，调 pH 值到 3.3～3.5，加入
0.12% 的纤维素酶酶解 1h，然后升温至 90℃ 灭酶 10min。

（5）**干燥、粉碎**　灭酶后的湿豆渣于 105℃ 下彻底干燥，然后粉碎，过 120 目
筛得到浅黄色豆渣纤维粉。

（6）**混合调配**　豆渣粉 6%，白砂糖 12%，柠檬酸 0.1%～0.3%，稳定剂
（CMC：低甲氧基果胶＝1：1）0.05%～0.25%，维生素 C0.01%～0.05%。

（7）**均质**　将调配好的原辅料进行均质处理，在均质压力 35～40MPa 下均质
2min，以使内容物分布均匀，具有更好的口感和稳定性。

（8）**杀菌**　采用高温短时杀菌法，在 115℃ 条件下保温处理 30s。

## 二、菠萝豆渣复合饮料

豆渣富含蛋白质和膳食纤维，但口感粗糙，消费者很难接受。菠萝与豆渣配合
研制出果味豆渣饮料，以菠萝浓郁的香味、甜美的滋味弥补豆渣风味的不足，使二
者达到优势互补，在增加饮料膳食纤维含量、强化饮料营养的同时降低了饮料的生
产成本，有助于改善人们的饮食结构，并且为合理利用豆渣资源开辟了一条新的

途径。

### 1. 原料

水、豆渣、白砂糖、维生素 C、柠檬酸、菠萝、黄原胶、CMC、卡拉胶、食用香精。

### 2. 工艺流程

菠萝→清洗去皮→粉碎→压榨→预煮→打浆→菠萝浆汁
　　　　　　　　　　　　　　　　　　　　　　↓
新鲜豆渣→去腥→脱色→烘干→粉碎→过筛→混合调配→均质→灌装→杀菌→检验→成品

### 3. 操作要点

**(1) 去腥、脱色**　将豆渣加热到 85℃ 以上，保持 10min，使酶完全失去活性，然后冷却至 38℃，再加入 2%$H_2O_2$ 搅匀脱色，60℃ 以下干燥 1h。

**(2) 烘干、粉碎**　经上述处理后的豆渣放入鼓风干燥箱中，在 105℃ 下烘干。烘干后用粉碎机粉碎过 100 目筛得到浅黄色豆渣纤维粉。

**(3) 菠萝原汁的制备**　取新鲜的菠萝，清洗去皮、粉碎、压榨取汁，菠萝汁加热煮沸 3～5min 以杀菌并钝化酶活，打浆后冷却备用。

**(4) 混合调配和均质**　按照豆渣纤维 6%～8%，菠萝汁 40%～50%，白砂糖 8%～10%，柠檬酸 0.05%～0.1%，稳定剂 0.3%（黄原胶为 0.1%，CMC 为 0.16%，卡拉胶为 0.04%）。混合后物料在 40MPa 下均质 2 次，使内容物分布均匀，稳定性好。

**(5) 杀菌**　在 95℃ 下处理 30s，然后趁热灌装、封盖，冷却后进行质量检验。

## 三、豆渣冰激凌

### 1. 原料

鲜牛奶 50%，白砂糖 14%，豆渣 10%，奶油 7%，鸡蛋 4%，冰激凌乳化稳定剂 0.3%～0.5%，食用香精适量。

### 2. 工艺流程

　　鲜牛奶、白砂糖、奶油、冰激凌乳化稳定剂
　　　　　　　　　　　　↓
新鲜豆渣→烘干→粉碎→过筛→混合调配→杀菌→均质→老化→凝冻→分装成型→硬化→
硬质冰激凌

### 3. 操作要点

**(1) 烘干、粉碎、过筛**　鲜湿豆渣用电热鼓风干燥机于 80℃ 干燥至含水量在 8% 以下，干燥后的豆渣于超微粉碎机中粉碎 10min，过筛后得到成品豆渣。

**(2) 混合调配**　先将称好的冰激凌乳化稳定剂与其 10 倍重量的白砂糖混匀，加热水充分搅拌，使其溶解均匀，然后与其他原料一起缓慢加入配料缸中，充分混溶。

**(3) 杀菌**　在 80℃ 下处理 30min。

**（4）均质、老化**　将杀菌后的料液降至 55℃，混合后物料在 15～18MPa 下均质 2 次，使内容物分布均匀，然后迅速冷却至 4℃，将料液在 0～4℃下老化 6～8h，使混合料液中的脂肪、蛋白质、冰激凌乳化稳定剂等发生水化作用，增加料液的黏稠度，提高产品的膨胀率。老化时，将香精加入老化罐中，搅拌均匀。

**（5）凝冻**　料液的凝冻温度在 −4～−3℃较合适。若凝冻温度过低，空气不易混入或气泡混入不均匀，导致膨胀率低或组织不细腻；若温度过高，易使组织粗糙并有脂肪粒存在，使冰激凌发生收缩现象。

**（6）成型**　凝冻后装入容器不经硬化者为软质冰激凌，经速冻硬化者为硬质冰激凌，其形状随包装容器的形状而定。

**（7）硬化**　成型后的冰激凌应立即送到 −30℃以下硬化。若硬化缓慢，凝冻后的料液部分融化，形成较多的大颗粒冰晶，使成品组织粗糙，品质低劣。

## 四、豆渣挂面

挂面由于湿面条挂在杆上进行干燥而命名，是一种方便的加工食品，也叫卷面、筒子面等。

### 1. 豆渣对面条品质的影响

李争艳等人通过研究得出，在一定范围内添加豆渣，可以有效改善面团的粉质结构和流变学特性，就所选择的中筋面粉来说，面团稠度、稳定时间、形成时间、粉质指数随着豆渣添加量的增加呈现先上升后下降的趋势，其中，当豆渣的添加量为 7.5％时，所得到的面团的这些特性都是最优的；而弱化度随着豆渣添加量的增加呈现先降后升的趋势，其中，当豆渣的添加量为 7.5％时，所得到的面团的弱化度是最低的，拉伸阻力、最大拉伸阻力、拉伸比和最大拉伸比等值随着豆渣添加量的增加，呈现上升的趋势，延伸率随着豆渣添加量的增加呈现下降的趋势。豆渣面条的最优生产工艺为豆渣添加量 16％，黄原胶添加量 0.20％，多聚磷酸钠添加量 0.05％，CSL-SSL 的添加量 0.28％。

李波等人通过单因素实验和正交实验确定了豆渣面条的最优配方：小麦粉添加量 75％，豆渣粉添加量 25％，盐添加量 1％，CMC0.4％，谷朊粉添加量 3％，魔芋粉添加量 0.2％。在此配方条件下生产出来的面条，具有良好的烹煮特性、口感、感官品质等性质。

### 2. 建议配方

富强粉 51.3％，水 28％，大豆纤维粉 7％，谷朊粉添加量 5.35％、淀粉添加量 6.35％，盐 2％，其他辅料适量。研究表明，从改良面条品质上来看，当豆渣的添加量在 7％左右时，所得面条的感官评价是最高的；当豆渣的添加量超过 9％，面条的感官品质随着豆渣添加量的增加出现显著劣变的情况，这可能是由于豆渣的粗糙口感以及豆渣的松散性所造成的。随着豆渣添加量的增加，面条的吸水率呈现先降低后升高的趋势，这可能是由于当豆渣添加量较低时，吸水率主要由面粉主导，而随着豆渣添加量的增加，由于豆纤维与蛋白质的相互作用，面条的吸水率呈现下降趋势；随着豆渣添加量的继续增加，豆渣的吸水特性逐渐显现出来，并在一定程度上提高了面条的吸水率；延伸率呈现逐渐降低的趋势，这可能是由于豆渣粉中富含膳食纤维，具有较强的吸水性，导致水与蛋白质的结合不足，阻碍了面筋网络的形成，降低了面条的延伸率。随着豆渣添加量的升高，面条的烹煮损失率逐渐提高，这可能是因为随着豆渣添加量的增加，膳食纤维的溶出率逐渐升高，导致面条的烹煮损失率不断提高。

### 3. 工艺流程

原辅料→和面→熟化→轧片→切条→烘干→切断→计量→包装→检验→成品

### 4. 操作要点

**(1) 和面** 将面粉、水等各种原辅材料在和面机内进行调制，使面团吸水比较充足，呈小颗粒的豆渣状，湿度均匀，色泽一致，手捏成团，搓动时能松散成小颗粒状。加水量为面粉和大豆纤维粉重量的 28% 左右，和面最适宜的温度为 25～30℃，和面机转速为 12～15r/min，和面时间应不少于 10min。

**(2) 熟化** 可以采用静置熟化，也可以采用低速搅拌熟化，目的是让蛋白质比较充分地吸水膨胀，形成较好的面筋网络组织，提高面团的工艺性能。熟化时间也不少于 10min，熟化后的面团不结成大块，不升高温度。

**(3) 轧片** 经过熟化后的颗粒状面团已初步形成了面筋，但这种面筋是分散的、疏松的、分布不均匀的，淀粉粒子吸水浸润后也是分散的。由于面团的颗粒没有连接起来形成面带，所以面团的可塑性、延伸性和弹性没有显示出来。把经过和面及熟化的面团，经过多道做相对旋转运动的轧辊，轧成薄而均匀的面片，使面筋压展成细密的网络组织，在面片中均匀分布，并把淀粉粒子包围起来，使面条具有一定的烹调性能。

**(4) 切条** 使面带变成面条，要求切出的面条光滑而无并条。

**(5) 烘干** 挂面的干燥采用的是调湿干燥，即在干燥的过程中，调节烘房内部的温度与排湿量，保持一定的相对湿度，减少表面水分的蒸发，抑制挂面的外扩散速度，促使内外扩散平衡，控制干燥速度，防止内外干燥不平衡产生收缩不一的现象，保证面条质量。

挂面的干燥过程可以分为三个阶段。

① 预备干燥阶段 即将温度控制在 20～30℃，吹入大量的干燥空气促使湿面条表面水分蒸发，在此阶段内，湿面条水分应降到 28% 左右。

② 主干燥阶段 前期温度控制在 30～45℃，相对湿度 70% 左右，使热量逐步传递到面条内部，加快内扩散速度并控制表面的扩散速度；后期温度为 45～50℃，相对湿度下降到 55% 左右，使内外扩散在平衡的状态下加快速度，排出湿面条的大部分水分。

③ **最后干燥阶段** 即降温散热阶段，通过逐步降温，并在降温的过程中蒸发除去多余的水分。

**（6）切断** 切成 14～16cm 长的挂面，计量、包装。

## 五、即食海带豆渣点心

### 1.原料

豆渣、海带、面粉、白砂糖、食盐、发酵粉。

### 2.工艺流程

```
                          豆渣＋白砂糖
                              ↓
海带干→清洗→浸泡→切粒→混合→揉搓和面→静置→成型→油炸→冷却→包装
                              ↑
                          面粉＋发酵粉
```

### 3.操作要点

**（1）清洗、浸泡、切粒** 选市售淡干一级或二级、含水量低于 20％ 的海带 20g，用水洗去附在海带表面的泥沙等杂物，然后将海带切成 3mm×3mm 的小块，加入 4％ 盐水 120mL 浸泡 30min，让海带粒充分吸水膨胀至饱和状态，此时海带粒的质量达到海带干质量的 7 倍。

**（2）揉搓和面** 取豆渣 280g，加入上述已制好的海带粒和白砂糖 170g，搅匀，搁置 20min，待白砂糖溶化。取面粉 560g，加入发酵粉 25g 和匀。然后将豆渣和面粉充分混合揉搓和面，调制成面团，以面团有一定的黏性，但以不粘手为最佳，静置 1～3h。

**（3）成型** 用面棒压扁成片，最好厚度在 3～4mm，采用人工压片成型的方法制出各种形状。

**（4）油炸** 用食用棕榈油在 150～180℃炸制，以颜色转棕黄色、炸透为准。

**（5）冷却、包装** 冷却至室温，采用热塑复合材料，用真空包装机进行包装。

## 六、豆渣快餐食品

### 1.工艺流程

豆渣→碱浸→和料→蒸煮→轧片→冷却→成型→干燥→包装→成品

### 2.制作方法

**（1）碱浸** 将豆渣放入 pH 值为 7.5～8.5 的微碱缓冲液（碳酸氢钠、明矾）中浸渍 5～12h，使其纤维质软化膨润。

**（2）和料** 向 100 份的豆渣中加入 120～180 份的面粉，30～70 份的淀粉和 12～18 份的水，另外，可根据需要加调味粉和膨松剂，然后充分捏合均匀。

**(3) 蒸煮** 将捏合好的面团入蒸笼进行蒸煮，得到强度和弹性适宜的熟面团。

**(4) 轧片** 用轧辊将熟面团轧成厚 1～3mm 片状。

**(5) 冷却、成型** 待冷却熟化后切成大小适合的形状。

**(6) 干燥** 将切好的面片进行干燥，直至水分为 13％～20％即可。

## 七、肉食制品

研究表明可溶性膳食纤维与蛋白形成的混合物是一种新型的凝胶体，能使肉汁中的香味成分发生聚集作用而不散逸，并能保持产品具有良好的弹性和柔软的质地，起到保水、保油的作用。将大豆膳食纤维添加到香肠中，当添加量为 5％时，其外观性状和内在质量均不低于普通香肠，其风味和口感也得到进一步改善。大豆膳食纤维还可应用于罐头制品、汉堡包、火腿肠、午餐肉、三明治、肉松、肉丸子和馅饼等肉制品中，不仅改变了肉制品加工特性，而且增加了蛋白质含量和纤维的保健性能。

## 八、豆渣牛肉丸

将湿豆渣加热到 80℃，用超微磨碎机（如胶体磨）磨成粒度在 100 目以下的豆渣糊。用豆渣糊直接代替牛肉丸子配料中的马铃薯泥，其加工性能良好，制品口感与对照样有相同的滑润感，无豆渣味。原料配方：豆渣糊 34.0％，碎牛肉 7.8％，人造奶油 0.8％，鲜奶油 7.6％，面包粉 7.6％，洋葱 15.1％，调味料 0.8％，食盐 0.45％，水 7.6％，面粉 18.25％。

## 九、豆沙

在新鲜豆渣中加适量水，用高速组织捣碎机破碎搅拌，用纱布滤至半干，经过蒸煮，加适量的白砂糖煮至稠糊状，用烘箱烘至表面无水即可。高纤维豆沙馅具有浓郁的豆香味，口感比纯豆沙粗糙，黏稠性也较低，膳食纤维丰富，可代替传统豆沙馅制作各种面点。

## 十、可食用纸

酶解豆渣提取豆渣纤维后，与山药、糊精、蔗糖和卡拉胶等混合，采用普通纸的生产方法制得可食性包装纸成品。可食用纸的柔软度与普通包装纸相近，吸水性大于普通包装纸，水溶性较好，具有可食性、安全性、无污染的特点，是集环保、经济、实用于一体的新型纸张。可食纸在食品工业中的用途非常广泛，如快餐面的调料包装纸，糖果、饼干、粉状食品和饮品内包装纸等。

## 十一、豆纤维玉米挤压膨化食品

### 1. 原料

豆渣粉 25％，玉米粉 55％，白砂糖 10％，水 8％，食盐 2％。

## 2. 设备

**（1）双螺杆挤压膨化机** DS56-X 型，济南赛信机械有限公司。

**（2）食品热量检测仪** CA-HM，北京盈盛恒泰科技有限责任公司。

**（3）烘箱** TDGS-3，吴江市台达烘箱制造有限公司。

## 3. 工艺流程

原料预处理→混合→加湿→挤压膨化→切割成型→干燥→冷却→包装→检验→成品

## 4. 操作要点

**（1）原料预处理** 将所用到的玉米、豆渣、白砂糖粉碎，然后过 80 目筛。

**（2）混合** 将豆渣粉、玉米粉、白砂糖、食盐均匀地混合，待用。

**（3）调湿** 食品原料在膨化前要进行加湿，按照设计的比例加入不同含量的水分，而且要均匀混合，使含水量一致。加水若过少，将会使得物料很干燥，挤压膨化出来的产品会很干燥，易碎；加水若过多，将会使得物料在挤压时变得很黏，容易粘住机器，还会使得产品变得软软的。因此加水很关键。

**（4）挤压膨化** 在进行调湿后，物料倒入进料口，通过螺旋搅拌而进行挤压，并推进原料前行、膨化。

**（5）切割成型** 物料经挤压膨化后从模头内挤出，而紧贴着模头的切刀通过高速转动会将产品切割成型，这形状是由模头的形状决定的。通常有圆形、饼形、椭圆形及条形。

# 第九章

# 豆制品工厂设计及应用实例

食品工厂选址必须遵守国家法律、法规，符合国家和地方的长远规划和行政布局、国土开发整治规划、城镇发展规划。同时从全局出发，正确处理工业与农业、城市与乡村、远期与近期以及协作配套等各种关系，并因地制宜、节约用地、不占或少占耕地及林地。注意资源合理开发和综合利用；节约能源，节约劳动力；注意环境保护和生态平衡；保护风景和名胜古迹；另外还要做到有利生产、方便生活、便于施工，并提供有多个可供选择的方案进行比较和评价。

## 一、厂址选择原则

关于食品加工厂厂址选择的原则，主要是从以下两个方面综合考虑：生产条件和投资经济效果。

### 1. 生产条件

**（1）从原料供应方面考虑**　食品工厂一般倾向于设在原料产地附近的大中城市的郊区。食品企业多数是以农产品为主要原料的加工企业，由于依赖性强，在加工中需要大量的农产品为原料，同时食品生产是一个大宗的原料生产过程，因此选择原料产地附近的地域可以保证获得足够数量和质量的新鲜原材料；一般情况下农产品经采摘后容易腐坏变质，若采取远距离运输等拉长时间的作业，一方面增加了防止农产品变质的成本，另一方面增加了农产品自身的消耗损失，从而增加了食品厂的生产成本，这也要求食品厂选址应尽量在主要原料产区附近；同时食品生产过程中还需要工业性的辅助材料和包装材料，这又要求厂址所在地要具有一定的工业性原料供应方便的优势。

**（2）从地理和环境条件考虑**　地理方面要能保证食品工厂的长久安全性，而环境条件要保证食品生产的安全卫生性。

① 所选厂址　必须要有可靠的地理条件，特别是应避免将工厂设在流沙、淤泥、土崩断裂层上。尽量避免特殊地质，如溶洞、湿陷性黄土、孔性土等。在山坡上建厂则要注意避免滑坡、塌方等。同时也要避免将工厂设在矿场、文物区域上。同时厂址要具有一定的地耐力，一般要求不低于 $2 \times 10^5 \mathrm{N/m^2}$。

② 厂址所在地区的地形要尽量平坦，以减少土地平整所需工程量和费用；也方便厂区内各车间之间的运输。厂区的标高应高于当地历史最高洪水位 $0.5 \sim 1\mathrm{m}$，特别是主厂房和仓库的标高更应高于历史洪水位。厂区自然排水坡度最好在 $0.004 \sim 0.008$ 之间。

③ 所选厂址附近应有良好的卫生条件，避免有害气体、放射性源、粉尘和其他扩散性的污染源，特别是对于上风向地区的工矿企业、附近医院的处理物等，要注意它们是否会对食品工厂的生产产生危害。

**2. 投资经济效果**

**（1）供应水、电、气的能力**　要有一定的供电、供水、供蒸汽、供天然气的条件。

在供电距离和容量上应得到供电部门的保证。同时所选厂址，必须要有充分的水源，而且水质也应较好。食品工厂生产使用的水质必须符合卫生部门颁发的饮用水质标准，其中工艺用水的要求较高，需在工厂内对水源提供的水做进一步处理，以保证合格的水质来生产食品。

**（2）运输条件**　所选厂址附近应有便捷的交通运输，如需要新建新的公路，应该选择最短距离为好，以减少运输成本和投资成本。

# 二、厂址选择报告

## 1. 湖南九盛食品有限公司选址

湖南九盛食品有限公司选址于邵阳市江北开发区蔡锷路西侧的北塔区陈家桥乡万桥村（北临虎形山路、南临兴和路、东近蔡锷路）。

地理条件：项目建设地北塔区地处北纬 $27°11'29'' \sim 27°18'12''$，东经 $111°20'48'' \sim 110°29'23''$，是 1997 年 10 月新设立的县级行政区，位于邵阳市资江河北岸，辖 1 个乡、1 个国有农林场所和 2 个街道办事处。全区土地面积 84.4 平方千米，耕地面积 2847.5 公顷，总人口 13.53 万人。

该场址近邻资江，空气清新，风景优美。场地建设用地高程约为 227m 左右，高于百年一遇洪水位（220.4m），故无须专门防洪处理。并且此区域地质无活动带，地层为上古生梁下石凳子灰炭。该址为低丘回填耕作层，通过现场查看、调查，地质条件适合项目建设。

根据国家质量技术监督局 2001 年 2 月发布的《中国地震动参数区划图》查得邵阳市地震动反应谱特征周期为 0.35s，地震动峰值加速度为 0.05g。建构筑物按六度设防烈度考虑相应抗震设防措施。

拟建场地范围内无采矿区，无土陷、崩塌、滑坡、泥石流、断裂等不良地质现象，故场地和地基稳定，适宜进行本工程建设。场地周围无古树名木和其他文物古迹，不属文物保护区范围。

## 2. 湖南省恭兵食品有限公司选址

湖南省恭兵食品有限公司年产 3 万吨特色豆制品项目厂址位于邵阳工业园区内，地处园区主干道中山路和北塔路交叉口东南角，厂址西临园区主干道北塔路，北临园区主干道中山路，东临区间道路及湘窖酒业，南邻规划路，厂址距邵阳市中心约 3km，厂址外部交通条件较好。

项目所在地现状：邵阳市位于湖南省湘中南部偏西南地区，其地理位置为东经 111°20′~111°38′，北纬 27°11′~27°28′。东邻衡阳，南连零陵，西接怀化，北接娄底，辖 8 县 1 市 3 区。邵阳有良好的区位条件。近几年来，随着洛湛铁路邵阳段、沪昆高速潭邵和邵怀段、二广高速邵永段、衡邵高速公路、娄新高速公路的建成通车及沪昆高铁、怀邵衡铁路和安邵、洞新、邵坪高速公路的建成通车，邵阳已成为一个交通枢纽城市。

厂址建设条件：本项目用地原始地貌基本为山地和洼地，场地地势起伏较大，由西、东北、东南三座山体及其围合成的洼地组成，三座山体最高标高分别为 243m、250m、246m，洼地地形标高为 226.40~233.50m，呈北高南低、西低东高之势，地块呈不规则形状，南北极长约 386m、东西极宽约 217m。

厂址地质地震资料：根据国家质量技术监督局 2001 年 2 月发布的《中国地震动参数区划图》查得邵阳市地震动反应谱特征周期为 0.35s，地震动峰值加速度为 0.05g。建构筑物按六度设防烈度考虑相应抗震设防措施。

水文气象条件：邵阳市位于南岭山脉以北，雪峰山脉东南，以丘岗山地为主。属大陆中亚亚热带、季风湿润气候区，光、热资源充足，年平均气温 16.10~17.10℃，全年≥10℃的天数约 240 天，春夏季日平均气温高于 20℃，活动积温约 5200℃，年降雨量 1200~1700mm，年日照在 1400~1700h，无霜期 280 天左右。全市土地总面积 3124 万亩，其中耕地 610 万亩。土壤以第四世纪红壤、板页岩、石灰岩等发育而成，土层深厚、有机质含量 1.5%~2.5%，pH 值为中性或中性略酸。

主要原辅材料供应条件：大豆是邵阳市重要的粮食作物之一，种植气候适宜、种植历史悠久，常年种植面积 20 万亩，总产量为 5 万吨。为确保原料供应，公司采取"公司＋基地＋农户"的经营模式，在邵阳县建立了 10 万亩优质大豆种植基地，年产大豆在 2 万吨以上，为其生产加工提供了充足的原料来源。因此本项目有良好的资源优势。

交通运输条件：随着上瑞、邵怀、邵永、邵衡等高速公路不断建成投产，邵阳交通条件快速改善，通过铁路、高速公路和其他交通路网，东衔西接，连南通北，交通十分方便，物流非常顺畅，正发展成为湘中南腹地新的交通枢纽，并跨入全国第二批交通枢纽城市。

境内有洛湛、湘黔、娄邵三条铁路；320、207国道横贯全境，上瑞高速穿境而过，邵阳至湘潭、长沙已实现全程高速，距长株潭经济圈一小时，距省会长沙核心经济圈两小时；邵阳至贵阳、邵阳至昆明已实现了全程高速，邵阳至广州行程仅五个小时，成为邵阳经济注入珠江三角洲新的黄金通道。邵常、邵安、娄新高速公路及娄邵铁路扩能改造工程、邵怀铁路、沪昆高铁正在建设之中，洞口至新宁、武冈至城步西岩高速公路、市区至沪昆高速铁路新邵坪上车站高速公路均已开工建设；永州至新宁高速公路、武冈至绥宁乐安高速公路、武冈经城步至龙胜高速公路、陕西安康至铁山港高速公路、新邵严塘至隆回金石桥高速公路、邵阳县至新宁高速公路纳入建设规划；邵东、武冈机场建设已经进入国家中长期规划。全市公路里程到达数为19155km，其中高速公路285.52km，邵阳作为湘西南交通枢纽的地位逐步形成，这些为项目建设与发展具备了良好区位交通条件。

项目拟建地地处邵阳市江北开发区，具有较好的对外交通运输条件。

公用工程设施条件：本工程生产、生活日用水采用城市自来水为水源，从附近市政供水主管接入一根DN200mm的给水管供本工程生活用水及消防水池补水。接管点水压≥0.3MPa。

本工程所需10kV电源就近由邵阳市磨西变电站引来，供电容量充裕、可靠。

环境保护条件：本项目周边以自然生态环境为主，无其他污染源。环境质量状况良好，环境空气质量、水环境质量及噪声状况都达到环境保护质量标准。

施工条件  物料供应：项目建设所需的钢材、木材、砂、石、水泥等各种材料均可就近采购供应。场地条件：拟建的项目场地工程地质条件较好，有利于工程建设。

# 第二节　生产车间平面设计

## 一、食品工厂厂区总平面设计和建设

以湖南李文食品有限公司年产10000t豆干项目为例进行说明。

### 1. 食品工厂总平面设计的基本原则

① 总平面设计应按批准可行性研究报告进行，总平面布置应做到紧凑、合理。

② 建筑物、构筑物的布置必须符合生产工艺要求，保证生产过程的连续性。互相联系比较密切的车间、仓库，应尽量考虑组合厂房，既有分隔又缩短物流线路，避免往返交叉，合理组织人流和货流。

③ 建筑物、构筑物的布置必须符合城市规划要求和结合地形、地质、水文、气象等自然条件，在满足生产作业的要求下，根据生产性质、动力供应、货运周

转、卫生、防火等分区布置。有大量烟尘及有害气体排出的车间，应布置在厂边缘及厂区常年下风方向。

④ 动力供应设施应靠近负荷中心。

⑤ 建筑物、构筑物之间的距离，应满足生产、防火、卫生、防震、防尘、噪声、日照、通风等条件的要求，并使建筑物、构筑物之间距最小。

⑥ 食品工厂卫生要求较高，生产车间要注意朝向，保证通风良好；生产厂房要离公路有一定距离，通常考虑 30～50m，中间设有绿化地带。

⑦ 厂区道路一般采用混凝土路面。厂区尽可能采用环行道，运煤、出灰不穿越生产区。厂区应注意合理绿化。不得露土。

⑧ 合理地确定建筑物、构筑物的标高，尽可能减少土石方工程量，并应保证厂区场地排水畅通。

⑨ 总平面布置应考虑工厂扩建的可能性，留有适当的发展余地。

**(1) 建构筑物组成** 本项目新建下列建构筑物：生产车间一、生产车间二、生产车间三、原料库、成品库、辅材库、综合楼、职工食堂、三栋倒班宿舍、锅炉房及干煤棚、变配电所、水泵房及水池、污水处理站、锅炉脱尘除硫沉淀池、大门及门岗等。

**(2) 总平面布置方案** 根据总平面布置原则并结合场地实际情况，本次工程总平面布置如下。

首先，在场地西侧中间位置西临园区主干道北塔路设置 1♯大门，作为厂区主要人流出入口；在场地东侧临区间道路自南往北依次设置 2♯、3♯大门，作为厂区物流主、次出入口。

其次，自 2♯、3♯大门分别向西延伸设置两条厂区东西方向主干道，为连通各大门与其相接再在场地西、中、东部分别设置三条厂区南北方向主干道，组成厂区"日"字形主要道路格局，以此将厂区自北向南依次划分为五个功能分区：配套生活区、厂前区、生产区、动力区和预留发展区。

配套生活区应与生产区域隔开，位于厂区北部，自西向东依次布置为职工食堂及停车广场、休闲运动场地、三栋倒班宿舍。

厂前区和生产区位于厂区中部，其西侧为厂前区，东侧为生产区。厂前区自西向东依次布置为 1♯大门、入口广场、综合楼；生产区自西向东依次布置为生产车间一、生产车间二、生产车间三、成品库、原料库五栋二层厂房，在五栋二层厂房南侧布置辅材库。生产区布置紧凑合理，物流路线便捷。

厂区南部为动力区和预留发展区，其西侧为动力区，东侧为预留发展区。动力区西侧为污水处理站，东侧为动力中心，自北向南依次布置为变配电所、水泵房及水池、锅炉房及干煤棚等。预留发展区为满足公司以后发展需要作为物流用地预留。

**(3) 建筑方位** 本次工程新建建筑物主要建筑方位为北偏东约 12°。

**(4) 本次工程总平面主要技术经济指标及工程量**

① 项目总征地面积 113312m$^2$（约合 170 亩）。

其中，代征城市道路用地面积 6249m² （约合 9 亩），厂区净用地面积 107063m² （约合 161 亩）。

② 新建总建筑面积（地上） 54191m²。

③ 新建建构筑物用地面积 25924m²。

④ 新铺道路及广场用地面积 32000m²，其中道路 22500m²，广场 9500m²。

⑤ 新增绿化用地面积 38500m²。

⑥ 建筑系数 24.21%。

⑦ 绿地率 35.96%。

⑧ 容积率 0.51。

⑨ 地面泊车位 66 个，其中货车 8，小车 58。

⑩ 新建围墙长度 1350m。

⑪ 新建大门座数 3 座。

**(5) 竖向布置原则**

① 满足生产工艺和厂内外运输及装卸作业对高程的要求。

② 因地制宜，充分利用地形。

③ 结合工程地质和水文地质条件，考虑建构筑物和工程管线基础深度的要求。

**(6) 场地标高的确定** 根据竖向布置原则，本次工程竖向布置采用连续平坡式，场地标高确定在 240.20～243.80m，建筑物室内地坪标高定为 242.30～243.90m。

**(7) 场地排水**

① 雨水排除自北向南，自西向东汇至场地东南角，然后通过城市道路排水系统排放出厂。

② 场地排水采用暗管排水方式，场地排水坡度一般不小于 5‰。

**(8) 道路设计** 本次工程新铺道路采用城市型水泥混凝土路面，主、次干道路面宽度分别采用 10m、5m，道路横坡采用 1.5%，纵坡小于等于 6%，主要道路转弯半径为 12m。道路路面结构自上而下依次为：C30 水泥混凝土路面板 20cm，6% 水泥稳定土基层 15cm，天然砂砾垫层 15cm。

**(9) 工厂防护及绿化** 厂区范围内设围墙防护，围墙采用透空围墙，高 2.4m，厂区设三个大门及传达室。

厂区 1# 大门入口广场处，厂前区、配套生活区四周是绿化的重点，大面积停车装卸区和广场均铺设植草砖，种植耐碾压草种，地面铺装和植草砖使场地色彩产生变化，减弱大面积硬质路面的生硬感，为硬质路面增加一缕绿意，另外道路两侧行植行道树间以草皮花卉进行绿化，其他能施以绿化的场地均施以绿化，使整个建筑群体处在一片鸟语花香的绿茵之中，呈现一派欣欣向荣景象，从而营造一个美好、舒适的生产、生活环境。

**2. 土建工程**

**(1) 设计依据** 《建筑设计防火规范》（GB 50016—2014）、《公共建筑节能设计标准》(GB 500189—2005)、《民用建筑热工设计规范》(GB 50176—2016)、《民用建筑设计通则》(GB 50352—2005)、《屋面工程技术规范》(GB 50345—2012)。

（2）**主要建筑物的建筑设计**　建筑物生产类别丙类；建筑耐火等级一、二级；建筑屋面防水等级Ⅱ级；设计使用年限50年。

### 3. 主要建筑物平面和空间有关说明

（1）**生产车间**　生产车间，平面尺寸为120m×24m，二层。主要布置值班室、更衣、消毒、风淋、包装、化验、浸泡、制坯、烘烤、卤制、杀菌、配料、摊晾、整切等操作空间。车间一层层高6m，二层层高4.5m。

屋面排水采用双坡外排水系统。

生产车间的地面使用平整、无缝隙、不渗水、不吸水、无毒、防滑耐磨的便于消毒和清洁的非金属耐磨地面，应有适当坡度，在地面最低点设置地漏，以保证不积水。其他厂房也要根据卫生要求进行。

屋顶和天花板选用不吸水、表面光洁、耐腐蚀、耐温、浅色材料覆涂或装修，有适当的坡度，在结构上减少凝结水滴落，防止虫害和霉菌滋生，以便于洗刷、消毒。墙壁与墙壁之间、墙壁与天花板之间、墙壁与地面之间的连接应有适当弧度（曲率半径应在3cm以上）。

生产车间墙壁要用浅色、不吸水、不渗水、无毒材料覆涂，并用白瓷砖或其他防腐蚀材料装修高度不低于1.50m的墙裙。墙壁表面应平整光滑，其四壁和地面交界面要呈漫弯形，防止污垢积存，并便于清洗。

门、窗、气窗、天窗要严密不变形，防护门要能两面开，便于卫生防护设施的设置。窗台内侧要下斜45°，以满足食品卫生规范要求。

建筑物及各项设施应根据生产工艺卫生要求和原材料储存等特点，相应设置有效的防鼠、防蚊蝇、防尘、防飞鸟、防昆虫的设施，防止受其危害和污染。车间内的门、窗应有防蚊蝇、防尘设施，纱门应便于拆下洗刷。

（2）**综合楼**　综合楼总建筑面积为6000m²，六层框架民用建筑。设置展示厅、研发中心、多功能厅、办公室、会议室、活动中心、值班室等。

主要建筑物特征见表9-1。

表9-1　建筑物一览表

| 序号 | 单项名称 | 外形尺寸/m | | 层数 | 建筑面积/m² | 结构形式 | 火灾类别 | 备注 |
| --- | --- | --- | --- | --- | --- | --- | --- | --- |
| | | 长 | 宽 | | | | | |
| 1 | 生产车间一 | 120 | 24 | 2 | 5760 | 框架 | 丙 | |
| 2 | 生产车间二 | 120 | 24 | 2 | 5760 | 框架 | 丙 | |
| 3 | 生产车间三 | 120 | 24 | 2 | 5760 | 框架 | 丙 | |
| 4 | 成品库 | 120 | 24 | 2 | 5760 | 框架 | 丙 | |
| 5 | 原料库 | 120 | 24 | 2 | 5760 | 框架 | 丙 | |

| 序号 | 单项名称 | 外形尺寸/m | | 层数 | 建筑面积 /m² | 结构形式 | 火灾类别 | 备注 |
|---|---|---|---|---|---|---|---|---|
| | | 长 | 宽 | | | | | |
| 6 | 辅料库 | | | 2 | 6720 | 框架 | 丙 | |
| 7 | 综合楼 | | | 5 | 6000 | 框架 | 二级 | 研发、检测、培训、展示中心 |
| 8 | 食堂 | 60 | 18 | 3 | 3240 | 框架 | 二级 | |
| 9 | 倒班宿舍 | | | | 6480 | 框架 | 二级 | |
| 10 | 锅炉房及干煤棚 | | | | 2243 | | | |
| 11 | 动力用房 | | | | 288 | | | |
| 12 | 污水处理站 | | | | 300 | | | |
| 13 | 传达室 | | | | 120 | 砖混 | 戊 | |

## 二、总平面设计的具体要求

### 1. 食品工厂建筑物的组成以及相互的关系

**(1) 建筑物组成** 食品工厂中有较多的建筑物，根据它们的使用功能可分为以下 3 大类。

① 生产车间 如原料处理车间、榨油车间、功能性食品车间、速溶粉车间、饮料车间、综合利用车间等。

② 辅助车间（部门） 中心实验室、化验室、机修车间等。

③ 动力部门 变电所、锅炉房。

**(2) 建筑物相互之间的关系** 食品工厂总平面设计一般围绕生产车间进行排布，也就是说生产车间是食品工厂的主体建筑物，一般把生产车间布置在中心位置，其他车间、部门及公共设施都围绕主体车间进行排布。不过，以上仅仅是一个比较理想的典型，实际上由于地形地貌、周围环境、车间组成以及数量上的不同，都会影响总平面布置图中建筑物的布置。

### 2. 各类建（构）筑物的布置

建筑物布置应严格符合食品卫生要求和现行国家规程、规范规定，尤其遵守《出口食品生产企业卫生要求》《食品生产加工企业必备条件》《建筑设计防火规范》中的有关条文。

各有关建筑物应相互衔接，并符合运输线路及管线短捷、节约能源等原则。生产区的相关车间及仓库可组成联合厂房，也可形成各自独立的建筑物。

**(1) 生产车间的布置** 生产车间的布置应按工艺生产过程的顺序进行配置，生产线路尽可能做到径直和短捷，但并不是要求所有生产车间都安排在一条直线上。如果这样安排，当生产车间较多时，势必形成一长条，从而使仓库、辅助车间的配置及车间管理等方面带来困难和不便。为使生产车间的配置达到线性的目的，同时又不形成长条，可将建筑物设计成 T 形、L 形或 U 形。

车间生产线路一般分为水平和垂直两种，此外也有多线生产的。加工物料在同一平面由一车间送到另一车间的叫作水平生产线路；而由上层（或下层）车间送到下层（或上层）车间的叫作垂直生产线路。多线生产线路是一开始为一条主线，而后分成两条以上的支线，或是一开始即是两条或多条支线，而后汇合成一条主线。但不论选择何种布置形式，希望车间之间的距离是最小的，并符合卫生要求。

**（2）辅助车间及动力设施的布置**　锅炉房应尽可能布置在使用蒸汽较多的地方，这样可以使管路缩短，减少压力和热能损耗。在其附近应有燃料堆场，煤场、灰场应布置在锅炉房的下风向。煤场的周围应有消防通道及消防设施。

污水处理站应布置在厂区和生活区的下风向，并保持一定的卫生防护距离；同时应利用标高较低的地段，使污水尽量自流到污水处理站。污水排放口应在取水的下游。污水处理站的污泥干化场地应设下风向，并要考虑汽车运输条件。

压缩空气主要用于仪表动力、鼓风、搅拌、清扫等。因此空压站应尽量布置在空气较清洁的地段，并尽量靠近用气部门。空压站冷却水量和用电量都较大，故应尽可能靠近循环冷水设施和变电所。由于空压机工作时振动大，故应考虑振动、噪声对邻近建筑物的影响。

食品工厂生产中冷却水用量较大，为节省开支，冷却水尽可能达到循环使用。循环水冷却构筑物主要有冷却喷水池、自然通风冷却塔及机械通风冷却塔。在布置时，这些设施应布置在通风良好的开阔地带，并尽量靠近使用车间；同时，其长轴应垂直于夏季主导风向。为避免冬季产生结冰，这些设施应位于主建（构）筑物的冬季主导风向的下侧。水池类构筑物应注意有漏水的可能，应与其他建筑物之间保持一定的防护距离。

维修设施一般布置在厂区的边缘和侧风向，并应与其他生产区保持一定的距离。为保护维修设备及精密机床，应避免火车、重型汽车等物体的振动对它们的影响。

仓库的位置应尽量靠近相应的生产车间和辅助车间，并应靠近运输干线（铁路、河道、公路）。应根据储存原料的不同，选定符合防火安全所要求的间距与结构。

行政管理部门包括工厂各部门的管理机构、公共会议室、食堂、保健站、托儿所、单身宿舍、中心试验室、车库、传达室等，一般布置在生产区的边缘或厂外，最好位于工厂的上风向位置，通称厂前区。

### 3. 竖向布置

竖向布置和平面布置是工厂布置的不可分割的两个部分。平面布置的任务是确定全厂建（构）筑物，如露天仓库、铁路、道路、码头和工程管线的坐标。竖向布置的任务则是反映它们的标高，目的是确定建设场地上的高程（标高）关系，利用和改造自然地形使土方工程量为最小，并合理地组织场地排水。

竖向布置方式一般采用连续式和重点式两种。

连续式布置的场地是由连续的不同坡度的坡面组成，其特点是将整个厂区进行全部平整。因此在平原地区（一般自然地形坡度＜3％）采用连续式布置是合理的。对建筑密度较大，地下管线复杂，道路较密的工厂，一般采用连续式布置方案。

重点式布置的场地是由不连续的不同地面标高的台地组成，其特点是仅对布置建（构）筑物的场地、道路、铁路占地进行局部平整。为此，在丘陵地区，在满足厂内交通和管线布置的条件下，为了减少土石方工程量，可采用这种布置。对建筑密度不大，建筑系数小于15％，运输线及地下管线简单的工厂，一般采用重点式布置。

在食品工厂设计中，采用哪种竖向布置方式，必须视厂区的自然地形条件，根据工厂的规模、组成等具体情况确定。

### 4. 管线布置

食品工厂的工程管线较多，除各种公用工程管线外，还有许多物料输送管线。了解各种管线的特点和要求，选择适当的敷设方式，处理好各种管线的布置，不但可节约用地，减少费用，而且可使施工、检修及安全生产带来很大的方便。因此，在总平面设计中，对全厂管线的布置必须予以足够重视。

管线布置时一般应注意下列原则和要求。

① 满足生产使用，力求短捷，方便操作和施工维修。

② 宜直线敷设，并与道路、建筑物的轴线以及相邻管线平行。干管应布置在靠近主要用户及支管较多的一侧。

③ 尽量减少管线交叉。管线交叉时，其避让原则是，小管让大管；压力管让重力管；软管让硬管；临时管让永久管。

④ 应避开露天堆场及建筑物的护建用地。

⑤ 除雨水、下水管外，其他管线一般不宜布置在道路以下。地下管线应尽量集中共架布置，敷设时应满足一定的埋深要求，一般不宜重叠敷设。

⑥ 大管径压力较高的给水管宜避免靠近建筑物布置。

⑦ 管架或地下管线应适当留有余地，以备工厂发展需要。

管线在敷设方式上常采用地下直埋、地下管沟、沿地敷设（管墩或低支架），架空等敷设方式，应根据不同要求进行选择。

### 5. 道路布置

根据总平面设计的要求，厂区道路必须进行统一的规划。从道路的功能来分，一般可分为人行道和车行道两类。

人行道、车行道的宽度，车行道路的转弯半径以及回车场、停车场的大小都应按有关规定执行。在厂内道路布置设计中，在各主要建（构）筑物与主干道、次干道之间应有连接通道，这种通道的路面宽度应能使消防车顺利通过。

在厂区道路布置时，还应考虑道路与建（构）筑物之间的距离。

### 6. 绿化布置

厂区绿化布置是总平面设计的一个重要组成部分，应在总平面设计中统筹考虑。食品工厂的绿化一般要求厂房之间、厂房与公路或道路之间应有不少于 15m 的防护带，厂区内的裸露地面应进行绿化，绿化应与墙体之间有不少于 60cm 的间距。

在进行厂区绿化应注意下列的原则和要求。

① 绿化主要是起到改善生产环境，改善劳动条件，提高生产效率等方面的作用。因此工厂绿化一定要因地制宜，节约投资，防止脱离实际，单纯追求美观的倾向，力求做到整齐、经济、美观。

② 绿化应与生产要求相适应，并努力满足生产和生活的要求。因此绿化种植不应影响人流往来、货物运输、管道布置、污水排除、天然采光等方面的要求。

③ 绿化布置应突出重点，并兼顾一般。厂区绿化一般分生产区、厂前区以及生产区与生活区之间的绿化隔离带。

厂前区及主要出入口周围的绿化，是工厂绿化的重点，应从美化设施及建筑群体组合进行整体设计；对绿化隔离带应结合当地气象条件和防护要求选择布置方式；厂区道路绿化，是工厂绿化的又一重点，应结合道路的具体条件进行统一考虑；对主要车间周围及一切零星场地都应充分利用，进行绿化布置。

④ 进行绿化布置，一定要有绿化意识、科学态度和审美观点。缺乏绿化意识，就不会重视绿化。缺少科学态度和审美观点，就不可能把绿化工作搞好。种什么树，栽什么花，什么时间种，怎样栽，都必须有一个科学的态度和审美的观点。总体原则是绿化的树木花草不能招昆虫和飞禽。

## 第三节　生产工艺设计与论证

## 一、产品及产量的确定

以湖南李文食品有限公司年产 1 万吨豆干项目工厂设计为例，产品方案在工业设计范畴内被视为生产纲领，在食品工厂设计中主要任务是做好全年食品生产的品种、数量以及生产周期、工作班次的计划。在进行产品方案的设计时，应尽量做到：满足主营产品产量的要求，满足经济效益的要求，满足销售淡季旺季平衡生产的要求，满足原料和废料综合利用的要求；生产计划内生产班次的平衡，做到产品产量与原料供应商供应能力的平衡，用水、用电、用汽负荷的平衡，产量与设备生产负荷的平衡。根据前期大量对市场的调查、公司发展规划以及车间生产线的实际生产能力，本设计的产品方案如下。

### 1. 品种与规格

休闲卤豆干：以 25g/包为主要产品，其他为 10g/包、15g/包。

调味卤豆干：分为 100g/袋、250g/袋、500g/袋。

### 2. 产量

本设计为湖南李文食品有限公司新建项目，包含 3 个车间（每车间 1 条生产线）。设计总产量为卤豆干 1 万吨/年，并以此为基础制定生产制度、确定班产量、安排生产计划。

### 3. 产品方案

产品方案见表 9-2。

表 9-2 产品方案

| 品种 | 规格 | 年产量/t |
|---|---|---|
| 休闲卤豆干 | 10g/包 | 1500 |
| | 15g/包 | 1500 |
| | 25g/包 | 1400 |
| 调味卤豆干 | 100g/袋 | 1000 |
| | 250g/袋 | 1000 |
| | 500g/袋 | 1000 |

### 4. 生产制度及班产量

从生产的连续化、减少能耗，满足工艺要求等方面综合考虑，本设计采用月休 1 天，年休 4 天，每年工作 350 天，每天 2 个班次的生产制度。班产量是生产设计相关计算的基础，它对生产线的配套、车间劳动力计算以及车间内平面设计均具有非常重要的指导作用。

本设计为班产 18t 豆制品。

### 5. 产品生产计划

产品生产计划见表 9-3。

表 9-3 产品生产计划

| 产量 | 1月 | 2月 | 3月 | 4月 | 5月 | 6月 | 7月 | 8月 | 9月 | 10月 | 11月 | 12月 |
|---|---|---|---|---|---|---|---|---|---|---|---|---|
| 总产量/kt | 1.5 | 1.0 | 1.0 | 0.5 | 0.5 | 0.5 | 0.5 | 0.5 | 0.5 | 1.0 | 1.0 | 1.5 |
| 休闲卤豆干产量/kt | 1.2 | 0.7 | 0.7 | 0.3 | 0.3 | 0.3 | 0.3 | 0.3 | 0.3 | 0.7 | 0.7 | 1.2 |
| 调味卤豆干产量/kt | 0.3 | 0.3 | 0.3 | 0.2 | 0.2 | 0.2 | 0.2 | 0.2 | 0.2 | 0.3 | 0.3 | 0.3 |

## 二、工艺流程示意

### 1. 调味卤豆干

大豆→选择整理→清洗→浸泡→磨浆→煮浆→过滤→烧浆→黄浆水点浆凝固→上闸→脱水→水豆腐→切块→烘烤→第一道卤制→冷却→第二道卤制→冷却→调

味→真空包装→连续杀菌→冷却→检验→调味卤豆干

### 2.休闲卤豆干

大豆→整理→清洗→浸泡→磨浆→煮浆→过滤→烧浆→黄浆水点浆凝固→上闸→脱水→水豆腐→切块→烘烤→分切、成型→干燥→第一道卤制→冷却→第二道卤制→冷却→真空包装→高压杀菌→冷却→检验→休闲卤豆干

### 3.工艺操作要点

**(1) 豆腐生产工艺** 豆腐生产采用国内外最先进、最独特的全熟浆-黄浆水点浆工艺。

全熟浆是指将磨浆物料加热到98℃以上，然后进行浆渣分离，有利于提高蛋白质、多糖的溶出率，产品得率高，成型性、加工性和口感好。

黄浆水是指以点浆凝固工艺产生的上清液为原料，经天然发酵而成的高酸性液体，其主要成分是乳酸、醋酸及活性乳酸菌。

黄浆水点浆以自然发酵得到的产物（pH3.8～4.2）作凝固剂。与国内其他生产厂家用$MgCl_2$、石膏相比，更天然、安全，且可大幅减少废水排放量。

烧浆采用连续烧浆法，烧浆过程中保证在75℃保温5min，使7S蛋白质变性，在95℃维持5min，使7S和11S蛋白质变性。

压榨采用智能带式连续压榨机，温度65℃，压力0.1～0.5MPa可调，时间15min。

**(2) 烘烤工艺** 采用三段式隧道式热风烘烤，烘烤温度75～95℃，时间2～3h。要求色黄，水分含量70%左右。

**(3) 卤制工艺** 采用武冈卤菜特有的卤料浸渍式加热卤制，连续式自动卤制，二次卤制。连续式自动卤制设备由带式卤机和隧道式冷却机构成。卤制完成后产品水分含量控制在50%～56%，产品与卤汁比为1:(1.5～2)。

**(4) 后处理工艺** 包括分切、成型。要求按不同产品类型、产品规格，将卤豆腐进行整理、成型。

**(5) 调味工艺** 按产品风味类型配制调味液，拌匀。

**(6) 包装、杀菌工艺** 采用真空包装。休闲卤豆干121℃杀菌20min，反压操作，杀菌后用无菌冷水冷却至45℃左右，装箱得成品，检验合格后出厂。

调味卤豆干采用连续式常压杀菌。杀菌温度98℃以上，时间30～40min。

## 三、工艺流程说明及论证

### 1.设计说明

本设计工艺流程以"湘派"休闲豆干中最具代表性的国家非物质文化遗产——武冈卤豆腐生产工艺为代表。工艺参数的确定采取调查和实验室研究相结合的方法。

由于各"湘派"休闲豆干加工企业所采用的工艺不尽相同，为使确定的工艺参数具有代表性和可实践性，笔者团队于2012年9月至2014年6月间，选取湖南省邵阳地区生产同类型"湘派"休闲豆干产品质量较好、规模大，并且加工工艺为二次浆渣共熟-豆清发酵液点浆法的湖南省武冈市华鹏食品有限公司、湖南满师傅食品有限公司、湖南省恭兵食品有限公司3个企业为研究对象，通过现场监控，分别对上述公司的相关工艺参数研究。

主要做法是在生产现场跟踪其物流，经过对各道工序工艺参数、物料或半成品进行大量的理化、微生物和感官等指标的分析后，选出每个企业各道工序的3个较好参数，即每工序得到9个参数。编号1、2、3、4、5、6、7、8、9，其中1～3号为华鹏公司测量的数据，4～6号为满师傅公司测量的数据，7～9号为恭兵公司测量的数据。取上述9个数据的算术平均值，结合理论研究后，得出"湘派"休闲豆干最佳工艺条件，并据此设计休闲豆干自动生产线。

### 2. 主要设计内容

主要设计内容包括浸泡、二次浆渣共熟制浆、豆清发酵液点浆、压榨、干燥、浸渍卤制、调味、包装、杀菌等单元操作的工艺及设备。

## 四、设备设计

这里以浸泡设备为例。浸泡设备为豆干生产的通用设备，其发展较为成熟，本设计重点即为组合各设备组成浸泡生产线。

### 1. 设备组成

浸泡工艺整体采用自动化程度高的干豆斗式提升系统和不锈钢泡豆系统，主要由斗式提升机、干豆分配小车、泡豆桶、输送去杂淌槽、沥水筛、湿豆负压提升及气动翻豆装置组成。

### 2. 流程描述

干豆在低位通过斗式提升机，垂直提升至干豆分配小车（一般为500kg/车），小车在泡豆桶区域可来回装卸；浸泡完成后，打开阀门，湿豆通过斜向下的输送去杂淌槽连同冲水流经去杂坑，去除石豆和杂物，过沥水筛后由湿豆提升装置进入磨浆机料斗。

### 3. 设备特点

斗式提升机是垂直提升，提升能力大，能耗低，维护简便。干豆分配小车的容积与泡豆桶的生产能力相等，可减少小车来回推拉次数，提高提升效率。

泡豆桶是采用大斜锥体侧面卸豆形式，这种泡豆桶在放豆时流动性好，节约用水。底部配备有曝气式装置，可在浸泡时翻动清洗黄豆，并使浸泡时各处温度均匀。可实现自动进水、排水，并设置报警系统，可在断电、缺水、故障等情况下自动报警。

输送去杂淌槽采用 V 形结构，提高大豆的流动性，节约冲豆用水。槽内设有横向间隔密集且加装强效磁铁的去杂坑，当水流连同大豆经过时，由于旋水分离作用，局部涡旋将相对密度和离心力较大的石豆、砂石、铁块沉入坑内，而合格大豆顺利通过；这样既可保护磨浆机砂轮片，又可防止异物进入产品，保障食品安全。

双层沥水筛能有效分离石豆和碎豆，提高大豆原料利用率。

## 五、二次浆渣共熟制浆工艺设计

国内外制浆的方法及设备众多，但均不太适合邵阳地区"湘派"休闲豆干的制浆工艺。"湘派"休闲豆干自动化生产线在国内尚属空白。

### 1. 工艺设计要求

制浆工艺由磨浆、煮浆、浆渣分离等工序组成，为休闲豆干生产的重要步骤，煮浆次数、温度、时间是其关键工艺参数。

**(1) 磨浆**　从理论上讲，减少磨片间距，大豆破碎程度增高，与水分接触面积增大，有利于蛋白质溶出；但在实际生产中，大豆磨碎程度要适度，磨得过细，纤维碎片增多，在浆渣分离时，小的纤维碎片会随着蛋白质一起进入豆浆中，影响蛋白质凝胶网络结构，导致产品口感和质地变差。同时，纤维过细易造成离心机或挤压机的筛孔堵塞，使豆渣内蛋白质残留含量增加，影响滤浆效果，降低出品率。

根据二次浆渣共熟工艺特点和生产实际，磨浆时磨片间距、进料速度、加水量、砂轮转速等参数只能通过人工经验控制，且不直接影响豆浆浓度，所以只需控制浆液无肉眼可见豆片，手捏不粗糙，能顺利过滤即可。

**(2) 煮浆**　煮浆即通过加热，使大豆蛋白充分变性，一方面为点浆创造必要条件，另一方面消除抗营养因子和胰蛋白酶抑制剂，破坏脂肪氧化酶活性，消除豆腥味，杀灭细菌，延长产品保质期。

在二次浆渣共熟工艺中，2 次煮浆的温度、时间、加热方式决定了煮浆的效果。

**(3) 浆渣分离**　将生浆或熟浆进行浆渣分离的主要目的就是把豆渣分离去除，以得到大豆蛋白质为主要分散质的溶胶液——豆浆。人工分离一般借助压力放大装置和滤袋，滤袋目数一般为 100～120 目为宜；机械过滤一般选择（生浆）卧式离心机或（熟浆）挤压机，加水量、进料速度、转速、筛网目数决定着分离效果。

在二次浆渣共熟工艺中，经 3 次浆渣分离后，得到的豆浆浓度稳定，适合以豆清发酵液为凝固剂进行点浆。

**(4) 消泡**　由于蛋白质的起泡性，在多次煮浆和多次浆渣分离过程中，必然会产生大量泡沫，影响加工效果。添加符合食品卫生标准的 0.5‰（以干豆计）左右的甘油脂肪酸酯或硅树脂类消泡剂，可有效减少泡沫产生。若为机械化生产，国内大多制浆设备已无须添加消泡剂。

### 2. 工艺参数确定方法和评价标准

**（1）煮浆的温度和时间** 选择所制豆浆浓度稳定的工位，两次煮浆的最高温度以及在此温度下的煮浆时间。

最佳煮浆时间判断标准：煮浆到位的豆浆应为浓郁的豆香味，无豆腥味和烧焦味。用瓢取出少许豆浆，静置 30s 左右，若发现豆浆表面浮出一层油且无泡沫产生，没有或极少有微生物检出，则说明煮浆到位。

**（2）浆渣分离的筛网目数** 休闲豆干浆渣分离时所用滤袋的常见规格为 100目、120 目、140 目，且相同类型产品往往使用同一筛网目数的滤袋。选择 9 种相同工艺且感官品质高的休闲豆干产品，追溯其制浆设备，使用照布放大镜测量其目数。

最佳筛网目数的判断标准：取 1 烧杯刚分离的豆浆，置于光下观察，无明显沉淀物，并且豆渣含水量低则为适合筛网目数。

### 3. 设备设计

本设计中二次浆渣共熟制浆工艺为较先进的新技术，该制浆系统也鲜有报道，但单体设备均已成熟，如何选择和组合是此次设计重点。

**（1）设备组成** 制浆工艺由磨浆、3 次煮浆、3 次浆渣分离组成。主要设备有磨浆机、熟浆煮浆系统、熟浆挤压分离系统、微压密闭煮浆锅、往复式熟浆筛、液体计量泵以及若干物料缓冲容器。

**（2）流程描述** 浸泡好的大豆进入磨浆机料斗，同时加水，磨出的豆汁泵入熟浆煮浆系统完成第一次煮浆，再进入熟浆挤压系统完成第一次浆渣分离；分离出的豆浆称为"一浆"进入缓冲桶待用，分离出的豆渣加热水搅拌，进入微压密闭煮浆锅，完成第二次煮浆，再进入熟浆挤压系统完成第二次浆渣分离，分离出的豆浆称为"二浆"，一浆和二浆经液体计量泵按一定比例混合成一定浓度的豆浆后，进入暂储桶，再经高目数往复式熟浆筛过滤后，保温待用；第二次分离出的豆渣经风力输送系统送入豆渣房。

**（3）设备特点**

① 磨浆机 磨浆机装有湿豆定量分配器可保证水、豆按一定比例添加，减少了人为因素对豆汁浓度的影响，豆浆浓度控制偏差小于 $\pm 0.3°Brix$，为后道工序的点浆奠定了良好的基础。

整个磨浆工序的各种容器容积都较小，物料在容器内存量很少，维持系统的动态平衡，减少豆浆在空气中的暴露时间，即减少了豆浆中脂肪氧化酶的反应程度和被微生物感染的概率，有利于提高产品品质。容积泵的应用大大减少了泡沫的产生，无须在此工序添加消泡剂，降低了生产成本。

此外，加装飞轮装置，起到动平衡检测作用；低速磨制，豆糊温升小，减少了大豆蛋白提前变性程度，提高了出品率。

② 熟浆挤压分离系统　本设计所生产的产品为高档休闲豆干,所用二次浆渣共熟制浆工艺在生产设备上的独特性之一是两次煮浆后均经过熟浆挤压分离系统处理。熟浆挤压分离系统的核心装置为立式挤压机,为近年从日本引入国内的新技术。豆糊经泵入圆锥体挤压室,螺旋挤压绞龙将含渣豆浆逐渐推向挤压室底部的同时不断提高水平方向的压力,迫使豆糊中的豆浆挤出筛网,经管道流入高目数滚筛得到生产用豆浆。挤压机的运动是自动连续的,随着物料不断泵入挤压室,前缘压力的不断增大,当达到一定程度时,将会突破卸料口抗压阈值,此时纤维素等不溶物从卸料口进入豆渣桶中,实现浆渣分离。

在我国,采用熟浆工艺生产休闲豆干的工厂大部分仍使用离心机进行浆渣分离。为了防止熟浆中一些多糖类物质(如吸水膨胀的纤维素)堵塞筛孔,通常选用较高的离心速度。在强大离心力作用下,纤维素分子在与筛孔平面的垂直方向排列,当纤维素分子的横截面积小于筛孔面积时,纤维素会从筛孔甩出进入到豆浆中,给产品带来粗糙的口感。

另外,离心分离工艺不可避免会产生泡沫,而挤压工艺不会出现明显泡沫。

采用熟浆挤压分离工艺,不但保留了熟浆工艺优良的产品品质和口感,也弥补了熟浆工艺得率不高的缺点;同时,减少了豆渣含水量和蛋白质残留量,为豆渣综合利用打下有利基础。

③ 微压密闭煮浆系统　微压密闭煮浆系统是利用密闭罐加热豆浆,豆浆泵入密闭罐时,排气孔打开,在常压下加热豆浆。煮浆温度由温度传感器测定,煮至设定温度后,指示电气元件做出打开放浆阀门和关闭排气阀门动作,使罐内形成密封高压,把豆浆全部压送出去,然后停止冲入蒸汽,完成一次煮浆。

通过多次煮浆,增加了纤维素的胀润度,使纤维素分子体积增大,大大减少进入豆浆中的粗纤维含量,使豆腐口感细腻;同时促进了多糖的溶出,增加豆腐中亲水物质的含量,有利于豆腐保持高水分。此外,这些亲水物质在受到凝固剂作用时,可作为蛋白质分子的空间障碍,有效防止大豆蛋白分子间的聚集,从而保证豆腐的嫩度,减少了豆腐中"孔洞"的出现。

④ 往复式熟浆筛　往复式熟浆筛利用偏心结构带动平筛在轨道上运动,平筛下面自带储浆池,细豆渣靠惯性自动排列到设备端口处的漏斗口,一般用高目数筛网可将粗纤维进一步过滤。

# 六、豆清发酵液点浆工艺设计

点浆是指向煮熟的豆浆中按一定方式添加一定比例凝固剂,使大豆蛋白溶胶液变成凝胶,即豆浆变豆腐脑的过程,是休闲豆干生产过程中最为关键的工序。休闲豆干品种不同,所需凝固剂的类型也不同。其中,以天然发酵的豆清发酵液作为凝固剂生产的高档休闲豆干,具有安全、营养、美味等特点。

## 1. 工艺参数设计

从工艺设计的角度来分析，豆清发酵液点浆工艺控制参数除豆浆浓度、点浆温度、点浆时间等共性外，豆清发酵液 pH 值、添加比例也是决定产品质量的关键因素。

**(1) 豆浆浓度** 将热豆浆搅拌均匀，取 100mL 豆浆在 80℃ 水浴条件下，测量其可溶性固形物浓度，即豆浆浓度。

最佳点浆用豆浆浓度的判断标准：在豆清发酵液点浆时不出现整团大块的豆腐脑，水豆腐含水量适中，有弹性，此豆浆浓度即适合豆清发酵液点浆。

**(2) 点浆温度和时间** 豆清发酵液全部加入豆浆中之后，温度计感应端插入豆腐脑内部测量温度，以开始加入豆清发酵液至开始破脑的时间为点浆时间。

最佳点浆温度判断标准：随着凝固剂加入，豆浆凝固均匀，形成的豆花大小适中，所得水豆腐持水性好，既有弹性又不失韧性。

最佳点浆时间判断标准：在静置保温过程中，待豆腐脑已稳定，再轻洒少许豆清发酵液，未有明显豆花沉淀，则判断为点浆终点。

**(3) 豆清发酵液 pH 值和添加比例** 在豆清发酵液混入豆浆之前，取少许豆清发酵液测量 pH 值；通过计量豆浆量和豆清发酵液添加量计算豆清发酵液添加比例（凝固剂/豆浆）。

最佳豆清发酵液 pH 值和添加比例判断标准：豆清发酵液加入后凝固彻底，未出现白浆现象，制得豆腐口感良好，无酸味，且温度未显著降低。

## 2. 设备设计

豆清发酵液点浆工艺的自动生产线在国内外的研究和应用领域均为空白。其中，豆清发酵液的自动回收、发酵、调配系统是设计重点。

**(1) 设备组成** 配套豆清发酵液自动点浆工艺的设备包含凝固系统和豆清蛋白液发酵调配系统。主要由连续旋转桶式凝固机、豆清发酵液收集罐、豆清发酵液发酵罐、豆清发酵液调配罐、板式换热器、凝固剂缓冲桶等组成。

**(2) 流程描述** 生产线新班初始，二次浆渣共熟工艺制得的热豆浆进入凝固机的浆桶内待用；以食用醋或食用冰醋酸兑水作为凝固剂加入调配罐，达到指定 pH 值后，泵送至板式换热器加热后进入到凝固剂缓冲桶内，待浆桶到位，加入热豆浆中，经机械手搅拌后静置；当点浆结束，即浆桶运转至回收机位时，豆清蛋白液汲取器回收新鲜豆清蛋白液至收集罐，收集罐再将豆清蛋白液泵入调配罐与醋液混合作为凝固剂使用，豆腐脑再经破脑、倒脑两个机位即进入压榨工序，完成一个工作周期；随着点浆的继续，不断有新鲜豆清蛋白液进入收集罐，在满足调配需要的同时，收集罐盛满豆清蛋白液后，依次泵入 3 个发酵罐。当班结束时，根据实际情况，收集罐亦可作为发酵罐使用。

正常连续生产后，使用发酵好的豆清发酵液作为凝固剂，待新豆清蛋白液产生时，重复上述动作；每次开工前先把浆桶加满热水对其预热，以免豆浆加入后，散热太快，达不到指定点浆温度。各容器间均用管道互联，以阀门控制豆清发酵液流向。

此外，压榨系统产生的豆清蛋白液也回收至收集罐。

### 3. 设备特点

**(1) 连续旋转桶式凝固机**　此凝固机专门配套豆清发酵液点浆工艺，由 32 个容积 120L 浆桶循环点浆以实现自动连续生产，配置放浆、点浆、辅助点浆、豆清蛋白液回收、破脑、倒脑等操作机位和机械手装置。系统采用 PLC 控制，便于对豆浆、豆清发酵液注入量、凝固时间、搅拌速度、破脑程度进行设定。

**(2) 发酵罐**　此发酵罐是半自然发酵装置。带有聚氨酯发泡材料的保温层、加热管、万向清洗球、pH 值在线监测器、测温计等装置，可控制发酵条件如 pH 值、温度等，且具有 CIP 功能。

## 七、压榨制坯工艺设计

压榨制坯是指豆腐脑脱水、成型变为白豆腐（水豆腐）的过程，包括制坯、分切等工段。

### 1. 工艺设计要求

压榨制坯工艺主要考察温度、时间等参数，由于需要借助外来压力，其压强决定着豆腐的质量。但豆腐成型必须缓慢施压，因此压强大小并不直接决定压榨时间。

**(1) 制坯**　制坯工艺是豆腐干成型的关键步骤，包括上布、分装、压榨、泄压、出榨等工序。

压榨是指在施加外压力条件下，使豆腐在定型过程中排出部分水分并使分散的蛋白凝胶连为一体的过程。压榨温度、压力、时间决定豆腐成型效果，其中压榨压力指的是豆腐所受最大的压力；豆腐脑排水后必然造成温度的降低，只能采取保温措施或尽快切块送入下道工序，一般保证豆腐中心温度为 55℃ 即可。此外，豆腐的压榨必须是缓慢加压，加压过快，容易形成类似干燥加热过快而产生的"干硬膜"，导致豆腐表面成膜，内部排水不畅。

**(2) 分切**　分切是指使用刀具沿着豆腐压箱模具线型将压榨好的整版豆腐分切成一定大小豆腐块的操作。人工分切必然存在误差，会导致产品净含量和形状的不稳定，严重影响产品质量。本设计采用机械自动切块机，保证产品规格一致。

**(3) 工艺参数确定方法和评价标准**

① 压榨压力　以压榨工具千斤顶所带的压力表标示值，直接读数，取稳定的最大值压力作为压榨压力。

最佳压榨压力的判断标准：豆腐已均匀成型，且无硬皮形成，无明显积水，无明显破损为宜。

② 压榨时间　压榨时间是指从开始施加压力至泄压出榨所经历的时间。

**（4）结果与讨论**

① 压榨压力　见表9-4。

表9-4　压榨压力

| 编号 | 1 | 2 | 3 | 4 | 5 | 6 | 7 | 8 | 9 |
|---|---|---|---|---|---|---|---|---|---|
| 压力/MPa | 0.09 | 0.12 | 0.13 | 0.10 | 0.12 | 0.13 | 0.11 | 0.12 | 0.13 |

由表9-4可知，调查企业施压范围为0.09~0.13MPa，豆腐未明显积水和形成硬皮，0.12MPa为大多数企业采用的压榨压力。豆腐脑必须借助外在压力才能形成有弹性、韧性的豆腐，但施压大小需谨慎选择。若压力较低，豆腐脑中蛋白质凝胶所受的黏合力不够，豆清蛋白液以及豆腐脑中自由水难以排出；压力过大，可能导致原本成型的蛋白质凝胶又被打破，同时，由于压力的传递是由表及里，加压过大会使豆腐表面迅速成膜或者使包布滤孔堵塞，排水困难。由此可见，压力不足或过高都会造成水分分布不均，豆腐结构松散，并且在后段工序中会出现大量废料，降低正品率，影响产品口感；尤其在卤制过程中，水分分布不均还会使卤豆腐干表皮起泡溃烂。

② 压榨时间　见表9-5。

表9-5　压榨时间

| 编号 | 1 | 2 | 3 | 4 | 5 | 6 | 7 | 8 | 9 |
|---|---|---|---|---|---|---|---|---|---|
| 时间/min | 16.5 | 17.5 | 18.0 | 17.5 | 18.0 | 19.0 | 18.5 | 19.0 | 19.5 |

由表9-5可知，调查企业从刚开始施压到泄压历经时间为16.5~19.5min，豆腐已无豆清液溢出，且未发生破损，取压榨18min为适合时间。

**2. 设备设计**

**（1）设备组成**　采用转盘式液压压榨机、压框循环输送线、自动切块机组成制坯生产线。

**（2）流程描述**　连续旋转桶式凝固机在压框输送线的固定机位将豆腐脑倒入已摆好包布的压框中，运转至转盘液压机，机械手叠加若干板豆腐脑进行自重预压，豆腐而后进入液压机，按照设定的压力和时间开始逐步对豆腐脑施加液压压力，同时压榨机旋转，到达出框机位，泄压，豆腐成型。压榨系所产生的豆清蛋白液全部收集后由气动隔膜泵送入豆清蛋白液发酵系统。

豆腐成型后，机械手将豆腐框依次送上压框输送线，在固定机位进行翻板、取布等操作，豆腐则进入切块机，压框由输送线运至与点浆机、倒脑机位对应的位置，至此，完成一个工作循环。

豆腐送入切块机，完成切块后，由输送带送入干燥工序。

### 3.设备特点

转盘式压榨机为近年来逐渐推广应用的豆腐压榨设备。利用液压原理，通过液压泵站提供液压油给压榨机，压力油缸产生压力传递至豆腐，实现压榨成型的目的。由 10 个压榨机位组成，工作时，第 1 个上榨，第 10 个出榨，压榨机位公转的同时进行压榨，附加压框循环输送线实现自动化生产。多框豆腐叠加依靠自重进行预压榨可减少能耗，同时，由于豆清蛋白液从上往下流出，既起到了保温作用，也避免了豆腐出包时的粘包和表皮破损的发生。

自动切块机通过光电感应装置精准下刀，电动机带动刀片在横向和纵向依次切块，得到规格尺寸一致的豆腐。该设备的运用，极大地避免了人工切块的误差，保证了产品稳定性。

# 八、干燥工艺设计

湖南邵阳地区"湘派"豆腐干的脱水主要通过热风干燥来实现，加热干燥脱水，避免了仅靠压榨脱水造成的休闲豆干结构过于致密、硬度过大、卤汁难以渗透等缺点。这是"湘派"豆腐干的工艺特色之一。

## 1.工艺设计要求

豆腐的干燥要符合食品干燥动力学原理，遵循干燥速率曲线。即初期进入干燥机的豆腐并不是立即干燥，而是一个均匀受热的过程。利用湿热空气快速加热物料，湿度较高的热空气不会让物料表面形成"干硬膜"，还可以让热量快速传递至内部，豆腐干均匀受热，内外水分同时释放。

干燥中期，均匀受热后的豆腐干进入恒温恒速干燥段。这时的物料内外温度一致，在热空气的流动过程中快速释放水分，干燥以最大速率进行。

干燥后期可以适当降低热风温度，在降温散热的过程中，热量在释放时还会带走少量水分，达到设定的最终干燥效果。

由于受到空气湿度、流速、蒸汽压力等影响，干燥空气温度的高低并不直接决定干燥时间，故干燥时间与空气温度的测量为独立操作。

**（1）工艺参数确定方法和评价标准**

① 水豆腐和干豆腐的水分含量测定

A.取样方法　在选定工厂休闲豆干出入烘房前后，每次选择烘房的上下左右前后 6 个位置，每个位置取 1 块水豆腐和与之相邻的 1 块干豆腐，每个样品取 3 个不同部位进行水分含量的测定。取算术平均值。

B.测定方法　依照 GB 5009.3—2010《食品安全国家标准　食品中水分的测定》中的直接干燥法。

② 干燥时间　干燥时间指水豆腐进入烘房到完成脱水所经历的时间。

③ 干燥空气温度

A.确定方法　将温度计探头置于烘房内室的几何中心位置，读数即为干燥空气温度。

B.最佳干燥温度和时间确定　选取 9 组烘烤设备进行现场测量各批次的烘烤温度和时间，然后取平均值作为干燥温度和时间设计的依据。

**（2）结果与讨论**

① 水豆腐和干豆腐的水分含量　由表 9-6 可知，华鹏等企业干燥前的水豆腐控制在水分含量为 81.5%～83.0%，干燥后的干豆腐水分含量控制为 65.0%～67.0%。休闲豆干既有韧性又有弹性，卤制时更易形成适宜的颜色和风味，本设计以水豆腐的平均水分含量 82.3%，干豆腐的平均水分含量 65.8% 为设计指标进行物料衡算和热量衡算。

表 9-6　水豆腐和干豆腐的水分含量

| 编号 | 1 | 2 | 3 | 4 | 5 | 6 | 7 | 8 | 9 | 平均值 |
|------|------|------|------|------|------|------|------|------|------|--------|
| 水豆腐/% | 83.0 | 82.9 | 82.2 | 82.7 | 82.3 | 81.7 | 82.1 | 81.3 | 82.7 | 82.3 |
| 干豆腐/% | 66.5 | 66.7 | 65.1 | 66.4 | 65.4 | 65.9 | 65.1 | 65.5 | 65.8 | 65.8 |

物料衡算可知，1000kg 水分含量为 82.3% 水豆腐干燥至水分含量为 65.8% 时得到 518kg 豆腐干产品。由此为基础确定设备干燥能力。

② 干燥时间　大量实验表明，干燥时间为 177～185min 时已能达到干燥要求，休闲豆干表皮变为正常金黄色。由表 9-7 可知，豆腐干燥时间的最适值为 180min。时间过短，没有完成干燥，或干燥过快，降低休闲豆干品质，达不到工艺要求。时间过长，影响效率的同时，也有微生物增殖腐败的风险。

表 9-7　干燥时间

| 编号 | 1 | 2 | 3 | 4 | 5 | 6 | 7 | 8 | 9 |
|------|-----|-----|-----|-----|-----|-----|-----|-----|-----|
| 时间/min | 178 | 177 | 182 | 180 | 183 | 185 | 178 | 180 | 181 |

③ 干燥空气温度　经过调查，干燥空气温度在 76～80℃ 时，既能保证效率又不致"起泡"和"干硬膜"的发生。由表 9-8 可知，热空气温度的平均值为 78℃。温度过低，平衡时水分含量仍然较高，无法达到干燥目的。但温度过高，豆腐内部营养成分会发生剧烈化学反应，影响食品品质。高温也会导致豆腐表面的水分挥发过快，造成表面形成"干硬膜"现象。待热量传递至物料内部以后，游离水受热汽化，体积增大，而豆腐表面的"干硬膜"阻断了水汽向外部释放的通道，导致水汽在物料内部不断膨胀，最终在物料表面形成鼓包或者破碎，此即俗称"豆腐起泡"。

表 9-8　干燥空气温度

| 编号 | 1 | 2 | 3 | 4 | 5 | 6 | 7 | 8 | 9 |
|---|---|---|---|---|---|---|---|---|---|
| 温度/℃ | 76 | 80 | 77 | 78 | 79 | 78 | 78 | 77 | 80 |

### 2.设备设计

豆腐干燥工艺的核心要求是降低水分含量，同时保证产品品质。干燥时过高的温度会破坏物料的营养成分。高温也会导致豆腐干表面的水分快速挥发，表面干燥收缩，形成干硬膜。干硬膜又会导致物料表面形成鼓包或者破碎。所以，初期进入干燥机的豆腐干并不是立即干燥，而是一个均匀受热的过程。利用湿热空气快速加热物料，湿润的热空气即不会让物料表面形成干硬膜，又可以让热量快速传递至内部，豆腐干均匀受热，内外水分同时释放。

**（1）物料特性和设计要求**

① 尺寸大小　94mm×40mm×12mm。

② 干燥前含水量　82.3%左右，单块重量约62g。

③ 干燥后含水量　65.8%左右，单块重量约32g。

④ 豆腐耐受热风温度　≤82℃。

⑤ 产量　湿端1000kg/h，干端600kg/h。

⑥ 时间　180min左右。

**（2）设计思路**　为了减小设备的整体长度，有效利用空间降低设备成本，设计网带宽度为2m，考虑工作时物料不会从链条运动间隙掉下和不被污染，在宽度方向布料时不要抵达链条，留下一定尺寸，故宽度方向有效布料块数为19块，即每排19块物料（物料之间留有通风间隙）。布料为横向布料，横向布料有助于层与层落料时保证物料有一定强度不被落碎，配合物料衔接装置有效工作保证物料的成型率。

为了减小设备的整体长度，有效利用空间降低设备成本，设计网带为3层，根据客户提出的设计参数，有两个关键点一个是干料出料量600kg/h，另一个是烘干时间为3h左右，因宽度方向布料为19块/排，干料为32g/块，每排干料重量为608g，需满足600kg/h出料量，即需出料987排，物料宽度为40mm，加上5mm左右的物料间隙，得出物料每小时需要行走的长度大约为44.5m，烘干时间为3h左右，如按照客户的工艺参数烘干时间计算设备长度，设备又为3层网带，刚好每层行走1h，物料运动总长度为44.5m×3层，即133.5m，则可满足客户提出的设计参数。如按照场地尺寸受到限制和客户提出的参数，假设将设备长度设计成30m则减到设备头尾结构部件，网带单层有效工作长度最多为28m，在长度28m的网带上减到物料间隙只能放置620排物料，即为11780块物料，干物料为32g/块，一层行走1h，每小时干料出料量为11780块×32g/块等于376.96kg，则会低于设计要求的每小时600kg的产量。

综合考虑该设备为豆腐干多层（3 层）连续烘干设备，根据客户给出的参数，经过多方面调研，干燥时间 3h 左右较为理想。为了减小设备的整体长度，有效利用空间降低设备成本，最终设计设备长度为 32m，同时又要满足 600kg/h 的干料产量，在设计设备时可以将设备设计成多方面控制无级可调，客户生产过程中寻找合适工艺数据，将产量尽可能多地达到预计产量。在满足干料湿度合格的情况下提高网带的线速度即可满足预计产量，此时工艺温度要控制在合适的范围，工艺温度的调节通过调整换热器的蒸汽进气量和风机风量实现。生产过程中寻找合适工艺数据主要是网带线速度、温度（蒸汽量调节、循环风量调节）、湿度（排湿风量调节）。

**（3）操作流程** 小块豆腐横向摆上 2m 宽的提升网带，进入干燥机。干燥机内设置有多段布风，保证豆腐上下表面和宽度方向上均匀受热，当豆腐输送至第 1 层尽头时，特殊的导向装置使豆腐统一翻边并且保证不粘在网带上，依次走完第 2 层、第 3 层，至干端时水分含量在 65% 左右。同时，每一层的网带在下方时，清洗装置对其进行在线刷洗。

**（4）设备规格**

① 设备设计尺寸 25000mm×3000mm×3200mm，网带 1～50m/h 无级可调，可保证产能。设备材质全为 SUS304 食品级不锈钢，具有在线清洗装置，保证食品安全。

② 网带有效宽度 2m，有效工作长度为 57m，干燥强度为 6～30kg（水）/h 可调。

③ 整台设备分成 18 单元，热风或上或下穿过网带，使物料上下受到充分干燥，合理的布风装置确保物料在宽度方向上干燥效果均匀一致。

**（5）设备特点**

① 热风道上下同时送风，保证吹入的热风布风均匀；单独模块化区域温度控制；3 层网带共 11 个控温区。

② 进料端引风使物料预热，防止物料气泡，引炉内热风到湿料初始端。

③ 引风也是吸湿的过程，设备内部大量湿气从进料端排出，设备中部、后端设备辅排湿风机。

④ 设备内部温度、湿度监测无级可调。

⑤ 网带运动速度无级可调。

⑥ 设备内部凡与物料直接或暴露接触的部分全部为 SUS304 材质，如链条、网带、轨道、紧固件、挡料板、内部四周壁板等。

⑦ 设计独特装置使物料在层与层衔接时整齐有序。

⑧ 自动喷水洗刷网带，设备底部设有排水槽。

⑨ 每层下进风管呈一定角度安装，并在低处位置留排水口，方便清洗网带时网带上的水落到下进风管及时排掉。

⑩ 网带清洗刷装置为自动控制。在需要清洗网带时向下直线运动,启动清洗刷电动机与网带相对方向转动,喷水装置喷水,网带清洗开始。不需要清洗网带正常烘干时,清洗刷停止转动向上直线运动,喷水装置停止喷水,留有一定尺寸不影响物料正常行走。

⑪ 满足生产需求的同时节能。

**(6) 设备简图**　见图 9-1～图 9-3。

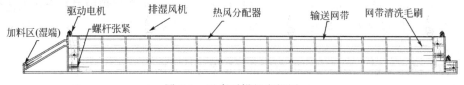

图 9-1　豆腐干燥机主视图

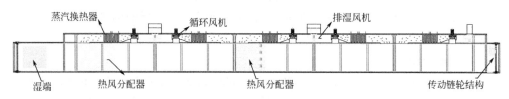

图 9-2　豆腐干燥机俯视图

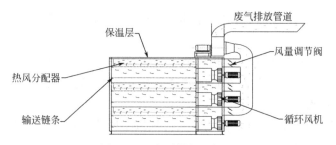

图 9-3　豆腐干燥机左视图

# 九、卤制工艺设计

卤制是指通过加热的方法使卤汁扩散至物料内部,形成卤制品的基本滋味和颜色的过程,是保证卤制品感官品质的重要工序。休闲豆干是由豆腐烘烤成豆腐干,再经卤制、包装等工序制作而成。其中,卤制工序是整个生产工艺的关键,它很大程度上决定了产品的风味。所谓休闲豆干卤制,就是将豆腐干置于由大茴香、小茴香等多种中药材熬制成的卤水中,高温浸煮 1h 左右。其实质就是卤汁从豆腐干表面缓慢渗透至内部,使豆腐干内部入味的过程,通常需重复卤制 2～4 次。

目前针对休闲豆干卤制的研究主要是在基础性研究方面,致力于搞清加工条件、原料成分与卤休闲豆干品质之间的内在关系。卤制时的温度不能太高,因为卤汁的温度达到沸腾时，豆腐干会急剧受热，使坯子中的水快速汽化，此时豆腐干中的游离水也会剧烈运动，在豆腐干表面某一薄弱点逸出，当这部分水蒸气逸出之后，豆腐干表面也就塌陷而形成蜂窝眼。

### 1. 工艺设计要求

本设计采用邵阳地区武冈卤菜特有的卤料浸渍式加热卤法。卤制次数为 2 次，卤制后休闲豆干水分含量控制在 58% 左右，两次卤制除卤汁配方不同外，采用相同工艺参数。卤制前豆腐坯的温度、卤液的温度、浸渍时间、卤汁浓度决定卤制效果。

**（1）工艺参数确定方法和评价标准**

① 卤制温度和时间　卤制温度指卤槽中卤汁温度。卤制时间指休闲豆干从卤槽进口到卤槽出口所用的时间。

合适的卤制温度和时间评价标准：休闲豆干表皮呈红褐色，且完整没有破损，休闲豆干内部形成较浅褐色并有特殊的卤制风味。

② 卤汁浓度　取少量卤汁，测量其折光率，作为可溶性固形物浓度，即卤汁浓度。

最佳卤汁浓度评价标准：休闲豆干颜色和滋味理想，卤制时休闲豆干移动顺利，沥滤后休闲豆干表皮不黏附卤汁。

**（2）结果与讨论**

① 卤制温度和时间　由表 9-9 可知，工厂采用的卤制温度和时间分别在 67.5～72.0℃ 和 39.0～43.0min，平均卤制温度 70℃，平均卤制时间 40min。卤制温度过高，会导致类似干燥温度过高出现的"豆腐起泡"现象。当卤制温度超过 80℃ 甚至是沸腾时，豆腐干表面易塌陷而形成蜂窝眼。卤制温度过低，影响卤汁扩散速率，休闲豆干入味不够。从理论上看，卤制时间越长，扩散效果越好，但是当卤汁对休闲豆干的扩散达到动态平衡或浓度梯度不显著时，扩散动力不足，扩散速率下降；另外，从生产实际出发，时间过长影响生产效率。时间过短，休闲豆干的颜色、滋味都未形成，达不到理想效果。

表 9-9　卤制温度和时间

| 编号 | 1 | 2 | 3 | 4 | 5 | 6 | 7 | 8 | 9 |
|---|---|---|---|---|---|---|---|---|---|
| 温度/℃ | 67.5 | 68.0 | 71.0 | 70.0 | 69.5 | 71.5 | 68.5 | 71.0 | 72.0 |
| 时间/min | 41.5 | 43.0 | 39.5 | 41.0 | 40.5 | 39.5 | 40.0 | 40.0 | 39.0 |

② 卤汁浓度　由表 9-10 可知，优质的武冈卤豆腐所用卤汁浓度为 26.5～29.2°Brix，平均浓度为 28°Brix，卤汁对休闲豆干的扩散效果较好，产品色香味俱全。

表 9-10　卤汁浓度

| 编号 | 1 | 2 | 3 | 4 | 5 | 6 | 7 | 8 | 9 |
|---|---|---|---|---|---|---|---|---|---|
| 卤汁浓度/°Brix | 26.5 | 28.2 | 27.4 | 27.8 | 28.8 | 27.1 | 28.2 | 28.1 | 29.2 |

## 2. 设备设计

**(1) 设备组成**　自动卤制线主要由 1 台曝气式清洗机、2 个卤制槽、2 个振动筛、1 个多层带式冷却机、1 个多层带式热风机组成。

**(2) 流程描述**　休闲豆干干燥完成后，首先进入曝气式清洗机清洗后沥水爬升进入卤槽，卤槽中的隔板以步进的方式将休闲豆干向前推动。卤制完成后休闲豆干爬升进入振动筛去除碎渣和表面卤汁，振动筛的偏心结构在振动的同时将休闲豆干向前输送进入 5 层带式冷却机上端，经过换热器，休闲豆干在冷风带上冷却，同时也是卤汁继续渗透的过程，出箱后重复一次，进入切片或调味工序。

**(3) 设备特点**

① 曝气式清洗机　在卤制前加装曝气式清洗机，可有效地减少微生物、杂物对产品的污染；采用无链网输送，避免了机械金属中有毒成分的迁移，保障食品安全。

② 卤制槽　步进式卤制槽同样采用无链网输送，这在较高温度下尤显得重要，并且节约卤汁、方便清洗。加热方式为夹层加热，保证温度和卤汁浓度的稳定性，也提高了蒸汽加热效率。卤汁循环翻动物料，可保证休闲豆干卤制均匀。

③ 多层带式冷却机和烘干机　均为多层带式结构，具有无级调速和在线清洗功能。区别在于烘干机带有加热装置，可使空气温度升至 60℃，在 40min 内将休闲豆干表面迅速烘干，便于调味拌料或储藏。而冷却机带有的降温装置可在 2h 左右使休闲豆干温度降至室温，该过程既是卤汁渗透的过程，同时也为第二次卤制形成卤汁扩散所需的温度梯度，有利于提高第二次卤制效果。

**(4) 卤制工艺生产线**　卤制工艺生产线主视图、俯视图、左视图分别见图 9-4～图 9-6。

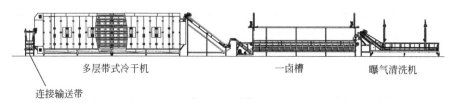

图 9-4　卤制工艺生产线主视图

## 3. 快速冷却卤制方法和设备

一般地，豆腐干卤制后的需摊晾，待完全冷却后，方能再一次卤制或进入调味工序。目前的摊晾作业，大部分仍采用传统的自然冷却，占地面积大，且耗时长，多达 12h，不利于连续化生产。其间，微生物增殖明显，以致部分豆干变黏变味，

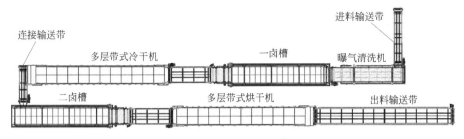

图 9-5　卤制工艺生产线俯视图

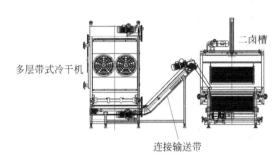

图 9-6　卤制工艺生产线左视图

严重影响产品品质，甚至存在致病菌污染的风险。针对这种情况，部分生产企业进行了技术改造，采用 3～5 层带式风冷设备，虽大大缩短摊晾时间，但仍需 2～3h，而且设备清洗困难，难以达到食品卫生标准，以致设备异味重，易使产品串味，更为严重的是，产品感染微生物的风险显著增加。为了克服现有技术的缺点和不足，为解决豆腐干经高温卤制后冷却时间长，以致微生物安全风险高，且对卤汁渗透毫无作用的问题，笔者发明了一种用于卤休闲豆干快速冷却卤制的方法及装置。

本发明提供了一种用于卤休闲豆干快速冷却卤制的方法，包括将高温的卤休闲豆干置于密闭室中并降低压力至 1～7kPa，水的沸点随之降至 10～40℃，因而水分瞬间大量蒸发，吸收汽化潜热，使卤休闲豆干温度迅速下降。与此同时，喷入冷卤汁、冷凝水蒸气，维持低压，且使卤汁从卤休闲豆干表面快速渗透至内部，以实现卤休闲豆干的冷却与卤制。

为达到上述目的，本发明还提供了一种用于卤休闲豆干快速冷却卤制的装置（图 9-7），包括真空快速冷却及卤汁渗透系统、卤汁冷凝及回收系统。其中，真空快速冷却及卤汁渗透系统，包括真空速冷室、真空泵、物料筐和推车。真空速冷室罐体为卧式圆筒形，固定于安装支架上。其水平的一端设有进料口，轴接密闭门；顶部与真空泵连接，并设置 4～16 个对称的卤汁喷嘴，底部则留有卤汁回收出口。罐体内设有两条平行的凹槽，外侧安装有水位计和温度计。推车与凹槽等高，上设有带轮的物料筐。卤汁冷凝及回收系统，包括卤汁罐、板式热交换器、卤汁输送泵、卤汁输送管道、卤汁回收泵、卤汁回收管道。板式热交换器与冷机连接，冷媒为盐水。卤汁罐底部设有出汁口，通过卤汁输送管道与卤汁输送泵连接，再与板式热交换器相连，最终与卤汁喷嘴相通。板式热交换器进卤汁端安装三通阀，出卤汁端分别安装温度感应器和三通阀，两个三通阀之间通过管道连接。卤汁罐顶部有进汁口，通过卤汁回收管道与卤汁回收泵相连，再与卤汁回收出口相通，且卤汁回收泵与卤汁回收出口之间安装有单向阀。具体操作步骤如下。

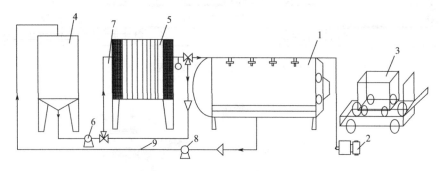

图 9-7  快速冷却卤制装置

1—真空速冷室；2—真空泵；3—物料筐和推车；4—卤汁罐；5—板式热交换器；
6—卤汁输送泵；7—卤汁输送管道；8—卤汁回收泵；9—卤汁回收管道

步骤 1  按照卤制工序的卤料表，配制与卤制工序成分浓度相同的卤汁。

步骤 2  将卤制好的休闲豆干趁热装入物料筐，迅速推入真空速冷室，关闭真空速冷室的密闭门。

步骤 3  开启真空泵，使真空速冷室压力降到 1kPa，水的沸点降至 20℃，卤休闲豆干表面的水分迅速蒸发，卤休闲豆干温度迅速降低。

步骤 4  开启卤汁输送泵，卤汁通过板式热交换器后，温度降到 3℃。

步骤 5  打开卤汁喷嘴开关，将 3℃的卤汁喷入真空速冷室、冷凝水蒸气。

步骤 6  待卤汁完全浸没卤休闲豆干时，打开卤汁回收泵，让冷卤汁循环 10min。

步骤 7  关闭卤汁输送泵，冷卤汁回收至卤汁罐。

步骤 8  开启密闭门，推出物料筐，卤休闲豆干进入下一个环节。

本发明能快速冷却卤休闲豆干，与此同时卤汁快速渗透，增强卤休闲豆干内部的味道，实现冷却与卤制并行，有效降低了微生物安全风险，增强了卤汁渗透，提高了生产效率。

# 第四节  原料及产品质量标准

## 一、原料标准

本设计主要产品为休闲卤豆干和调味卤豆干，生产的主要原料为大豆应满足以下标准。

① 大豆原料应符合 GB 2715—2005《粮食卫生标准》和 GB 1352—2009《大豆》的要求。

② 要求非转基因大豆，新鲜无霉变，经选种器筛选 4mm 以上的大豆，符合食用标准。

③ 感官　具有大豆固有的综合色泽、气味，粒子大小均匀，新鲜有光泽或微有光泽，把大豆开成两瓣后，豆肉有黄豆特有的浅黄色，不能有褐色或其他异常颜色。

④ 卫生标准　砷（以 As 计）≤0.1mg/kg，铅（以 Pb 计）≤0.1mg/kg。

⑤ 理化指标　水分≤14.0%，脂肪≥13.0%，蛋白质≥30%，杂质率≤1%。

## 二、产品质量标准

产品执行 GB 2711—2003《非发酵性豆制品及面筋卫生标准》和湖南省的地方标准 DB 43/160.5—2009《湘味熟食　豆腐干（皮）熟食》。要求产品感官上具有本品种的正常色、香、味、不酸、不黏、无异味、无杂质、无霉变。理化标准：砷≤0.5mg/kg，铅≤1.0mg/kg。食品添加剂按 GB 2760—2011《食品安全国家标准食品添加剂使用标准》规定使用。微生物指标：菌落总数≤750CFU/g，大肠菌群≤40MPN/100g，致病菌不得检出。

# 第五节　设备选型

## 一、设备选型原则

本设计设备选型主要根据产品生产计划及物料衡算，结合新生产线工艺特点，在满足生产需要的同时，选用技术先进、自动化程度高的设备，并且符合节能环保的要求，即必须按照安全、合理、先进、经济、环保的原则进行设备选型。

## 二、主要设备选型

每个车间（每条生产线）的设备选型见表 9-11。

表 9-11　设备选型

| 设备名称 | 数量 | 配置和技术要求 |
| --- | --- | --- |
| 斗式提升机 | 1 | 材质采用碳钢；外形尺寸 1250mm×500mm×7000mm；提升能力 2～3t/h；额定功率 2.2kW；含进出料斗 |
| 干豆分配小车 | 1 | 材质 201 不锈钢，材料厚度 2mm，容积 500kg |

| 设备名称 | 数量 | 配置和技术要求 |
|---|---|---|
| 小车轨道兼放水管道 | 10 | 轨道 $\phi60mm×4mm$,201 材质,配有不锈钢放水球阀 |
| 泡豆桶 | 10 | 材质采用 304 不锈钢,外形尺寸 1200mm×1200mm×1500mm,材料厚度 2mm,生产能力 500kg/桶,配放豆口、排污口、气动翻豆口,两侧放豆 |
| 淘槽 | 12 | 淘槽材质采用 304 不锈钢。外形尺寸 210mm×190mm,材料厚度 1.2mm |
| 去杂淘槽 | 8 | 淘槽材质采用 304 不锈钢。外形尺寸 210mm×290mm,材料厚度 1.2mm |
| 沥水筛 | 1 | 材质采用 304 不锈钢,外形尺寸 2000mm×810mm×460mm,生产能力 2t/h,额定功率 0.75kW |
| 单叉分料斗 | 1 | 材质采用 304 不锈钢,外形尺寸与磨浆机布局匹配 |
| 湿豆料斗 | 1 | 材质采用 304 不锈钢,外形尺寸 800mm×800mm×800mm,材料厚度 1.2mm |
| 空气过滤器 | 1 | 用于过滤空气中的灰尘杂质,外壳 304 不锈钢材质,标配两个滤芯 |
| 真空储豆罐（湿豆） | 1 | 材质 304 不锈钢,外形尺寸 $\phi600mm×800mm$,材料厚度 1.5mm,配不锈钢吸豆嘴 |
| 空气过滤器 | 1 | 用于过滤空气中的灰尘杂质,外壳 304 不锈钢材质,标配两个滤芯 |
| 气动翻豆装置 | 10 | 包含气管、阀门、止回阀等 |
| 泡豆平台 | 1 | 包括泡豆桶支架、平台、护栏和爬梯,材料采用 201 不锈钢方管,操作平面铺铝板,每组平台支撑 10 个泡豆桶 |
| 湿豆定量分配器 | 1 | 分配绞龙材质采用 304 不锈钢,额定功率 0.37kW,电动机可无级调速 |
| 磨浆机（熟浆） | 1 | 基座采用铸铁、铸铝材质,外包 304 不锈钢,与物料接出部位采用 304 不锈钢,外形尺寸 1220mm×650mm×1250mm,磨轮直径 $\phi400mm$ |
| 浆糊桶 | 1 | 桶体材质采用 304 不锈钢,外形尺寸 800mm×400mm×700mm |
| 熟浆煮浆系统 | 1 | 锅体材质采用 304 不锈钢,聚氨酯保温,架体采用不锈钢方管材质,外形尺寸 1955mm×1200mm×1600mm,稳定蒸汽压力 0.2~0.4MPa |
| 蛋白质热变性罐 | 2 | 锅体材质采用 304 不锈钢,外形尺寸 $\phi500mm×1950mm$ |
| 连续煮浆锅清洗装置 | 1 | 清洗管路材质采用 304 不锈钢,包含清洗液动力装置 |
| 缓冲桶 | 1 | 材质采用 304 不锈钢,配有蒸汽管道,$\phi790mm×1150mm$,材料厚度 1.5mm,带圆锥盖和烟囱口 |
| 连续煮浆锅控制柜 | 1 | 包含生浆桶连接的转子泵和熟浆筛控制,PLC 程序控制煮浆过程,触摸屏操作,控制部件采用西门子元器件 |
| 熟浆挤压分离系统（一分离） | 1 | 整机采用 304 不锈钢,生产能力 500kg/h(干豆),包含挤压机、浆渣搅拌桶、滚筛、定量泵、配套电箱等 |
| 一浆桶 | 1 | 材质采用 304 不锈钢。外形尺寸 1600mm×800mm×750mm,材料厚度 1.5mm |

| 设备名称 | 数量 | 配置和技术要求 |
|---|---|---|
| 挤压分离机（二分离） | 1 | 整机采用 304 不锈钢,生产能力 500kg/h(干豆),包含挤压机、接渣桶渣桶、滚筛、定量泵、配套电箱等 |
| 豆渣风力输送系统 | 1 | 包含漩涡去泵、接渣斗、关风机、输送管道 |
| 二浆桶 | 1 | 桶体材质采用 304 不锈钢。外形尺寸 1600mm×800mm×750mm,材料厚度 1.5mm |
| 密闭煮浆锅 | 4 | 材质采用 304 不锈钢,外形尺寸 $\phi$800mm×1900mm,材料厚度 2.5mm,额定功率 0.75kW |
| 熟浆暂存桶 | 1 | 材质采用 304 不锈钢。外形尺寸 1600mm×800mm×750mm,材料厚度 1.5mm,带蒸汽加热管、盖 |
| 热水供应系统 | 1 | 包含热水桶(2 个)、温控装置、液位、热水供应管道 |
| 恒压水箱 | 1 | 材质采用 304 不锈钢。外形尺寸 $\phi$1100mm×1450mm,材料厚度 2mm,容积 1m$^3$ |
| 水箱平台 | 1 | 包括支架、平台、护栏和爬梯,材料采用 201 不锈钢方管,操作平面铺铝板 |
| 储浆保温桶 | 1 | 材质采用 304 不锈钢。外形尺寸 $\phi$1000mm×1000mm,材料厚度 1.5mm,保温,带盖,液位浮球开关 |
| 储浆平台 | 1 | 包括支架、平台、护栏和爬梯,材料采用 201 不锈钢方管,操作平面铺铝板 |
| 连续旋转桶式凝固机 | 1 | 材质采用 304 不锈钢,主机额定功率 3.75kW,凝固时间 12～60min(可调整)。配置凝固剂供给系统(豆清发酵液),配置电器控制柜,PLC 程序控制,触摸屏操作 |
| 泼脑分配器 | 1 | 材质采用 304 不锈钢,泼脑量可调,包含电器控制柜 |
| 进料输送轨道 | 1 | 材质采用 304 不锈钢,包含放板放布轨道和收布轨道 |
| 进榨预压系统 | 1 | 材质采用 304 不锈钢,包含叠板输送轨道、气动预压系统和进榨机械手 |
| 转盘液压机 | 1 | 额定压力 6MPa,集中压制,运行平稳,压制无人操作,电脑控制工艺参数,手动可调,含电器控制柜 |
| 出榨输送系统 | 1 | 材质采用 304 不锈钢,包含出榨机械手、出榨轨道 |
| 回框输送系统 | 1 | 材质采用 304 不锈钢,将加高框回送至起始工位 |
| 回板输送系统 | 1 | 材质采用 304 不锈钢,将模板、布等回送至起始工位 |
| 铝板清洗装置 | 1 | 用于清洗铝板并加温 |
| 休闲豆干隔板 | 180 | 材质采用 304 不锈钢 |
| 限高框 | 180 | 材质采用 304 不锈钢 |
| 翻板机 | 1 | 材质采用 304 不锈钢 |
| 切块机 | 1 | 材质采用 304 不锈钢 |
| 整理台 | 2 | 材质采用 304 不锈钢,外形尺寸 2000mm×1000mm×800mm,台面尺寸 2000mm×1000mm |
| 板式换热器 | 1 | 材质采用 304 不锈钢,换热面积 10m$^2$,工作温度 120℃,额定压力 0.5MPa |

| 设备名称 | 数量 | 配置和技术要求 |
|---|---|---|
| 变频液压站 | 1 | 电机额定功率 5.5kW,额定压力 2～14MPa,最大排量 41L/min。油箱容积 50L。多级压力可选,流量可控 |
| 豆坯清洗槽 | 1 | 架体采用碳钢焊接,内外双层 304 不锈钢材质,中间填充聚氨酯保温,链网材质采用 304 不锈钢,含爬坡链道。槽体长度 7m |
| 步进式卤制槽 | 2 | 架体采用碳钢焊接,内外双层 304 不锈钢材质,中间填充聚氨酯保温,夹层加热,无链网输送,含爬坡链道。卤制时间 60min,卤制温度 85℃,卤制槽体长度 10m |
| 五层晾干机 | 1 | 链网、封板采用 304 不锈钢材质,组合式五层结构、网带速率可调、单层链网长度 12m,含风机、电器控制箱、紫外杀菌灯 |
| 五层晾干机 | 1 | 链网、封板采用 304 不锈钢材质,组合式五层结构、网带速率可调、单层链网长度 12m,含风机、电器控制箱、紫外杀菌灯,提供微热风 |
| 卤汁暂存桶 | 10 | 材质采用 304 不锈钢。外形尺寸 $\phi1100mm \times 1450mm$,材料厚度 2mm,容积 $1m^3$,含加热管、盖 |
| 豆清蛋白液收集罐 | 1 | 材质采用 304 不锈钢。外形尺寸 $\phi1500mm \times 1450mm$,材料厚度 2mm,容积 $2m^3$,带盖 |
| 豆清蛋白液发酵罐 | 6 | 材质采用 304 不锈钢,夹套保温、加热,容积 $5m^3$,带万向清洗球 |
| 豆清蛋白液调配罐 | 2 | 材质采用 304 不锈钢。外形尺寸 $\phi1100mm \times 1450mm$,材料厚度 2mm,容积 $1m^3$,带搅拌器、盖子、夹层保温 |
| CIP 清洗系统 | 1 | 包含碱罐、热水罐、CIP 清洗泵、控制系统、清洗管道 |
| 拌料机 | 2 | 旋转式,材质采用 304 不锈钢 |
| 油加热系统 | 2 | 加热,管道材质采用 304 不锈钢 |
| 冷库 | 1 | 恒温可控为 10℃左右 |
| 半自动真空封口机 | 22 | 带真空泵 |
| 装填操作台 | 11 | 材质采用 304 不锈钢 |
| 巴氏杀菌机 | 1 | 材质采用 304 不锈钢,加盖。包括预热段、保温段、冷却段,有压板、蒸汽加热、温度分段可控。保温段时间 70～120min 可控 |
| 五层晾干机 | 1 | 链网、封板采用 304 不锈钢材质,组合式五层结构、网带速率可调、单层链网长度 12m,含风机、电器控制箱,提供微热风 |

# 第六节　水电汽衡算

## 一、用水量计算

休闲豆干加工用水主要集中在水豆腐制作阶段,连续生产时,卤制、杀菌(冷却水循环)耗水量不大。根据南方地区休闲豆干加工单位产品耗水量定额为 35t/t

计算，本设计班产量为 18t，每班 8h，即 2.25t/h，可得到总用水量为 2.25t/h×35t/t＝78.75t/h。

## 二、用电量计算

本工程用电设备总装机容量 2165kW，计算有功负荷 1184kW，计算无功负荷 518kVar，计算视在负荷 1292kVA，选用 800kVA 干式变压器两台。功率因数补偿采用移相电容器在变压器低压侧集中补偿，补偿后高压侧功率因数达 0.9 以上。

## 三、用汽量计算

根据休闲豆干加工单位产品耗汽量定额为 0.4t/t 计算，本设计班产量为 18t，每班 8h，即 2.25t/h，可得到总用汽量为 2.25t/h×0.4t/t＝0.9t/h。

# 第七节  物料衡算

## 一、物料计算

物料计算是食品工厂设计的重要部分。确定了生产工艺和产品方案后，通过物料计算可得到一定时间内主要原辅材料的消耗量，并依此安排物料采购运输和仓储容量。物料衡算的基础是"技术经济定额指标"，计算时以班产量为基准。

（1）每班处理 15t 大豆。

（2）大豆水分含量为 10%，大豆中固形物含量为 15t×90%＝13.5t。

（3）浸泡用水量为大豆的重量的 4 倍，15t×4＝60t。泡好的湿豆为原来干豆重量的 2.2 倍，则为 1.5t×2.2＝33t。

（4）豆渣含水量控制在 78%，在此工艺下豆渣为 1.5 倍干豆重量，豆渣中固形物含量为 15t×1.5×（1−78%）＝4.95t，豆浆固形物含量为 13.5t−4.95t＝8.55t。

（5）豆浆固形物浓度控制在 5.5%，则总浆量为 8.55t÷5.5%＝155.45t。

（6）豆清发酵液与豆浆投料比为 42%，豆清发酵液用量为 155.45t×42%＝65.29t。连续生产情况下，豆清发酵液一部分回收一部分排废，且物料均在管道中运输，损耗对固形物仅产生微弱影响，可忽略不计。

（7）经压榨，水豆腐水分含量为 82%，水豆腐重量为 8.55t÷（1−82%）＝47.5t。

（8）干燥后，水分含量变为 65%，干豆腐重量为 8.55÷（1−65%）＝24.42t，水分蒸发量为 47.5t−24.42t＝23.08t。

（9）卤制及烘干后，豆干继续脱水，水分含量为 56%，豆干重量为 8.55÷

$(1-55\%)=19t$，期间消耗卤料为干豆腐的 $0.5\%$，即 $24.42t\times0.5\%=0.12t$。

## 二、物料平衡图

物料平衡图见图 9-8。

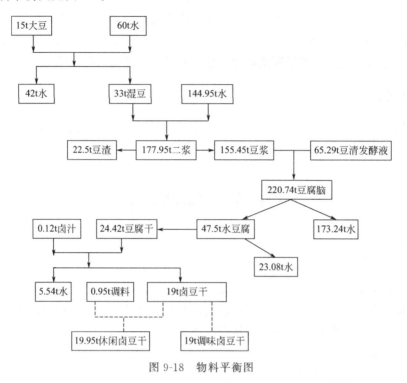

图 9-18　物料平衡图

# 第八节　三废处理

## 一、豆渣处理

豆渣尽管是传统豆制品行业中的副产品，但它仍含有丰富的膳食纤维、蛋白质、脂肪、维生素及微量元素等，可用来开发各种产品。

### 1. 含豆渣膳食纤维食品的开发

豆渣加在各种糕点和面包中，可显著提高糕点和面包的保水性，增加糕点和面包的柔软性和疏松性，防止储藏期变硬。在汉堡包、牛肉馅饼、点心馅等方便食品中，均可加入适量豆渣粉，以改善产品的口感和风味，提高其营养价值。还可将其添加到鱼类、薯类蔬菜类馅中，制成各种风味食品。在日本已经相继开发出豆渣饼干、豆渣点心、豆渣面包、豆渣炸糕、豆渣丸子、豆渣面条等相关产品。

### 2.利用豆渣进行可食包装纸的开发

我们现在的生活已经与包装物密不可分，每一个家庭每天扔掉的包装物垃圾也在不断地增加。随着世界各国环保呼声的日益高涨，开发可降解、无污染的包装材料已经成为一个新热点，而以豆渣为原料开发的可食包装纸恰恰可适应这种潮流。利用豆渣食物纤维素能够制作快餐面的调料包装纸，以及糖果、饼干、粉状食品和饮品内包装纸等。由于这种纸在水中或唾液下可溶化，因而不必撕碎可直接食用。在制药工业中又可作为生产溶解膜和药品胶囊的重要原料等，具有较高的开发利用价值。

### 3.豆渣宠物食品的开发

现在豆渣大多直接用作饲料，其利用价值较低，且在炎热的夏季容易酸败变质，因而将豆渣进行微生物发酵的处理方法，使其蛋白质含量提高达30%以上，可作为配合饲料中的蛋白饲料来源来生产加工宠物食品，提高豆渣的饲用价值。

## 二、废水处理

废水处理就是利用物理、化学和生物的方法对废水进行处理，使废水净化，减少污染，以至达到废水回收、复用，充分利用水资源。

在豆腐的生产加工过程中，会有大量的废水排放，因此合理处理，既可以解决其环保问题，也促进生产工艺的优化，带来经济效益。

### 1.废水来源

**（1）豆清发酵液**　又称醋水、酸浆水、黄浆水，是指以点浆工艺中蛋白质变性沉淀时析出的上清液或豆腐压榨时产生的豆清水为原料，经纯种发酵或天然发酵而成的酸性豆腐凝固剂，故称豆清发酵液。用其他点浆方式加工豆腐时，新鲜豆清蛋白液一般都直接排废，既不利于清洁加工，也未提升大豆附加值，反而造成水质富营养化。

**（2）生活污水和冲洗废水**　该废水主要是生活污水和车间冲洗废水。含有较多的有机污染物，如蛋白质和糖类，水质浓度较为稳定。

### 2.废水处理工艺

**（1）原有废水处理工艺**　原有的废水处理工艺流程如下：

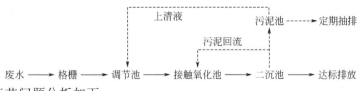

原有工艺问题分析如下。

① 原有设备、管道表面腐蚀。

② 原有工艺的调节池兼做水解酸化池使用，根据目前的使用情况看远达不到

厌氧工艺的处理效果，给后续的接触氧化工艺带来了较大的处理困难。

③ 原有接触氧化池的曝气系统经长期的使用已有部分曝气头堵塞或者损坏，严重影响了好氧阶段的充氧效果。

④ 原有接触氧化阶段的填料比较稀疏，支架已严重腐蚀，随时有脱落的可能。

⑤ 原有工艺经二沉池出水后的水中还含有部分污泥悬浮物，既影响了出水的视觉效果，也影响了出水的水质。

⑥ 原有处理系统的管道泵都在室外，冬季易冻坏。

针对原有工艺以上问题，现特提出对原有工艺的如下改造计划。

① 室外设备、管道全部做除锈防腐。

② 增加 UASB 厌氧处理罐一座，充分降解水中大分子、难溶有机物，以减轻后续接触氧化处理单元的压力。

③ 更换接触氧化处理单元的曝气管路及曝气头，更换接触氧化单元的填料及支架。

④ 在二沉池之后增加砂滤罐一座，将闲置的加药装置利用起来，大大降低出水的悬浮物，提高出水水质。

⑤ 增加设备间一座，将室外管道泵和闲置的加药系统移至设备间。

**（2）改造后废水处理工艺**

根据以上改造方案，确定改造后的工艺流程如下：

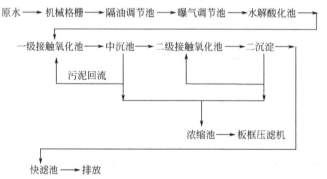

该工艺采用水解-二级接触氧化生物处理方法。它不仅能有效地去除废水中的污染物质，而且运行可靠、管理方便、处理效果好、自动化程度高，出水水质达到《污水综合排放标准》中一级排放标准。

锅炉经脱硫除尘器出来的废水，经沉灰池沉淀过滤后再在水中添加碱液或石灰水，提高其 pH 值后循环使用，可以减少污水排放并能节约用水，有利于环境保护。

## 三、废气处理

废气净化主要是指针对工业场所产生的工业废气诸如粉尘颗粒物、烟气烟尘、异味气体、有毒有害气体进行治理。

豆制品加工过程中产生的废气，一般是异味气体，异味气体是由于在加工过程中，残留物未被清洗干净，产生豆腥腐臭之气体。一般可以采取以下的方法对其废气进行处理。

### 1. 稀释扩散法

**(1) 原理** 将有臭味的气体通过烟囱排至大气，或用无臭空气稀释，降低恶臭物质浓度，以减少臭味。

**(2) 适用范围** 适用于处理中、低浓度的有组织排放的恶臭气体。

**(3) 优点、缺点** 优点：费用低、设备简单。缺点：易受气象条件限制，恶臭物质依然存在。

### 2. 废气净化水吸收法

**(1) 原理** 利用臭气中某些物质易溶于水的特性，使臭气成分直接与水接触，从而溶解于水，达到脱臭目的。

**(2) 适用范围** 水溶性、有组织排放源的恶臭气体。

**(3) 优点、缺点** 优点：工艺简单，管理方便，设备运转费用低。缺点：净化效率低，应与其他技术联合使用，对硫醇、脂肪酸等处理效果差。

### 3. 废气净化曝气式活性污泥脱臭法

**(1) 原理** 将恶臭物质以曝气形式分散到含活性污泥的混合液中，通过悬浮生长的微生物降解恶臭物质。

**(2) 适用范围** 日本已用于粪便处理场、污水处理厂的臭气处理。

**(3) 优点、缺点** 优点：活性污泥经过驯化后，对不超过极限负荷量的恶臭成分，去除率可达 99.5% 以上。缺点：受到曝气强度的限制，该法的应用还有一定局限。

### 4. 废气净化多介质催化氧化工艺

反应塔内装填特制的固态填料，填料内部复配多介质催化剂。当恶臭气体在引风机的作用下穿过填料层，与通过特制喷嘴呈发散雾状喷出的液相复配氧化剂在固相填料表面充分接触，并在多介质催化剂的催化作用下，恶臭气体中的污染因子被充分分解。

湖南恭兵有限公司产生的废气主要为锅炉房烟气中的烟尘及二氧化硫，其烟尘排放量为 460mg/s，其二氧化硫排放量为 13.23kg/h。对于烟尘和二氧化硫的处理，除采用适当提高烟囱高度外（本锅炉房的烟囱高度 50m），拟采用高效脱硫除尘器，其除尘效率可达 99% 以上，其脱硫效率可达 65%。经处理后的烟尘排放浓度为 44mg/m$^3$（标准）＜200mg/m$^3$，二氧化硫的排放浓度为 351mg/m$^3$（标准）＜900mg/m$^3$，烟气黑度为林格曼黑度 1 级，均可达到国家现行规定的《锅炉大气污染物排放标准》GB 13271—2001 中 II 时段二类区的规定。

## 参考文献

[1]  彭述辉，熊波，庞杰.我国豆制品标准体系现状及修订建议 [J].现代食品科技，2012，28
     (5)：545~548.
[2]  赵良忠，刘明杰.休闲豆制品加工技术 [M].北京：中国纺织出版社，2015.
[3]  何娟华.邵阳市豆制品质量抽样检验指标调查与分析 [D].长沙：中南林业科技大学，2014.
[4]  张莉.豆制品质量安全监控体系研究 [D].济南：山东大学，2008.
[5]  周小虎.二次浆渣共熟——豆清蛋白发酵液点浆豆干自动化生产工艺研究及工厂设计 [D].
     邵阳：邵阳学院，2015.
[6]  陈浩.休闲豆制品超高压杀菌工艺及产品品质研究 [D].邵阳：邵阳学院，2015.
[7]  李里特，李再贵，殷丽君.大豆加工与利用 [M].北京：化学工业出版社，2003.
[8]  曲敬阳，刘玉田，仲崇良.现代大豆蛋白食品生产技术 [M].济南：山东科学技术出版社，1991.
[9]  石彦国.大豆制品工艺学 [M].北京：中国轻工业出版社，2005.
[10]  刘志胜，辰巳英三.大豆蛋白营养品质和生理功能研究进展 [J].大豆科学，2000，19（3）：
     263~268.
[11]  陈璐.酸豆奶稳定性研究及配方设计 [D].长春：吉林大学，2013.
[12]  李润生.霉豆渣生产工艺的研究报告 [J].食品科学，1982，3（9）：45~48.
[13]  李洁，王清章，何明生.豆渣"双维"饮料的研制 [J].食品工业科技，2005，26（9）：111~113.
[14]  秦璇璇，赵良忠，李化强.豆渣干燥技术研究进展 [J].安徽农业科学，2015，(31)：202~203.
[15]  张平安，张建威，宋连军.豆渣微波热风联合干燥特性研究 [J].南方农业学报，2011，42
     (5)：528~530.
[16]  王双燕，贺学林.不同干燥方法对豆腐渣粉感官品质的影响 [J].农业工程，2013，3（3）：
     76~78.
[17]  温志英，彭辉，蔡博.菠萝豆渣复合饮料的研制 [J].中国农学通报，2010，26（16）：58~62.
[18]  周小虎，赵良忠，卜宇芳.休闲卤豆干开发 [J].安徽农业科学，2015，(4)：289~291.
[19]  余有贵，曾传广，危兆安.邵阳风味豆干生产中过程控制的研究 [J].食品科学，2008，29
     (12)：219~221.
[20]  陈楚奇，赵良忠，尹乐斌.湘派豆干卤制工艺优化研究 [J].邵阳学院学报（自然科学版），
     2016，(3)：113~120.
[21]  张臣飞，夏秋良，尹乐斌.湖南邵阳市豆制品产业发展现状及对策 [J].农产品加工月刊，
     2016，(3)：60~62.
[22]  李浩明.舌尖上的中国豆制品——中国豆制品2014年行业发展高峰论坛特别报道 [J].食
     品工业科技，2014，35（16）：18~22.
[23]  王中江，江连洲，李杨.大豆制品的营养成分及研究进展 [J].中国食物与营养，2010，
     (04)：16~19.
[24]  张海生.大豆的营养价值及功效 [J].大豆科技，2012，(01)：51~53.
[25]  殷涌光，刘静波.大豆食品工艺学 [M].北京：化学工业出版社，2005.
[26]  卜宇芳，赵良忠，尹乐斌.卤豆干生产过程微生物检测及安全控制 [J].食品科学，2014，
     35（05）：107~110.
[27]  周小虎，赵良忠，卜宇芳.休闲卤豆干开发 [J].安徽农业科学，2015，43（04）：289~291.
[28]  陈楚奇，赵良忠，尹乐斌.湘派豆干卤制工艺优化研究 [J].邵阳学院学报（自然科学版），
     2016，13（03）：113~120.
[29]  赵良忠，陈浩，周小虎.卤制食品冷却装置及卤制食品冷却方法：中国，104273638A [P].
     2015-01-14.
[30]  赵良忠，陈浩，周小虎.卤制食品冷却装置：中国，204207037U [P].2015-03-18.